普通高等教育"十四五"规划教材

食品物性学

第 2 版

宋洪波　杨晓清　栾广忠　主编

中国农业大学出版社

·北京·

内 容 简 介

食品物性学是以食品及其原料为研究对象,研究其力学、光学、热学、电学特性等物理性质的一门学科。本教材从食品的物质构成、形态、加工和环境因素等方面,全面论述食品物性的内涵及表达,展现食品物性的本质及表现行为,同时介绍了近年来食品物性研究的新方法和典型应用。理论与实际的紧密结合是本书的特色。本书适合作为高等院校食品专业本科教材。

图书在版编目(CIP)数据

食品物性学/宋洪波,杨晓清,栾广忠主编. —2 版. —北京:中国农业大学出版社,2021.7
ISBN 978-7-5655-2559-9

Ⅰ.①食… Ⅱ.①宋…②杨…③栾… Ⅲ.①食品-物性学-高等学校-教材 Ⅳ.①TS201.7

中国版本图书馆 CIP 数据核字(2021)第 110290 号

书　名	食品物性学　第 2 版
作　者	宋洪波　杨晓清　栾广忠　主编

策划编辑	宋俊果　王笃利　魏　巍	责任编辑	何美文
封面设计	郑　川		
出版发行	中国农业大学出版社		
社　址	北京市海淀区圆明园西路 2 号	邮政编码	100193
电　话	发行部 010-62733489,1190	读者服务部	010-62732336
	编辑部 010-62732617,2618	出　版　部	010-62733440
网　址	http://www.caupress.cn	**E-mail**	cbsszs @ cau.edu.cn
经　销	新华书店		
印　刷	涿州市星河印刷有限公司		
版　次	2021 年 7 月第 2 版　　2021 年 7 月第 1 次印刷		
规　格	787 mm×1 092 mm　　16 开本　　14 印张　　350 千字		
定　价	39.00 元		

图书如有质量问题本社发行部负责调换

第 2 版编写人员

主　编　宋洪波（福建农林大学）
　　　　杨晓清（内蒙古农业大学）
　　　　栾广忠（西北农林科技大学）

副主编　高爱武（内蒙古农业大学）
　　　　陈海华（青岛农业大学）
　　　　马国刚（运城学院）

编　者　（按姓氏笔画排序）
　　　　马国刚（运城学院）
　　　　刘　贺（渤海大学）
　　　　李　真（河南农业大学）
　　　　李文浩（西北农林科技大学）
　　　　李泽珍（山西农业大学）
　　　　李美良（四川农业大学）
　　　　杨晓清（内蒙古农业大学）
　　　　宋洪波（福建农林大学）
　　　　陈茂深（江南大学）
　　　　陈海华（青岛农业大学）
　　　　栾广忠（西北农林科技大学）
　　　　高爱武（内蒙古农业大学）
　　　　黄　群（福建农林大学）

第1版编写人员

主　编　宋洪波（福建农林大学）
　　　　杨晓清（内蒙古农业大学）
　　　　栾广忠（西北农林科技大学）

副主编　高爱武（内蒙古农业大学）
　　　　陈海华（青岛农业大学）
　　　　马国刚（运城学院）

编　者　（按姓氏笔画排序）
　　　　马国刚　王丽丽　刘　贺　李　真　李文浩
　　　　李泽珍　李美良　杨晓清　宋洪波　陈海华
　　　　栾广忠　高爱武　黄　群

第 2 版前言

普通高等教育"十三五"精品课程建设教材《食品物性学》于 2016 年 8 月首次出版,受到使用本书的高校师生的广泛好评,全体编者倍感欣慰、备受鼓舞。全球科学技术发展日新月异,食品物性学已成为食品学科发展速度最快、涉及范围最广的一个领域,特别是在食品分子水平上的形态、结构及其变化与食品物性之间的关系方面的深入发展,有力推动了食品分析检验、食品加工以及食品质量控制新技术、新方法和新装备的研发与应用。本教材的修订力求反映当代国际食品物性学的最新成果和发展方向,以及这些成果的发展对食品学科和产业的推动作用。

本教材在第 1 版基础上依据 2019 年教育部出台的《普通高等学校教材管理办法》和中国农业大学出版社"精品与经典教材建设工程"的要求,努力贯彻《高等学校课程思政建设指导纲要》精神,落实立德树人根本任务,在本版编写人员的共同努力下修订而成。新版保留了第 1 版的内容体系,增加了食品物性学对发展食品学科和推动我国全民健康的意义、食品物性学最新研究成果以及在食品领域中的应用,体现了基础科学与应用科学紧密结合的时代特征。在课程思政建设方面,本版教材融入了培养爱国情怀和科学素养的元素,引导学生树立正确的世界观、人生观和价值观,更加注重提升学生未来服务国家社会经济建设的专业素养。

全书共分 8 章,第 1 章由宋洪波编写,第 2 章由黄群、李美良编写,第 3 章由陈海华、刘贺编写,第 4 章由杨晓清、李文浩编写,第 5 章由栾广忠、李泽珍编写,第 6 章由杨晓清、马国刚编写,第 7 章由宋洪波、陈茂深编写,第 8 章由高爱武、李真编写。全书由宋洪波统稿。

在编写过程中,编者参阅了国内外专家和学者的著作、论文与资料,参考了有关教材的编写内容,吸收了部分高校、科研单位和企业的研究成果,在此一并致谢。我们真诚希望广大师生对本书第 2 版提出宝贵意见和建议,以不断推动本教材的进一步完善。

编　者

2021 年 2 月

第 1 版前言

食品物性学是食品科学与工程专业的一门重要的专业基础课程,也是食品工程的支撑性课程,与食品科学有着紧密联系,也成为食品分析和质量评价的重要组成部分。食品物性学对食品生产、流通和消费过程中的原料、贮藏与运输、加工、质量控制等各环节均很重要,因此近年来在全球范围受到极大重视,在知识体系、认知程度和应用方面都取得了长足发展,特别是借助现代仪器检测和分析手段,在食品开发、生产、流通与消费等方面发挥着越来越大的作用。

食品物性是食品本身所具有的物理性质,食品物性学是一门以实验为基础的科学。食品因成分、结构以及外部环境的不同,所表现出的物性有所不同。认知食品物性的变化规律和运用科学的方法或手段评价食品物性同等重要。

本书以食品物性为主线,系统阐述食品的力学、热学、电学、光学等性质;从食品的物质构成、形态、加工和环境因素,全面论述食品物性的内涵及表达,展现食品物性的本质及表现行为;充分体现近年来食品物性研究的新方法、手段和典型应用。理论与实际的紧密结合是本书的特色。

全书共分 8 章,第 1 章由宋洪波编写,第 2 章由黄群、李美良编写,第 3 章由陈海华、刘贺编写,第 4 章由杨晓清、李文浩、王丽丽编写,第 5 章由栾广忠、李泽珍编写,第 6 章由杨晓清、马国刚、王丽丽编写,第 7 章由宋洪波编写,第 8 章由高爱武、李真编写。全书由宋洪波统稿。

在编写过程中,编者参阅了国内外专家和学者的著作、论文与资料,参考了有关教材的编写内容,吸收了部分高校、科研单位和企业的研究成果,在此一并致谢。

本书适宜作为高等院校食品专业本科教材,也可供科研工作者及相关专业的教师、学生参考。

食品物性学是食品工程学中发展最快的领域之一,所涉及学科较多,加之编者学识水平有限,书中疏漏与不妥之处在所难免,敬请广大读者、专家和学者不吝指正。

宋洪波

2015 年 12 月

出 版 说 明
（代总序）

　　岁月如梭，食品科学与工程类专业系列教材自启动建设工作至现在的第 4 版或第 5 版出版发行，已经近 20 年了。160 余万册的发行量，表明了这套教材是受到广泛欢迎的，质量是过硬的，是与我国食品专业类高等教育相适宜的，可以说这套教材是在全国食品类专业高等教育中使用最广泛的系列教材。

　　这套教材成为经典，作为总策划，我感触颇多，翻阅这套教材的每一科目、每一章节，浮现眼前的是众多著作者们汇集一堂倾心交流、悉心研讨、伏案编写的景象。正是大家的高度共识和对食品科学类专业高等教育的高度责任感，铸就了系列教材今天的成就。借再一次撰写出版说明（代总序）的机会，站在新的视角，我又一次对系列教材的编写过程、编写理念以及教材特点做梳理和总结，希望有助于广大读者对教材有更深入的了解，有助于全体编者共勉，在今后的修订中进一步提高。

　　一、优秀教材的形成除著作者广泛的参与、充分的研讨、高度的共识外，更需要思想的碰撞、智慧的凝聚以及科研与教学的厚积薄发。

　　20 年前，全国 40 余所大专院校、科研院所，300 多位一线专家教授，覆盖生物、工程、医学、农学等领域，齐心协力组建出一支代表国内食品科学最高水平的教材编写队伍。著作者们呕心沥血，在教材中倾注平生所学，那字里行间，既有学术思想的精粹凝结，也不乏治学精神的光华闪现，诚所谓学问人生，经年积成，食品世界，大家风范。这精心的创作，与敷衍的粘贴，其间距离，何止云泥！

　　二、优秀教材以学生为中心，擅于与学生互动，注重对学生能力的培养，绝不自说自话，更不任凭主观想象。

　　注重以学生为中心，就是彻底摒弃传统填鸭式的教学方法。著作者们谨记"授人以鱼不如授人以渔"，在传授食品科学知识的同时，更启发食品科学人才获取知识和创造知识的思维与灵感，于润物细无声中，尽显思想驰骋，彰耀科学精神。在写作风格上，也注重学生的参与性和互动性，接地气，说实话，"有里有面"，深入浅出，有料有趣。

三、优秀教材与时俱进,既推陈出新,又勇于创新,绝不墨守成规,也不亦步亦趋,更不原地不动。

首版再版以至四版五版,均是在充分收集和尊重一线任课教师和学生意见的基础上,对新增教材进行科学论证和整体规划。每一次工作量都不小,几乎覆盖食品学科专业的所有骨干课程和主要选修课程,但每一次修订都不敢有丝毫懈怠,内容的新颖性,教学的有效性,齐头并进,一样都不能少。具体而言,此次修订,不仅增添了食品科学与工程最新发展,又以相当篇幅强调食品工艺的具体实践。每本教材,既相对独立又相互衔接互为补充,构建起系统、完整、实用的课程体系,为食品科学与工程类专业教学更好服务。

四、优秀教材是著作者和编辑密切合作的结果,著作者的智慧与辛劳需要编辑专业知识和奉献精神的融入得以再升华。

同为他人作嫁衣裳,教材的著作者和编辑,都一样的忙忙碌碌,飞针走线,编织美好与绚丽。这套教材的编辑们站在出版前沿,以其炉火纯青的编辑技能,辅以最新最好的出版传播方式,保证了这套教材的出版质量和形式上的生动活泼。编辑们的高超水准和辛勤努力,赋予了此套教材蓬勃旺盛的生命力。而这生命力之源就是广大院校师生的认可和欢迎。

第 1 版食品科学与工程类专业系列教材出版于 2002 年,涵盖食品学科 15 个科目,全部入选"面向 21 世纪课程教材"。

第 2 版出版于 2009 年,涵盖食品学科 29 个科目。

第 3 版(其中《食品工程原理》为第 4 版)500 多人次 80 多所院校参加编写,2016 年出版。此次增加了《食品生物化学》《食品工厂设计》等品种,涵盖食品学科30 多个科目。

需要特别指出的是,这其中,除 2002 年出版的第 1 版 15 部教材全部被审批为"面向 21 世纪课程教材"外,《食品生物技术导论》《食品营养学》《食品工程原理》《粮油加工学》《食品试验设计与统计分析》等为"十五"或"十一五"国家级规划教材。第 2 版或第 3 版教材中,《食品生物技术导论》《食品安全导论》《食品营养学》《食品工程原理》4 部为"十二五"普通高等教育本科国家级规划教材,《食品化学》《食品化学综合实验》《食品安全导论》等多个科目为原农业部"十二五"或农业农村部"十三五"规划教材。

本次第 4 版(或第 5 版)修订,参与编写的院校和人员有了新的增加,在比较完善的科目基础上与时俱进做了调整,有的教材根据读者对象层次以及不同的特色做了不同版本,舍去了个别不再适合新形势下课程设置的教材品种,对有些教材的题目做了更新,使其与课程设置更加契合。

在此基础上,为了更好满足新形势下教学需求,此次修订对教材的新形态建设提出了更高的要求,出版社教学服务平台"中农 De 学堂"将为食品科学与工程类专业系列教材的新形态建设提供全方位服务和支持。此次修订按照教育部新近印发的《普通高等学校教材管理办法》的有关要求,对教材的政治方向和价值导向以及教材内容的科学性、先进性和适用性等提出了明确且具针对性的编写修订要求,以进一步提高教材质量。同时为贯彻《高等学校课程思政建设指导纲要》文件精神,落实立德树人根本任务,明确提出每一种教材在坚持食品科学学科专业背景的基础上结合本教材内容特点努力强化思政教育功能,将思政教育理念、思政教育元素有机融入教材,在课程思政教育润物细无声的较高层次要求中努力做出各自的探索,为全面高水平课程思政建设积累经验。

教材之于教学,既是教学的基本材料,为教学服务,同时教材对教学又具有巨大的推动作用,发挥着其他材料和方式难以替代的作用。教改成果的物化、教学经验的集成体现、先进教学理念的传播等都是教材得天独厚的优势。教材建设既成就了教材,也推动着教育教学改革和发展。教材建设使命光荣,任重道远。让我们一起努力吧!

罗云波

2021 年 1 月

目　录

第 1 章

绪 论

本章学习目的及要求

　　掌握食品物性学的内涵；熟悉食品物性学的发展及趋势；了解食品的主要物理性质及其应用领域。

1.1　食品物性学的内涵

食品物性学(Physical Properties of Foods)是一门以实验为基础,研究食品物理性质的学科,其研究内容主要包括食品的力学、热学、光学、电学(电磁)等特性,此外,还涉及表观、水分活度与吸湿、界面、相的转变、声学等特性。这些特性与食品的原料、贮藏、加工、流通等关系密切,对食品物理品质定量评价与控制、加工过程中食品物性变化的研究,以及以单元操作为核心的加工工程技术研究与过程控制极为重要。因此,食品物性学是食品工程学的基础,也是食品分析和质量评价的重要理论基础。

食品的物性是指具有特定物质构成和一定形态的食品所表现出的特定物理性质。一方面,在贮藏、加工、流通环节中,食品中的成分将发生不同程度的变化,相应地,食品物性也随之发生改变;另一方面,食品形态千差万别,即使是构成食品的成分相同,但形态的不同决定了其物性的不同;再者,同一种食品在不同环境条件下其物性通常也会发生变化。由此可见,食品的物性是由物质构成、形态、环境条件等要素共同决定的。

食品物性学也是一门多学科交叉的科学,主要涉及化学(分子、原子乃至离子层面上物质的组成、结构及性质)、物理化学(相变、分子、分子簇和晶体等)以及食品工程学(各种加工单元操作)等学科,因此具有复杂性。随着科学技术的快速发展,多学科交叉将更加广泛和深入。

1.2　食品物性学的发展

18世纪60年代至19世纪上半期的第一次工业革命开创了以机器代替手工工具的时代,食品加工规模因工业革命而迅速扩大,但是食品加工仍然依靠技艺和经验在家族内部世代相传,缺少科学的支撑。随着工业革命的深入和工业技术的发展,19世纪新的食品加工技术不断出现,真空包装、工业化制冷技术等开始出现并得到应用。至20世纪初第二次技术革命结束时,食品工业得以形成。20世纪是食品工程技术发展最快的一个世纪,建立了较为完备的食品加工体系。21世纪以来,全球科学技术进入了快速发展期,新理论、新技术、新装备不断涌现,食品工程理论和技术创新研究不断深化。

科学知识发展的一般规律是呈指数增长。食品工业始于第一次工业革命,然而食品物性学中发展最早的液体力学和黏弹性理论出现于20世纪初以后。20世纪70年代,在食品的力学特性和热物性方面才建立了比较完善的体系,光、电学特性的研究和应用则更晚。在这个时期,食品物性学落后于食品加工技术和装备的发展。20世纪80年代以来,全球食品制造业进入了高速发展时期,特别是信息科学与技术的空前发展以及多学科交叉与融合,极大地推动了食品物性学的研究和发展,在食品的电磁特性、光特性、声特性等诸多新领域的研究取得丰硕成果,建立了较为完整的食品物性学理论体系。食品物性学逐渐发展成为与食品化学、食品微生物学具有同等重要地位的第三大学科骨干课程,成为食品工程学的重要支撑。食品物性学理论体系的建立和持续深入的研究极大地提升了食品加工过程控制水平,促进了食品加工装备的开发,引领了超高压、静电场、高压电场、脉冲强光、纳米加工等高新技术的开发和运用。食品物性学成为食品品质检测和定量评价的重要组成部分,依据食品不同物性开发的新型检测仪器层出不穷。

　　由于食品物性学体系的建立时间较晚,相对于食品化学、食品微生物学等传统骨干课程而言还不够完善,在实验方法、食品物性与物质构成的深层次关系方面体现得还不够全面、深入,界面特性、相的转变以及声学特性等仍属新兴领域。但是,"食"不仅是人类赖以生存的基础,更是维系人类健康长寿的重要保障,这就决定了食品物性学必将不断发展、完善,并将成为食品科学与工程学科和食品加工产业发展的永恒动力之一。

　　2017 年 10 月 18 日,在中国共产党第十九次全国代表大会上习近平总书记首次提出"新时代中国特色社会主义思想"。习近平新时代中国特色社会主义思想是全党全国人民为实现中华民族伟大复兴而奋斗的行动指南。党的十九大作出实施健康中国战略的重大决策部署,指出人民健康是民族昌盛和国家富强的重要标志,要让人民吃得放心。食品物性是食品质量的重要组成部分,发展食品物性学对提升食品品质、促进全民健康具有重要的现实意义和深远的历史意义。

1.3　食品的主要物理特性

　　食品物性学涉及的物理性质很多,最常涉及的包括食品的力学特性、热物性、电特性和光特性。

1. 食品的力学特性

　　食品的力学特性主要涉及固体力学、弹性力学、流变学等领域,体现食品在力的作用下产生变形、振动、流动、破断等的规律。典型的力学物性参数有密度、孔隙率、硬度、弹性模量、黏度等。食品的力学特性是食品感官评价的重要内容,与食品成分的变化有着密切的联系,对混合、搅拌、筛分、压榨、过滤、分离、粉碎、输送、膨化、灌装、喷雾等单元操作至关重要。

2. 食品的热物性

　　"冷"和"热"在自然界中无处不在,温度是影响食品品质的关键要素。在"冷"或"热"环境中,食品所表现出的特性统称为食品的热物性。主要的热物性参数包括比热容、潜热、热导率、热扩散系数、焓等。食品的热物性在食品的冷却、冷冻、凝固、加热、熔化、熟化、浓缩、杀菌、干燥、烘烤、蒸煮等单元操作中有着广泛的应用,促进食品品质检测、分析领域的研究和应用不断深入。

3. 食品的电特性

　　食品的电特性主要涉及静电特性、导电特性和介电特性领域,典型的电特性参数包括电阻率(或电导率)、介电常数等。食品的电特性在无损快速检测食品含水率、在线检测液体食品浓度等方面已获得应用,在食品的分离、脱水、干燥、杀菌、熟化、辅助提取等单元操作领域有较广阔的应用前景。

4. 食品的光特性

　　食品的光特性是指食品受到光照时所表现出的不同光学性质,主要与食品对光的吸收、反射、折射、衍射、辐射等有关。食品的光特性在食品成分、色泽测定方面有着广泛的应用,近年来在食品的色选分级、杀菌等方面获得快速发展,在食品品质的无损快速检测领域也取得了长足发展。

1.4　学习食品物性学的目的和方法

在贮藏、加工、流通过程中,食品物性的变化在所难免,在某些情况下物性的变化是有益的,而在某些情况下物性的变化是不利的。在贮藏和流通过程中,应尽可能保持生鲜食品或加工食品的物性稳定,从而保证食品的物理品质。在食品加工过程中,通常要根据特定的食品物性合理运用加工工艺和技术方法。例如,液态食品的输送与灌装应根据黏度(流变性)的不同选择适宜的方法,食品的分选或分级可以根据密度、色泽、介电特性等的不同采用适宜的分离方法,食品的杀菌可以根据食品的热物性、电特性或光特性的不同选用蒸汽杀菌、电场杀菌或强光杀菌等方法。许多食品加工要通过物性的改变赋予特定的食品质感,例如,通过焙烤使饼干具有一定的硬度和脆性,在加工混浊型饮料的过程中通过添加增稠剂改变流变性以提高产品黏稠感。

通过学习本课程,学生们可以较好地掌握常见的食品物理性质及其变化规律,为进一步深入学习和理解食品保藏、加工、流通过程中工程技术和方法的运用以及过程控制、品质评价奠定基础。

食品的物性不是一成不变的,在不同环境中物性参数及所表现出的物理行为不同。因此,在学习过程中应注重把握每类食品的特征性物理参数,了解决定这些特征性物理参数的内因(如食品的组分、组分的基本物性以及食品形态、结构等),以及外部环境条件对这些特征性物理参数的影响及机制。在此基础上,掌握食品物性的变化规律,学会运用数学方法准确描述这些规律的变化,进而掌握运用食品物性学知识开展定量检测。通过培养学生的食品物性定量分析、评价和控制的能力,全面提升他们学习和运用食品工程知识的能力。

二维码 1-1　中国食品
物性学奠基人——李里特

？思考题

1. 什么是食品物性学?
2. 简要说明食品物性学发展的特征及其在食品科学与工程专业中的地位。
3. 食品物性学对食品科学发展和促进全民健康的意义是什么?
4. 食品的主要物理特性有哪些?其主要应用领域有哪些?
5. 如何学好和用好食品物性学?

第 2 章
食品的形态与物质基础

本章学习目的及要求

　　理解食品形态、食品分散体系等相关概念；熟悉食品及原料的主要形态种类、常见食品分散系统特点；掌握食品的宏观和微观结构及其转变；了解动植物组织及其结构特性。

2.1 食品的主要形态及其转变

食品包括来自自然界的资源及后期由这些资源加工而来的产品,作为人类必需的一大类物质,其形态各异。

从组成来看,食品中的大部分属于复杂的混合物,不仅有无机物、有机物,还包括有细胞结构的生物体。从食品原料来源来看,有植物性食品原料,如各种豆类、果蔬原料、谷物及部分油料;动物性食品原料,如家畜、家禽、鱼贝类、蛋类和奶类。从种类上看,有肉制品(如畜禽类制品、鱼贝类等)、饮料类(如纯净水、植物蛋白饮料、功能性饮料等)、焙烤食品(如面包、蛋糕等)、方便食品(如方便面、方便米饭、速冻食品等)、乳制品(如牛奶、羊奶、酸奶、奶粉等)、调味品(如食用香料、酱料等)等。近年来,随着科学技术的迅速发展,从微观上,特别是分子水平上研究食品的组分及其物理性质,揭示食品物性变化的本质,将会极大地推动食品物性学的发展和食品加工的进步。

2.1.1 主要形态

食品的形态复杂多样,按外观形态可以分为宏观方面和微观方面。宏观方面即肉眼所见的各种食品形态,可分为液态、固态和半固态食品等。虽然没有气态食品,但是含有大量气体的食品却有很多,如冰激凌、新鲜苹果及膨化食品等。液态和固态是食品的主要形态,是食品物性学课程的主要研究内容。然而,对于大量的食品形态,很难划分为固态或液态,某些液态食品在一定条件下显现出固态特性,而某些固态食品在一定条件下却显现液态特性。微观方面是指从分子层面界定食品的形态和结构,不能通过人的感官直接识别,必须通过特定的手段才可以辨别。按照分子的聚集排列方式可分为晶态、液态、气态,同时还有两种过渡态,即玻璃态和橡胶态,它们是热力学不稳定态。

2.1.1.1 宏观方面

食品种类繁多,颜色各异,其形状和滋味能刺激人们的感官,勾起消费者的食欲。可将通过人体的眼、耳、鼻、口、手等感受到的食物形态分为如下 3 类:液态食品、固态食品及半固态食品。需要指出的是,虽然没有气态食品,但是含有大量气体的食品却很多。例如,新鲜苹果含有 36% 的气体,冰激凌含有 50% 的气体,爆米花和膨化食品中气体含量可达 90% 以上。

1. 液态食品

液态食品是指以水为分散介质,具有一定的稳定性、流变性,易形成气泡,并可能产生泡沫的一类食品。之所以具备这些物性,一方面原因,液态食品最主要的组成成分是水,水分子属于偶极子,具有偶极子结构的水分子之间,氢原子与氧原子可通过氢键的形式结合,进而在一定程度上保持了水的稳定性;另一方面原因,液态食品大多属于胶体溶液,具有胶体的性质,因此具有一定的稳定性、流动性和黏稠性。

这类产品有很多,包括牛奶等各种液态奶、果汁等饮料、大豆油等食用植物油、各种液体调味品等。该类食品的特点是水分占的比例高,具有较低的黏度,流动性较好。温度过低时一般会凝固成固态,温度过高时其水分会逐渐蒸发,黏稠度逐渐增大。

2.固态食品与半固态食品

固态食品主要指食品中具有固体性质的食品原料或加工后的食品。半固态食品主要指能同时表现出固体性质和流体性质的食品物质,这类食品与液态食品相比,水所占的比例相对较低一些,黏度较小或流动性比较差,温度对其形态和质地的影响不如对液态食品的影响显著。

按其状态,固态食品通常可分为凝胶状食品、组织状食品、多孔状食品、粉体食品等多种类型,各种类型食品的物性随状态不同而异。

(1)凝胶状食品　从不同角度看,凝胶状食品的特点各有不同,也可依据其特点分类。

从力学性质的角度来看,有些凝胶具有一定的柔韧性,如面团、糯米团;有些凝胶具有一定的脆性,即使受较小的力也可能被破坏。

从透光性质的角度来看,可把凝胶分为透明凝胶(果冻)和不透明凝胶(鸡蛋羹)。

从保水性质的角度来看,有些保水性差,放置时水分会游离出来,称为易离水凝胶;相反的为难离水凝胶。例如,在放置过程中豆腐中的水会不断流出,而琼胶、明胶、果冻就几乎不发生离水现象。

从热学性质的角度来看,可把凝胶分为热可逆性凝胶和热不可逆性凝胶。在常温下为半固体或固体状态,受热时变成液态的凝胶称为热可逆性凝胶,如凉粉、肉冻、放凉了的粥属于此类凝胶。而像蛋清这样的胶体,受热时会变性,称为热不可逆性凝胶。

凝胶态是食品的最常见形态之一,形成凝胶的多糖、蛋白质等对改善食品的风味和质地发挥着重要作用。凝胶食品的黏弹性和质地不仅是食品流变学研究的核心内容,也是食品科学技术十分重要的领域。常见的凝胶状食品如表 2-1 所示。

表 2-1　常见的凝胶状食品

食品类别	原料名称	食品举例
高分子碳水化合物	琼脂	羊羹
	淀粉	凉粉、粉皮、年糕、粉条
	鹿角菜胶	果冻类
	魔芋粉、甘露聚糖	魔芋凉粉
	果胶	果胶果冻
蛋白质	明胶	肉冻
	卵	布丁、鸡蛋羹、蛋糕
	牛奶	奶酪、干酪
	鱼肉	鱼糕、鱼丸
	大豆	豆腐、含大豆蛋白香肠、肉糜制品

(2)组织状食品　包括细胞状食品和纤维状食品两类。

细胞状食品是指蔬菜、水果、大米等食品,其细胞组织的性状(伸长率、凝聚性、剪断强度、松弛时间)与食品品质密切相关,如水果特有的脆嫩口感与果胶的存在关系很大。年幼植物组织的果胶质以不溶性的原果胶存在,随着成熟度的提高,原果胶水解成与纤维素分离的水溶性果胶,溶入细胞液,使果实组织变软而有弹性,最终果胶发生去甲酯化生成果胶酸,不形成凝胶,果实变软。

纤维状食品是指由纤维状组织成分构成的食品,其纤维状物质是按一定方向排列的,所以其物理性质也存在方向性,沿与纤维垂直方向的咬断口感是最重要的力学性质之一。主要有畜肉、鱼肉、纤维细胞比较发达的蔬菜(如芹菜、芦笋等),以及经特殊加工后组织为纤维状的加工食品(如组织化大豆蛋白、纤维状干酪等)。

(3)多孔状食品 以固体或流动性较小的半固体为连续相,以气体为分散相,也称为固体泡食品。多孔状食品主要可分为两大类:一类为馒头、面包、海绵蛋糕等比较柔软的食品,另一类为饼干、膨化小吃等比较脆硬的食品。此外,一些较硬的冰激凌、掼奶油等泡沫状食品也属于多孔状食品。

(4)粉体食品 是微小固体颗粒的集合体。它可以因粒子间摩擦力而堆积,也可以像液体那样充填在各种形状的容器中,但其对容器底的压力并不像液体那样与充填的高度成正比。这说明粉体颗粒之间存在着摩擦力,其粒子的物性与尺寸、分布、吸湿性、粒子间隙,以及因互相摩擦而引起的力学特性等有关。

2.1.1.2 微观方面

1.晶态

物质的结构是指物质的组成单元(原子或分子)之间相互吸引和相互排斥的作用达到平衡时在空间的几何排列。分子结构是指分子内原子之间的几何排列,其三维结构或者说聚集态结构是指分子之间的集合排列,是分子结构的集合体。在微观上,晶态食品的分子(原子或离子)间的集合排列具有三维结构,同时,排列具有三维长程有序。晶态中,分子与分子的排列十分紧密且有规则,粒子间的强大作用力将分子凝聚在一起。分子来回振动,但位置相对稳定,因此,其在宏观上会具有一定的体积和形状。

 二维码 2-1 长程有序　　　　　 二维码 2-2 短程有序

2.液态

在微观上,液态食品的分子(原子或离子)间的几何排列短程有序,即在 $1\sim2$ 分子层内排列有序,但长程无序。体现在宏观中的液态物质的特征是分子没有固定的位置,运动比较自由,粒子间的作用力比固体中的小。因此,液体没有确定的形状,具有流动性。

3.气态

在微观上,气态食品的分子(原子或离子)间的几何排列不但短程无序,长程也无序。从宏观上体现出来的是气态食品中分子间距很大,并以高速向四面八方运动,粒子之间的作用力很小,易被压缩。因此,气体具有很强的流动性。无论是固态或者液态物质,一般都是可视的,会以一定的体积、形状、质地体现出来,而气态食品不会。例如,用于制作碳酸饮料的二氧化碳气体,在常温常压下是无色、无臭、无形的,当压力不一样,会体现出气态、液态及固态形式;当将其灌装进碳酸饮料如可乐中时,会根据容器的不同而呈现不同的形状和造型。因此,相对于固态和液态食品来讲,单纯以气体作为食品的几乎没有,都是用气体作为一种辅助的物质来改善食品的感官品质或者延长其货架期。

4. 玻璃态

玻璃态不是物质的一种状态,它是固态物质的结构。从 20 世纪 60 年代起,人们开始探索食品和生物材料中的玻璃态问题,认为食品材料中某些物理变化和化学变化与分子的扩散能力有关,当某种组分的分子失去扩散能力时,其相关的化学反应将被抑制。食品微观形态的玻璃态,也叫无定形态。其物理性质像晶体一样表现为固体,微观结构上像液体一样无序。其分子间的排列只有短程有序,而无长程有序,即与液态分子排列相同。它与液态的主要区别在于黏度上的不同,前者的黏度非常高,以至于阻碍了分子间的相对流动,在宏观上近似固态,因此玻璃态也被称为非结晶固态或过饱和液态。所以,从动力学上看玻璃态是稳定的,但从热力学上看是不稳定的。食品中的蛋白质(如面筋蛋白、弹性蛋白质和明胶)和碳水化合物(如淀粉)及很多小分子(如二糖中的蔗糖)均能以无定形状态存在。而且,所有冷冻、冷冻干燥、部分干燥食品都含有无定形区。

5. 橡胶态

橡胶态也叫高弹态,是指链段运动但整个分子链不产生移动。此时受较小的力就可发生很大的形变($100\%\sim1\,000\%$),除去外力后形变可完全恢复,称为高弹形变。高弹态是高分子所特有的力学状态。

2.1.1.3　几种食品的微观形态结构

1. 糖类的结构形态

糖类化合物按其组成分为单糖、寡糖和多糖。单糖是一类结构最简单的糖,是不能再被水解的基本糖单位。根据其所含碳原子的数目分为丙糖、丁糖、戊糖和己糖等,根据官能团的特点又分为醛糖和酮糖。寡糖一般由 $2\sim20$ 个单糖分子缩合而成,水解后产生单糖。

淀粉是最常见的多糖,根据其分子形状可分为直链淀粉和支链淀粉。直链淀粉是由 α-1,4-葡萄糖苷键连接的线性葡萄糖,支链淀粉是由 α-1,4 和 α-1,6-葡萄糖苷键连接的具有分支结构的葡聚糖。支链淀粉在淀粉中的占比为 $70\%\sim90\%$,在热水中即膨胀而糊化,黏性很大。直链淀粉在水中不膨胀而溶解,在水溶液中并不是线性分子,而在分子内氢键的作用下分子链卷曲成螺旋状,每个螺旋含有 6 个葡萄糖残基。在显微镜下,淀粉是形状和大小不同的透明颗粒,其形状有圆形、椭圆形和多角形等。

不同来源的淀粉粒的形状不同,如图 2-1 所示。玉米淀粉粒的形状为圆形和多角形,马铃薯淀粉粒的形状为椭圆形,大米淀粉粒的形状为多角形。不同淀粉颗粒不仅形状不一样,其大小也不相同,如小麦淀粉平均粒径为 $20\ \mu m$,甘薯淀粉平均粒径为 $15\ \mu m$,马铃薯淀粉平均粒径为 $65\ \mu m$,大米淀粉平均粒径为 $5\ \mu m$。就同一种淀粉而言,淀粉粒的大小也不均匀,如玉米淀粉粒中最大的为 $26\ \mu m$,最小的为 $5\ \mu m$。在常见的淀粉中,大米淀粉的颗粒最小,而马铃薯的淀粉颗粒最大。

2. 蛋白质的结构形态

蛋白质是先由各种氨基酸通过肽键连接而形成多肽链,再由一条或多条多肽链按特殊的方式组合而形成的具有完整生物活性的分子。由于肽链数目、氨基酸组成及其排列顺序不同,形成的三维空间结构也不同,不同的蛋白质也由此形成。

图 2-2 为蛋白质中多肽链的一个片段的结构通式,氨基酸的种类、连接方式和排列顺序均

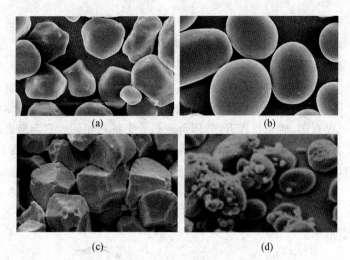

（a）玉米淀粉；（b）马铃薯淀粉；（c）大米淀粉；（d）小麦淀粉

图 2-1　不同淀粉颗粒的扫描电镜图

图 2-2　蛋白质中多肽链的一个片段的结构通式

体现在这个通式中。结构式中肽链上的 R_1，R_2，R_3，……代表各氨基酸的不同侧链，它们对维持蛋白质的立体结构和功能起着重要作用。一条多肽链至少有两个末端，带游离氨基（—NH_2）的一端称为 N 端，带羧基（—COOH）的一端称为 C 端。

　　蛋白质的结构形态主要有球状和纤维状。球状蛋白分子经过折叠，卷曲呈球形，一般能溶于水，该蛋白质主要起着维护和调节生命过程中有关功能的作用，如酶、激素、蛋清蛋白等。纤维状蛋白质分子呈细长形，排列成纤维状，一般不溶于水，该蛋白是动物组织的主要结构材料，如蚕丝、羊毛、头发、羽毛、指甲等。

　　蛋白质的微观结构主要分为一级结构、二级结构、三级结构和四级结构。一级结构是指蛋白质分子链中各种氨基酸结合的顺序；二级结构是由肽键之间的氢键形成的，如在一个肽键的—NH_2 与另一个肽键的—COOH 之间存在氢键；三级结构是在二级结构的基础上进一步卷曲折叠，构成具有特定构象的紧凑结构。维持三级结构的力来自氨基酸侧链之间的相互作用，主要有二硫键、氢键、离子键（正负离子间的静电引力）、疏水键（疏水基团间的亲和力）。由多条肽链（三级结构）聚合而形成的特定构象为蛋白质的四级结构，其中每条肽链称为一个亚基，维系四级结构的力主要是静电引力。

　　在很多食品体系中，蛋白质是构成食品结构的基础，无论是对食品原料组织（如鱼和肉的肌原纤维蛋白），还是对加工而成的食品（如面团、香肠、肉糜等），均可以通过结构化的方法来加工食用蛋白，使其具有良好的咀嚼性及持水性。

蛋白质的结构和空间构象与其生物学功能密切相关，因此在食品工业中，加热、冷冻、辐照、腌渍、拉丝、挤压、搅拌、乳化等都会影响蛋白质的结构。具体表现在 3 个方面：

①改变蛋白质结构，使产品的营养价值和感官特性更符合人类需求，例如面包的制作；

②在加工与贮藏中，蛋白质结构向着不利方面发展，如杀菌对蛋白质结构的破坏；

③引进化学方法、酶法和转基因的方法，形成新的蛋白质结构，使蛋白质功能达到最优化水平。

蛋白质结构变化主要是肽链的断开和重新组合，或发生扭转。一般认为，当能量达到 1～3 个氢键或 2～5 个疏水键时，蛋白质构象即会发生变化，也就是说维持蛋白质特定结构的某些次级键在不同程度上开始断开。蛋白质折叠发生的条件是让暴露在溶剂中的疏水基团数目降至最少，使伸展状态的多肽链和周围水分子间形成的氢键相互作用处于有利能量状态。

3. 脂肪的结构形态

一般来说，单纯性酰基甘油酯容易形成稳定的 β 型结晶，而混合酰基甘油酯由于侧链长度不同，容易形成 β' 型结晶，并以 TCL 排列。结晶按熔点增加的顺序，依次为玻璃质固体（亚 α 型或 γ 型）、α 型、β' 型和 β 型，其中 α 型、β' 型和 β 型为真正的晶体。α 型熔点最低，密度最小，不稳定，为六方堆砌型；β' 型和 β 型熔点高，密度大，稳定性好；β' 型为正交排列，β 型为三斜型排列。X 衍射发现，α 型的脂肪酸侧链无序排列，β' 型和 β 型的脂肪酸侧链有序排列，特别是 β 型油脂的脂肪酸侧链均朝一个方向倾斜，且有两种排列方式：DCL-二倍碳链长，β-2 型；TCL-三倍碳链长，β-3 型。

二维码 2-3
α 型、β 型和 β' 型

易结晶为 β 晶型的脂肪有猪油、大豆油、花生油、椰子油、橄榄油、玉米油和可可脂等；易结晶 β' 晶型的脂肪有改性猪油、牛脂、乳脂、菜籽油、棉籽油和棕榈油等。

如果将油脂冷却，会产生多种类型的脂肪晶体，其结构不同，物性也不同，这主要取决于脂肪组分、脂肪纯度、冷却速度以及晶核和溶剂性质等。晶体之间能通过范德华力形成凝胶，在形成凝胶的过程中，固态晶体可能会聚集于一定区域，从而形成刚性不均的体系。当温度接近脂肪晶体熔融点时，晶体首先在弱键处断开，表现出液晶态的物性，即具有一定的流动性。

2.1.2　食品形态的转变

在一定的外界条件下，食品的形态会发生转变。在宏观方面，固态、液态等会发生相互转变，例如动物类的饱和脂肪酸在低温下一般呈固体，但在加热情况下会融化成液体，这个形态变化对于食品加工是非常重要的。各种食物经烹调后所产生的风味和滋味，与油脂的变化有很大关系。类似于葡萄糖等袋装固体颗粒冲剂经开水冲调后会溶于水中，可及时补充人体的能量。这些都是在宏观方面的食品形态转变。

而在微观方面，食品的形态结构和温度有着密切的关系，如当对食品的非晶高聚物的玻璃态、高弹态物质施加一个恒定的压力时，这些食品的形变状态与温度变化有一定的关系。在较低温度环境中，高聚物呈刚性固体态，在外力作用下只有很小的形变，与玻璃的特点相似，所以称这种状态为玻璃态。如果把这个环境温度升高至一定温度，则其在外力作用下，形状会有明显的变化，在一定的温度区间内，形态变化相对稳定，这个状态称为高弹态。

一般把高弹态向玻璃态的转变叫作玻璃化转变，形态转变过程的温度区间称为玻璃化温度。简单来讲，玻璃态表现为脆性大，而高弹态表现为弹性大，通常所说的橡胶就是弹性体。

橡胶在低温下就类似玻璃态,在常温下就类似橡胶态,在食品中也存在着类似的形态转变。

关于玻璃化转变机理有多种假说,其中影响最大的是自由体积理论。该理论认为,材料体积由两部分组成,一部分是被分子占据的体积,称为已占体积;另一部分是未被占据的体积,由分子间的空穴组成,称为自由体积。自由体积给分子或分子链段的移动提供空间,如果材料中没有足够的自由体积,其原子、分子或者分子链段就无法运动,这是自由体积理论的核心思想。分子或者分子链段的运动与温度有关,当材料温度高于某一温度时,分子或者分子链段就有足够的能量和自由体积空间用于构象调整甚至移动。在宏观上表现为很高的弹性,即橡胶态。当材料温度低于某一温度时,自由体积显著减少,分子或者分子链段没有足够的空间,其运动受到极大的限制甚至被冻结。在宏观上表现为很高的硬脆性,即玻璃态。由玻璃态转变为橡胶态所对应的温度称为玻璃化转变温度 T_g。自由体积理论认为,材料处于玻璃态时,其自由体积不再变化。设玻璃化转变时材料的体积为 V_g,则:

$$V_f = V_0 + V_f + \left(\frac{\mathrm{d}V}{\mathrm{d}T}\right)_g \cdot T_g \tag{2-1}$$

式(2-1)中,V_0 为温度为 0 K 时材料的已占体积;V_f 为温度为 T_g 时的自由体积;$\left(\frac{\mathrm{d}V}{\mathrm{d}T}\right)_g$ 为低于 T_g 时(处于玻璃态)材料的体积变化率,即已占体积变化率。在高于 T_g 邻域某一温度 T 时,材料处于橡胶态,其体积 V_r 为:

$$V_r = V_g + \left(\frac{\mathrm{d}V}{\mathrm{d}T}\right)_r \cdot (T - T_g) \tag{2-2}$$

式(2-2)中,$\left(\frac{\mathrm{d}V}{\mathrm{d}T}\right)_r$ 为材料处于橡胶态时的体积变化率(包括已占体积变化率和自由体积变化率)。如果材料从玻璃态转变为橡胶态时已占体积变化率不变,则自由体积的变化率为 $\left(\frac{\mathrm{d}V}{\mathrm{d}T}\right)_r - \left(\frac{\mathrm{d}V}{\mathrm{d}T}\right)_g$,由此得出橡胶态材料的自由体积 $V_{f,r}$ 为:

$$V_{f,r} = V_f + (T - T_g)\left[\left(\frac{\mathrm{d}V}{\mathrm{d}T}\right)_r - \left(\frac{\mathrm{d}V}{\mathrm{d}T}\right)_g\right] \tag{2-3}$$

两边除以总体积 V:

$$\frac{V_{f,r}}{V} = \frac{V_f}{V} + (T - T_g)\left[\frac{1}{V}\left(\frac{\mathrm{d}V}{\mathrm{d}T}\right)_r - \frac{1}{V}\left(\frac{\mathrm{d}V}{\mathrm{d}T}\right)_g\right] \tag{2-4}$$

式(2-4)中,$\left(\frac{1}{V}\right)\left(\frac{\mathrm{d}V}{\mathrm{d}T}\right)_r$ 与 $\left(\frac{1}{V}\right)\left(\frac{\mathrm{d}V}{\mathrm{d}T}\right)_g$ 分别为橡胶态和玻璃态下的热膨胀系数 α_r 和 α_g。设自由体积与总体积之比为自由体积分数 f,则温度 T 时:

$$f = f_g + (T - T_g)(\alpha_r - \alpha_g) = f_g + \alpha_f(T - T_g) \tag{2-5}$$

式(2-5)中,f_g 为玻璃化转变时材料的自由体积分数。研究发现,许多高分子材料在玻璃化转变温度附近的自由体积分数相差不大,均接近于 2.5%。也就是说,玻璃化转变时 $f = f_g$,这从实验方面支持了玻璃化转变的等自由体积理论。

从以上分析可知,如果材料从高于玻璃化转变温度开始冷却,已占体积将逐渐缩小,自由体积随着分子或者分子链段的调整,逐步移到材料表面而释放,从而也缩小。如果冷却速度较慢,分子或分子链段有充分的时间进行调整,已占体积达到充分小,被排出去的自由体积也充分大,根据体积膨胀系数的变化,得到的玻璃化转变温度较低。如果冷却速度非常快或者体系黏度很大,在一定时间内分子或分子链段来不及调整,这时已占体积缩小不充分,自由体积释放也不充分,得到的玻璃化转变温度较高。从低于玻璃化转变温度开始加热,加热速度对玻璃化转变温度的影响与冷却速度对其的影响一样。即加热速度慢,已占体积膨胀充分,自由体积增加也充分,得到的玻璃化转变温度较低;加热速度快,分子或分子链段膨胀与调整相对滞后,得到的玻璃化转变温度较高。

2.2 食品分散系统

2.2.1 特点与分类

1.食品分散系统的特点

一般的食品不仅含有固体成分,还含有水和空气。食品属于分散系统,或者说属于非均质分散系统,也称分散体系。所谓分散体系(dispersion system),是指数微米以下、数纳米以上的微粒子在气体、液体或固体中浮游悬浊(分散)的系统。在这一系统中,分散的微粒子称为分散相,而连续的气体、液体或固体称为分散介质(连续相)。分散体系的特点一般有两个:第一,分散体系中的分散介质和分散相都以各自独立的状态存在,所以分散体系是一个非平衡状态;第二,每个分散介质和分散相之间都存在着接触面积,整个分散体系的两相接触面面积很大,体系处于不稳定状态。

分散系统会对食品属性造成一些重要的影响:

①因为不同的组分存在于不同的相内或结构单元内,所以不存在热力学平衡(即使均相食品也不可能呈热力学平衡)。

②香料组分也可能分散在不同的相中或结构单元内,在食用时可能因此而减缓香料组分的释放,导致食用时香料组分的不均匀释放。

③如果结构单元之间存在相互吸引的作用力,整个体系就具有一定的稠度,这与竖立性、铺展性或切削难易等性质有关,且影响食品的质构、口感。

④如果体系具有相当大的稠度,则所涉及的溶剂(对绝大多数食品而言指的是水)将是不可流动的。因此,体系中的传质(许多情况下还有传热)就只能采用扩散而不是对流的方式。

食品分散系统较为复杂。天然食品和部分加工食品比较简单,如啤酒泡沫是一种气泡分散在溶液中的体系,牛乳是一种分散有脂肪球和蛋白质聚集体的溶液,塑性脂肪由一种包含聚集的甘油三酯晶体的油脂组成,而色拉调味酱可能仅仅是乳状液。但是,其他加工食品却复杂得多,表现在含有许多不同的结构单元,而且这些结构单元的尺寸与聚集状态也是广泛变化的,如人造黄油、面团、面包、夹心凝胶、胶状泡沫及采用挤压制得的物料体系等。

2.食品分散系统的分类

按照分散程度的高低(分散粒子的大小),分散系统大致分为以下 3 种。

(1)分子分散系统 分散的粒子半径小于 10^{-7} cm,相当于单个分子或离子的大小。此时分散相与分散介质形成均匀的单相。因此,分子分散系统是一种单相体系。与水亲和力较强的化合物,如蔗糖溶于水后形成的真溶液就是一个例子。

(2)胶体分散系统　分散相粒子半径在 $10^{-7} \sim 10^{-5}$ cm,比单个分子大得多。分散相的每一粒子均为由许多分子或离子组成的集合体。虽然用肉眼或普通显微镜观察时体系呈透明状,与真溶液没有区别,但实际上分散相与分散介质已并非为一个相,存在着相界面。换言之,胶体分散系统为一个高分散的多相体系,有很大的比表面积和很高的表面能,致使胶体粒子具有自动聚结的趋势。与水亲和力差的难溶性固体物质高度分散于水中所形成的胶体分散系统,简称为溶胶。

(3)粗分散系统　分散相的粒子半径在 $10^{-5} \sim 10^{-3}$ cm,可用普通显微镜甚至肉眼都能分辨出是多相体系。例如,悬浮液(如泥浆)和乳状液(如牛奶)就是典型的例子。

除按分散相粒子大小作上述分类外,对于多相的分散系统还常按照分散相与分散介质的聚集态来进行分类,可分成如表 2-2 所示的 8 种类型。

表 2-2　多相分散系统的类型

分散介质	分散相	名称	实例
气体	液体	气溶胶	加香气的雾
	固体	粉体	面粉、淀粉、白糖、可可粉、脱脂奶粉
液体	气体	泡沫	搅打奶油、啤酒沫
	液体	乳状液	牛奶、生乳油、奶油、蛋黄酱
	固体	溶胶	浓汤、淀粉糊
		悬浮液	酱汤、果汁
固体	气体	固体泡沫	面包、蛋糕、馒头
	液体	凝胶	琼脂、果胶、明胶
	固体	固溶胶	巧克力

2.2.2　常见的食品分散系统

1.泡沫

泡沫是指在液体中分散有许多气体的分散系统。气体由液体中的膜包裹成泡,把这种泡称为气泡,有大量气泡悬浮的液体称为气泡溶胶。当无数气泡分散在水中时溶液呈白色,这便是气泡溶胶(也称泡沫)。如图 2-3(a)所示,存在大量气泡的状态为球形泡沫;图 2-3(b)所示,在大量气泡之间,由很薄的液膜分隔,气泡呈多面体的状态为多面体泡沫。球形泡沫的密度一般较大,如冰激凌饮料;多面体泡沫的密度较小,如啤酒泡及一些碳酸饮料的泡沫。

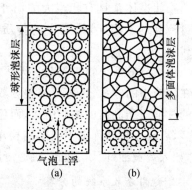

(a)球形泡沫;(b)多面体泡沫

图 2-3　泡沫及其形成过程

　　啤酒中含有影响泡沫的积极因素和消极因素,积极因素有蛋白质、糖、酒花物质或金属,消极因素为类脂化合物。在某种程度上,啤酒中的蛋白质是起泡沫的主要媒介物,啤酒泡沫的状况能以蛋白质与其他物质的相互作用来解释。此外,不同品牌的啤酒所使用的原料、酿造工艺以及啤酒酵母的不同使得它们之间的泡沫稳定性差别很大。当鸡蛋清蛋白被强烈搅打时,空气会被卷入蛋液中,同时搅打作用也会使空气在蛋液中分散而形成泡沫。最终,泡沫的体积可以变为原始体积的 6～8 倍,形成的泡沫同时失去蛋清的流动性,呈类似固体状。

　　2.乳状液

　　乳状液又称乳胶体,一般是指两种互不相溶的液体,其中一方为微小的液滴,另一方为液体。如果把水和油轻轻地倒在杯子中,由于水分子之间和油分子之间的分子力有本质区别,水和油之间不存在相互作用,同时由于水和油的密度不同,油在上层而水在下层,形成明显的油水界面(液-液界面)。

　　在存在界面的情况下,液体内部的分子由于受到各方相同的分子力作用而处于平衡状态,界面的分子则处于非平衡状态。比如,水和气体接触,由于气体的分子力很小,处于表面的水分子受到下面水分子的作用,表面积变小。把这种使表面积变小的作用力称为表面张力。如果对水和油进行激烈搅拌,那么水和油的界面受到破坏,形成一种液体分散于另一种液体的乳状液。此时,分散的粒子越小,两相界面积总和越大,系统越不稳定,则系统向界面积小的稳定状态变化。

　　如果在水中添加少量的水溶性乳化剂后搅拌,那么与未添加乳化剂的相比不仅形成乳状液所需要的作用力更小,而且状态保持时间也更长。此时形成的乳状液,称为水包油型(O/W型)乳状液(分散介质为水,分散相为油)。如果把磷脂等油溶性乳化剂溶解在油中后进行搅拌,则形成油包水型(W/O型)乳状液(分散介质为油,分散相为水)。乳化剂附着在分散粒子的界面上,降低界面自由能,减缓界面积减小速度,延长乳状液状态维持时间。把具有这种作用的物质称为表面活性物质(也称表面活性剂或乳化剂)。在制作蛋黄酱时,蛋黄中的脂蛋白和磷脂就起着乳化剂的作用。增加油相的体积分数可使蛋黄酱的硬度增大,如果水相和油相的体积分数相同,那么油滴越小,弹性系数和黏性系数则越大,松弛时间越长。

　　生奶油(稀奶油)、蛋黄酱均属于 O/W 型,而黄油、人造奶油等属于 W/O 型。乳状液在不使油与水分离的情况下,O/W 型经一定处理,可转变为 W/O 型,而 W/O 型也能变成 O/W型。把这种分散介质与分散相之间的转换现象称为相转换。例如,当持续激烈地搅拌 O/W型生奶油时,就会发生相转换,变成 W/O 型的黄油,黄油正是用这种方法由生奶油加工而成的。发生相转换后,即使原来各相的组成比例不变,转换前与转换后乳状液的物性也会发生明显变化。相转换过程如图 2-4 所示。

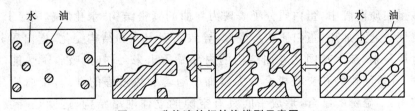

图 2-4　乳状液的相转换模型示意图

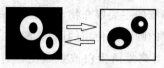

图 2-5 W/O/W 与 O/W/O 型的转化

除了由两相构成的乳状液外,还有多相乳状液。所谓多相乳状液是指:当把 O/W 或 W/O 型乳状液整体视为一个连续相,给这样的乳状液添加亲水性或亲油性的乳化剂后搅拌,此时各自的水或油又会成为分散相,得到 W/O/W 型或 O/W/O 型乳状液(图 2-5)。当 W/O 型乳状液向 O/W 型相转换时,也能得到 W/O/W 型的多相乳状液。

乳状液类型的判断,是研究其物性时首要解决的问题。也就是说,连续相是水还是油,对其物性起着决定性作用。

3. 悬浮液

固体微粒子分散于液体的分散系统,称为悬浮液。一般地,当静置稀薄悬浮液时,由于固体粒子受到浮力的作用,密度小于水密度的固体粒子就能浮起来,而密度大于水密度的固体粒子则会沉降,密度相同时固体粒子在水中保持静止状态。如果增加固体粒子的浓度,那么由于粒子之间的相互作用,黏度增大。当水恰好填满大量固体粒子之间的空隙时,水起可塑剂的作用,微粒团变成黏土一样的固体状态,出现塑性。

4. 溶胶和凝胶

溶胶和凝胶为大部分食品的主要形态。胶体粒子在液体中分散的状态称为胶体溶液,其中可流动的胶体溶液被称为溶胶。食品中一般胶体粒子的分散介质是水,故连续相是水的胶体称为亲水性胶体(hydrocolloid),这样的溶胶称为水溶胶。在分散介质中,胶体粒子或高分子溶质形成整体构造而失去了流动性,或胶体整体虽含有大量液体介质但处于固化的状态,称为凝胶。

凝胶是物质的特殊状态,为介于固体和液体之间的状态,也是食品中非常重要的物质状态。除了果汁、酱油、牛乳、油等液态食品和饼干、酥饼、硬糖等固体食品外,几乎所有的食品都是在凝胶状态供食用的。凝胶分为热不可逆性和热可逆性两类,前者多为蛋白凝胶,如鸡蛋羹、豆腐、羊羹、布丁等;后者以多糖凝胶居多。许多凝胶是由纤维状高分子相互缠结,或分子间键结合而形成的三维立体网络结构。水保持在网络的网格中,全体失去流动性质。经过一段时间放置,网格会逐渐收缩,网格中的水被挤出来,该现象称为离浆,这种凝胶称为干凝胶,如干粉丝、方便面。

当变性蛋白质分子聚集形成一个有规则的蛋白质网时,此过程被称为胶凝作用。蛋白质网形成是蛋白质-蛋白质和蛋白质-溶剂(水)相互作用之间、相邻肽链吸引力与排斥力之间一个平衡的结果,球蛋白热致凝胶的形成是一个涉及多种反应的复杂过程。蛋白质分散于水中形成溶胶体,这种溶胶体具有流动性,在一定条件下可以转变成具有部分固体性质的凝胶。在蛋白质溶胶中,蛋白质分子表现为卷曲的紧密结构,水化膜包围了其表面,具有相对的稳定性。通过加热,蛋白质初步变性,导致黏度上升和结构变化,蛋白质分子也从卷曲状态中舒展开来,疏水基团从卷曲结构的内部暴露出来。同时,吸收了热能的蛋白质分子运动加剧,分子间接触和交联机会大大增加。随着加热过程的继续,蛋白质分子间通过疏水相互作用、二硫键的结合,形成中间具有空隙的立体网络结构,这就是凝胶态,也是蛋白质包水的一种胶体形式。

多糖如卡拉胶的凝胶形成分成 4 个过程：先是卡拉胶分子在水中溶解成不规则的卷曲形，随后是降温后分子内形成单螺旋体，接下来是温度持续下降分子间形成双螺旋体的网络构造，最后是双螺旋分子间的聚集形成凝胶（图 2-6）。

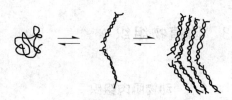

（由左至右：无规则线团，棒状双螺旋结构，双螺旋网状聚合体）

图 2-6　多糖凝胶的形成过程

5.粉体

粉体是微小固体颗粒的群体，可以因粒子间摩擦力而堆积，也可以像液体那样充填在各种形状的容器中。但是与液体不同的是，对容器底的压力并不像液体那样与充填的高度成正比，说明粉体颗粒之间存在着摩擦力。食品中粉体物质有很多，包括面粉、豆粉、甘薯粉、淀粉等类的食品原料，许多速溶、速食食品也呈粉体形态。

粉体食品一般是通过干燥、晶析、造粒、粉碎、沉淀、混合等单元操作制成的。大部分粉体成分多样，因此各种粒子的表面都具有较复杂的形状。有的粒子由许多个粒子黏结而成。图 2-7 为电子显微镜下几种粉体食品的颗粒形状。图 2-7(a)为喷雾干燥而成的脱脂乳粉，酪蛋白颗粒在张力作用下，下落时形成球状；但干燥收缩使其表面出现皱痕，喷雾过程中的碰撞也使得大颗粒上黏有小粒子。图 2-7(b)为全脂乳粉，因为加工中有一个造粒工艺（使粒子互相黏结成团粒，增加速溶性），所以粒子由多个颗粒黏结而成。图 2-7(c)为小麦粉，较大球形粒子为淀粉颗粒，小的球形粒子为蛋白质。图 2-7(d)为荞麦粉，荞麦种子颗粒并没有完全粉碎成淀粉粉末，尚存在大的、具有一定形状的淀粉团粒。

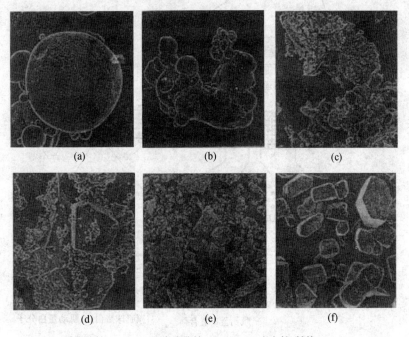

(a)脱脂乳粉(×420)；(b)全脂乳粉(×180)；(c)小麦粉(低筋)(×300)；
(d)荞麦粉(×240)；(e)胡椒粉(×60)；(f)砂糖(×42)

图 2-7　粉体食品在电子显微镜下的颗粒形状

2.3 动植物组织

2.3.1 动物肌肉组织

虽然家畜体上有 300 多块形状和尺寸各异的肌肉,但其基本结构是一样的(图 2-8、图 2-9)。肌肉的基本构造单位是肌纤维,肌纤维外有一层很薄的结缔组织,称为肌肉膜;每 50～150 条肌纤维聚集成束,称为初级肌束,外包一层结缔组织,称为肌束膜;数十条初级肌束集结在一起并由较厚的结缔组织包围形成二级肌束;二级肌束再集结即形成了肌肉块,外面包有一层较厚的结缔组织,称为肌外膜。这些分布在肌肉中的结缔组织膜既起着支架的作用,又起保护作用,血管、神经通过 3 层膜穿行其中,伸入肌纤维的表面。此外,还有脂肪沉积于其中,使肌肉断面呈现大理石样纹理。

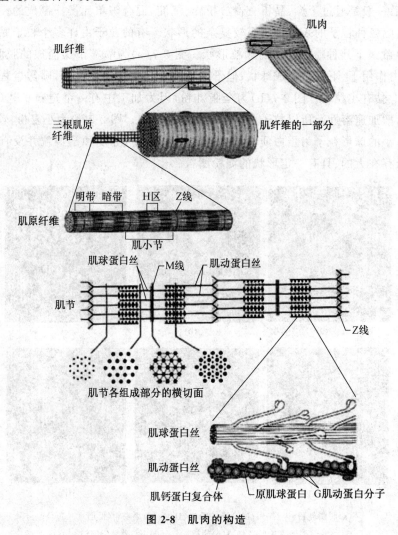

图 2-8 肌肉的构造

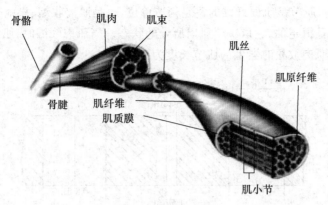

图 2-9　肌肉横断面结构

　　肌肉组织也是由细胞构成的,但肌细胞是一种相当特殊化的细胞,呈长线状,不分枝,两端逐渐尖细,因此也称为肌纤维,见图 2-10。肌纤维的直径为 $10\sim100\ \mu m$,长为 $1\sim40\ mm$,最长可达 $100\ mm$。

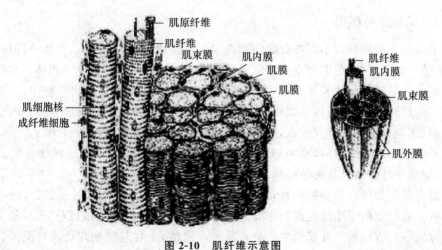

图 2-10　肌纤维示意图

　　肌纤维本身具有的膜称为肌膜,也就是细胞膜,它由蛋白质和脂质组成,具有很好的韧性,因而可承受肌纤维的伸长和收缩。冷冻肉制品,解冻后汁液流失量相对较少(与果蔬相比),主要原因就是细胞膜强度和弹性好,能够承受水结冰时 9% 的体积膨胀率。

　　肌原纤维是肌细胞独有的细胞器,占肌纤维固形成分的 $60\%\sim70\%$,是肌肉的伸缩装置。如图 2-11 所示,它呈细长的圆筒状结构,直径为 $1\sim2\ \mu m$,其长轴与肌纤维的长轴相平行并浸润于肌质中。一个肌纤维含有 $1\,000\sim2\,000$ 根肌原纤维,肌原纤维又由肌丝组成,肌丝可分为粗丝和细丝,两者均平行、整齐地排列于整个肌原纤维中。由于粗丝和细丝在某一区域重叠,从而形成了横纹,这也是"横纹肌"名称之来源。光线较暗的区域称为暗带(A 带),光线较亮的区域称为明带(I 带)。I 带的中央有一条暗线,称为 Z 线,它将 I 带从中间分为左右两半;A 带的中央也有一条暗线,称为 M 线,将 A 带中间分为左右两半。在 M 线附近有一颜色较浅的区域,称为 H 区。把两个相邻 Z 线肌原纤维称为肌节,它包括一个完整的 A 带和两个位于 A

带两边的半个 I 带。肌节是肌原纤维的重复构造单位,也是肌肉收缩、松弛交替发生的基本单位。肌节的长度不是恒定的,它取决于肌肉所处的状态。当肌肉收缩时,肌节变短;松弛时,肌节变长。哺乳动物肌肉放松时典型的肌节长度为 2.5 μm。

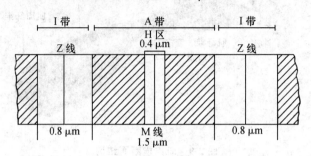

图 2-11　肌原纤维示意图

肌纤维的细胞质称为肌质,填充于肌原纤维间和核的周围,是细胞内的胶体物质,含水分 75%~80%。肌质内富含肌红蛋白、酶、肌糖原及其代谢产物和无机盐类等。

2.3.2　动物结缔组织

结缔组织是将动物体内不同部分联结和固定在一起的组织,分布于体内各个部位,构成器官、血管和淋巴管的支架,包围和支撑着肌肉、肌腱和神经束,将皮肤联结于机体。结缔组织由少量的细胞和大量的细胞外基质构成,后者的性质差异很大,可以是柔软的胶体,也可以是坚韧的纤维。在软骨中,它的质地如橡皮;在骨骼中,因充满钙盐而变得非常坚硬。肉中的结缔组织由基质、细胞和细胞外纤维组成,胶原蛋白和弹性蛋白都属于细胞外纤维。

和肌纤维不一样,细胞外纤维可以构成致密的结缔组织,也可以构成网状松软的结缔组织。此外,细胞外纤维对肉品物性影响非常大。

胶原蛋白是动物体内最多的一种蛋白质,占动物体中总蛋白的 20%~25%,对肉的嫩度有很大影响。胶原蛋白是结缔组织的主要结构蛋白,是筋腱的主要组成成分,也是软骨和骨骼的组成成分之一。胶原蛋白在肌肉中的分布是不一致的,主要与其生理功能有关。胶原蛋白种类较多,但不具备伸缩性。

胶原蛋白的不溶性和坚韧性是其分子间的交联,特别是成熟交联所致。交联是胶原蛋白分子在形成特定结构后其与纤维分子之间的共价化学键。如果没有交联,胶原蛋白将失去力学强度,则可溶解于中性盐溶液。随着动物年龄的增加,肌肉结缔组织中的交联,尤其是成熟交联的比例增加,这也是动物年龄增大,其肉嫩度下降的原因。

2.3.3　植物细胞组织

植物性食品很多,这里主要讨论细胞形态完整的果蔬产品。图 2-12 是典型的植物细胞结构,它与果蔬品种、生长条件以及采后贮藏与加工等因素有关。如作为种子植物,其细胞内会贮藏大量的淀粉等物质;而作为未成熟的植物,其细胞内液泡占有大量的空间。又如,植物表皮细胞呈扁平状,相互嵌合在一起而不被外力拉断;根细胞呈管状,利于水分和营养物质的传输;而茎尖等分生组织,其细胞细小致密,表面积大,利于生长代谢的物质交换和能量交换。细胞的结构与形态直接影响果蔬产品的质构和质量。因此,目前在对果蔬产品的研究中,除了检测生化指标外,细胞结构形态变化等物性参数检测也受到越来越多的重视。

影响果蔬产品质构的关键因素是细胞壁的强度和细胞膨压,这两个因素决定细胞的完整性和形态,决定果蔬产品的质构。

细胞壁的主要成分是纤维素、果胶和半纤维素,有些细胞壁中还含有木质素、疏水的角质、木栓质和蜡质等成分。细胞壁分初生壁、次生壁、胞间层 3 层。初生壁(图 2-13)是细胞生长期间形成的组织结构,厚度为 1～3 nm,由纤维素中的微纤丝、果胶、糖蛋白等物质构成,果胶和糖蛋白起到交联微纤丝的作用,促进形成网状结构。果胶使细胞壁具有很好的伸缩性,使细胞壁随着细胞的生长而扩大。次生壁是细胞停止生长,初生壁不再扩大时,在某些起着支撑作用或输导作用的细胞壁上形成的堆积增厚部分。次生壁主要由纤维素组成,而且排列致密,有一定的方向性。次生壁含果胶极少,且不含糖蛋白质等物质。因此,次生壁的机械强度很大,伸缩性很小。胞间层是中间层,主要成分是果胶,其作用是黏结细胞。随着果蔬的成熟,中间层释放出果胶酶,果胶酶能够溶解果胶,使细胞与细胞分离,果蔬质构变软。

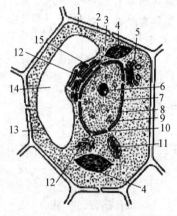

1. 细胞膜;2. 细胞壁;3. 细胞质;4. 叶绿体;
5. 高尔基体;6. 核仁;7. 核液;8. 核膜;
9. 染色质;10. 核孔;11. 线粒体;
12. 内质网;13. 游离的核糖体;
14. 液泡;15. 内质网上的核糖体

图 2-12　植物细胞结构

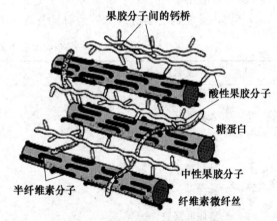

果胶分子间的钙桥
酸性果胶分子
糖蛋白
中性果胶分子
半纤维素分子
纤维素微纤丝

图 2-13　初生壁各组分网状结构

膨压是指细胞内溶液对细胞壁的压力,其作用方向一般向外,使细胞壁膨胀。膨压与细胞内外溶液的渗透压有关。对于新鲜果蔬产品,细胞中的液泡较大,而液泡中含有大量的糖、氨基酸和离子等物质,使细胞内的水势(溶质势)下降,如果细胞外溶液接近于纯水或其水势高于细胞内水势,细胞将吸水膨胀。由于细胞壁的限制,细胞内溶液对细胞壁产生作用力(膨压),使细胞处于饱满状态。对于脱水种子,细胞内含有大量的淀粉和蛋白质等物质,这些物质具有亲水性,吸水后体积膨胀,水势(衬质势)上升。一般情况下,温带生长的植物叶细胞的溶质势在 $-1\sim-2$ MPa 之间,夏季午后草本植物叶细胞的膨压在 0.3～0.5 MPa 之间,而干燥的种子的衬质势可达 -100 MPa。水势越低,说明细胞吸水能力越大,而膨压越大,说明细胞壁对细胞内溶液的限制越强。

在膨压作用下,细胞壁内将产生相应的应力与应变现象,用细胞体积模量 K 来描述:

$$K = V \frac{\mathrm{d}p}{\mathrm{d}V} \qquad (2\text{-}6)$$

式中：p 为细胞膨压，MPa；V 为细胞体积，mm^3；K 为细胞体积模量，MPa。

K 越大，说明细胞壁越坚硬，弹性越小；反之，则说明细胞壁越柔软，弹性越大。显然，K 值的大小既可以描述细胞壁的刚性，也可以描述细胞壁的弹性。

二维码 2-4　新中国成立以来
感动中国人物——林巧稚

❓ 思考题

1. 食品的宏观状态有哪些？试举出食品中常见的几种营养成分的宏观状态。
2. 食品的微观状态有哪些？试举出食品中常见的几种营养成分的微观状态。
3. 以糖类为例，阐述食品的宏观状态和微观状态之间的关系。
4. 以蛋白质为例，说明食品的形态和其加工特性之间的关系。
5. 何谓食品分散系统？分散系统对食品属性会造成什么重要影响？
6. 试述常见的食品分散体系的特性及其与食品物性的关系。

专业术语中英文对照表

中文名称	英文名称
橡胶态	rubbery state
分散体系	dispersion system
泡沫	foam
乳状液	emulsion
悬浮液	suspension
溶胶和凝胶	sol and gel
粉体	powder
亲水性胶体	hydrocolloid

第 3 章
液态食品的力学性质

本章学习目的及要求

　　掌握食品物质的流变特性的概念和种类；了解流变特性测定的方法，熟悉食品流变学在实际生产中的应用；了解泡沫和气泡的形成原理、特性，掌握生产中消除和抑制泡沫存在或生成的方法。

物理学把物质分为两类：一类是不经任何外部因素的作用就能保持自身的形状；另一类是只有在容器里才能取得自身的形状。前者称为固体，后者称为流体。流体又分为液体和气体。液体没有固有的形状，但在结构元素之间具有足够的内聚力而保持一定的容积；气体能够随意扩散而占据任何容器的体积。

食品物质种类繁多。有一些食品物质能明显地表现出固体或流体的特性，但根据大多数食品物质在外力作用下表现出的物理特性，很难区分它们是属于固体还是流体，往往是既具有固体的特性，又具有液体的特性。根据物理特性，可以把食品物质简单地分为四大类：主要具有固体特性的食品物质，归属于固体；主要具有液体特性的食品物质，归属于液体；同时表现出固体特性和液体特性的食品物质，归属于黏弹性体；同时具有固体特性和液体特性，但主要是表现液体特性的食品物质，归属于塑性流体。液体又可分为两类：凡符合牛顿黏性定律的液体食品物质，归属于牛顿液体；凡不符合牛顿黏性定律的液体食品物质，归属于非牛顿液体。

通过测定流变特性的方法可评价食品物质的优劣，这种方法也叫食品流变学方法。即由食品物质本身所具有的流变特性来鉴定它的质量，评价它的优劣。流变学是力学的一个分支，是研究物质在力作用下变形的科学，主要研究和处理表观上连贯的黏性物质的变形问题，同时也研究和处理生产过程中物质的流动和物理性质变化的问题。通过对物质流变特性的测定，可以控制产品的质量，鉴别成品的优劣，并且可以为工艺及设备的设计提供有关的数据。

泡沫是指含有天然或合成界面活性物质的液体（或半固体）分散于介质中所形成的球形体或多面体的总称。如食品中掼奶油、冰激凌等属于球形泡沫，通常密度较大；啤酒泡沫及一些碳酸饮料的泡沫为多面体泡沫，密度较小。泡沫食品不仅具有滑爽、轻柔的口感和清凉感，而且能够使食品香气四溢、醇香诱人。但食品加工中（如淀粉、蛋白的精提浓缩，溶液的搅拌、管道输送等）产生的泡沫，往往会妨碍传热传质，使生产效率降低。因此，在生产中需要使用消泡剂来消除和抑制泡沫的存在或生成。学习泡沫的物性原理，无论是对提高泡沫食品的质量，还是对保证食品加工操作的顺利进行，都有十分重要的意义。

本章主要介绍食品物质具备哪些流变特性，如何测定其流变特性以及在实际生产中如何应用食品流变学。同时，介绍泡沫和气泡的形成原理、特性，以及生产中消除和抑制泡沫的方法。

3.1　流变学基础

习近平总书记在第二届世界互联网大会开幕式上、在伦敦金融城市长晚宴上、在和平共处五项原则发表 60 周年纪念大会上的讲话中，都提到《周易·益卦·象传》中的一句话："凡益之道，与时偕行"。这句话对中国如何处理好与世界各国的外交、金融、政治关系表达了深刻的展望。大凡事物当要增益时所体现的道理，都随时间一起流变。

食品流变学的研究时间较短。20 世纪 60 年代初期，在国外，与食品工业有关的报刊中常报道食品流变学方面的研究。当时着重于某一食品流变特性的测定，例如牛乳的流变特性测定,但对于如何利用食品流变特性来控制食品生产过程、评价食品的优劣,还较少提及。20 世纪 60 年代后期,才开始进行食品流变学应用的研究。1973 年,B. Muller 在总结自己和他人的科研成果的基础上编著出版了 *Introduction to Food Rheology*(《食品流变学入门》)一书,对推动食品流变科学的发展和应用起了极为重要的作用。从此,食品流变学在食品工业中得到了广泛的应用,食品流变学的研究又有了进一步的发展。J. Prentice 在 1984 年编著出版的 *Measurements in the Rheology of Foodstuff*(《食品流变学测量》),不但解决了食品物质流变特性的一系列测量问题,而且从微观结构的角度解决了流变特性的变化问题,为食品流变学控制生产工艺过程提供了理论依据。

　　食品的组成成分和结构非常复杂,不仅有无机物、有机物,还有具有生命的细胞组织,而且在不同条件下(温度、压力、流速等)食品物质往往具有不同的流变性质,所以在给定的应力-应变情况下,很难完全了解其流变性质。为了方便,通常只研究在一定应变范围内的应力-应变关系,这就是理想弹性的虎克定律和纯黏性流动的牛顿黏性定律。所以严格地讲,食品流变学是以虎克弹性定律和牛顿黏性定律为基础,研究物质流动和变形的科学。食品流变学和传统的只注重食品的组成及其变化的化学方法不同,它用数学语言,通过所设定的数学模型对食品进行定量研究。

　　在研究食品流变特性时,首先把食品按其流变性质分成几大类,再对每种类型的物质建立起表现其流变性质的力学模型,从这些模型的分解、组合和解析中找出测定食品流变特性的可靠方法,或得出有效控制食品品质的思路。

3.1.1　牛顿流体

　　黏性是表现流体流动性质的指标。水和油(食用植物油,下同)都是很容易流动的液体,但是把水和油分别倒在平板上时,就会发现水的流动速度要比油快,也就是说,水比油更容易流动,这一现象说明油比水更黏。这种阻碍流体流动的性质称为黏性。由流动力学可知,当流体在一定速度范围内流动时,就会产生与流动方向平行的层流流动。以流体平行路过固定平板为例,紧贴板壁的流体质点,因与板壁的附着力大于分子的内聚力,所以速度为零,在贴着板壁处形成静止液层,而越远离板壁的液层流速越大,液体内部在垂直于流动方向就会形成速度梯度。层与层之间存在着黏性阻力,如图 3-1(a)所示。

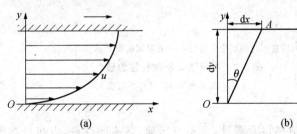

(a)牛顿流体;(b)剪切速率概念

图 3-1　黏性阻力

　　如果沿平行于流动方向取一流体微元,如图 3-1(b)所示,微元的上下两层流体接触面积为 $A(\text{m}^2)$、两层距离为 $\text{d}y(\text{m})$、两层间黏性阻力为 $F(\text{N})$、两层的流速分别为 $u(\text{m/s})$ 和

$u+\mathrm{d}u(\mathrm{m/s})$。这一流体微元,可以看成是在某一短促时间 $\mathrm{d}t(\mathrm{s})$ 内发生了剪切变形的过程。剪切应变 ε 一般用它在剪切应力作用下转过的角度(弧度)来表示,即 $\varepsilon=\theta=\mathrm{d}x/\mathrm{d}y$。则剪切应变的速率为:

$$\dot{\varepsilon}=\frac{\theta}{\mathrm{d}t}=\frac{\dfrac{\mathrm{d}x}{\mathrm{d}y}}{\mathrm{d}t}=\frac{\dfrac{\mathrm{d}x}{\mathrm{d}t}}{\mathrm{d}y}=\frac{\mathrm{d}u}{\mathrm{d}y}$$

可见液体的流动也是一个不断变形的过程。用应变大小与应变所需时间之比表示变形速率。上式表示的剪切应变速度 $\dot{\varepsilon}$ 就是液体的应变速率,也称剪切速率或速度梯度,单位为 s^{-1}。

另外,剪切应力 σ 可定义为:

$$\sigma=\frac{F}{A} \tag{3-1}$$

剪切应力 σ 实际是截面切线方向的应力分量,单位为 Pa。牛顿黏性定律指出,流体流动时剪切速率 $\dot{\varepsilon}$ 与剪切应力 σ 成正比,即

$$\sigma=\eta\cdot\dot{\varepsilon} \tag{3-2}$$

式中比例系数 η 称为黏度,单位为 $\mathrm{Pa\cdot s}$,是液体流动时由分子之间的摩擦产生的。因此,黏度是物质的固有性质。式(3-2)是黏性的基本法则。

凡流动行为符合牛顿黏性定律的流体称为牛顿流体(Newtonian fluid),式(3-2)称为牛顿流体的流动状态方程。牛顿流体的特征是:剪切应力与剪切速率成正比,黏度不随剪切速率的变化而变化。也就是说,在层流状态下,黏度是一个不随流速变化而变化的常量。牛顿流体的流动特性曲线如图 3-2 所示。

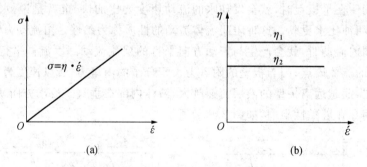

(a)剪切速率与剪切应力的关系;(b)剪切速率与黏度的关系

图 3-2　牛顿流体流动特性曲线

注:η_1、η_2 表示两种不同液体的黏度

严格地讲,理想的牛顿流体没有弹性,且不可压缩,各向同性,所以在自然界中理想的牛顿流体是不存在的。在流变学中只能把在一定范围内基本符合牛顿流动定律的流体按牛顿流体处理,其中最典型的是水。可归属于牛顿流体的食品有糖水溶液、低浓度牛乳、油及其他透明稀溶液等。

3.1.2　假塑性流体和胀塑性流体

习近平总书记在《压力与动力是可以互相转化的》[《之江新语》（二〇〇五年一月五日）]中提道："现在基层干部的压力比较大，这也要辩证地看，如果在压力面前怨天尤人、自暴自弃，最终将一事无成；如果在压力下奋发有为，做出成绩，那就能得到组织的认可、群众的拥护。"这说明要辩证地看待压力与动力的关系。

凡流动行为不符合牛顿黏性定律的流体，称为非牛顿流体（non-Newtonian fluid）。这种流体的黏度不是常数，随剪切速率的变化而变化。非牛顿流体的剪切应力 σ 与剪切速率 $\dot{\varepsilon}$ 之间的关系可用下列经验公式表示：

$$\sigma = k \cdot \dot{\varepsilon}^n \tag{3-3}$$

式（3-3）称为非牛顿流体的流动状态方程。式中 k 为黏性常数，因为它与液体浓度有关，因此又称 k 为浓度系数。式中 n 为流动特征指数。当 $n=1$ 时，式（3-3）就是牛顿流体公式，这时 $k=\eta$，即 k 就成了黏度。设 $\eta_a = k \cdot \dot{\varepsilon}^{n-1}$，代入式（3-3），则非牛顿流体的流动状态方程可写成与牛顿流体相似的形式：

$$\sigma = \eta_a \cdot \dot{\varepsilon} \tag{3-4}$$

由式（3-4）可以看出，η_a 与 η 有同样量纲，表示同样物理特性，所以 η_a 为"表观黏度"。但 η_a 与 η 不同，η_a 与浓度系数 k 和流动特性指数 n 有关，且是剪切速率 $\dot{\varepsilon}$ 的函数。因此，η_a 对应着一定的剪切速率。也就是说，η_a 是非牛顿流体在某一特定剪切速率下的黏度。

非牛顿流体按照流变特性还可以分为假塑性流体、胀塑性流体、触变性流体和流凝性流体。前两种流体的流变特性与时间无关，后两种非牛顿液体的流变特性随时间而变化。非牛顿液体的流变特性用表观黏度 η_a、流动特征指数 n 和浓度系数 k 来表示。

1. 假塑性流体

在非牛顿流体流动状态方程中，当 $0<n<1$ 时，即表观黏度随着剪切应力或剪切速率的增大而变小，这样的流动称为假塑性流动。因为随着剪切速率的增加，表观黏度变小，所以也称为剪切稀化流动。符合假塑性流动规律的流体称为假塑性流体（pseudoplastic fluid）。假塑性流体的流动特性曲线如图 3-3 所示。图中 $\eta = \tan\theta_i (i=1,2,3,\cdots)$。

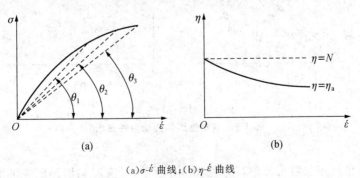

(a) σ-$\dot{\varepsilon}$ 曲线；(b) η-$\dot{\varepsilon}$ 曲线

图 3-3　假塑性流体流动特性曲线

假塑性流体的表观黏度随剪切速率增加而变小的原因是：具有假塑性流动性质的液体食

品,大多含有高分子的胶体粒子,这些粒子多由巨大的链状分子构成。当静止或低速流动时,它们互相勾挂缠结,黏度较大,显得黏稠。但当流速增大时,流层之间的剪切力作用使比较散乱的链状粒子滚动旋转而收缩成团,减少了互相勾挂,这就出现了剪切稀化现象。一些研究表明,剪切稀化的程度与分子链的长短和线性有关。胶粒是由直链分子构成的液体,其剪切稀化程度比由多支结构分子构成的液体大。剪切稀化原理模型如图 3-4 所示。

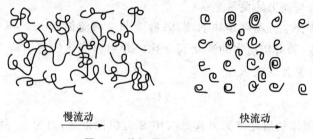

图 3-4　剪切稀化原理的模型

食品工业中的一些高分子溶液、悬浮液和乳状液,如酱油、菜汤、番茄汁、浓糖水、淀粉糊、苹果酱等都是假塑性流体。大多数非牛顿流体都属于假塑性流体。

2.胀塑性流体

在非牛顿流体的流动状态方程中,如果 $1<n<\infty$,则称为胀塑性流动。它的流动特性曲线如图 3-5 所示,其剪切应力与剪切速率关系曲线虽然通过原点,但偏离 $\dot{\varepsilon}$ 轴向上弯曲,所以随着剪切应力或剪切速率的增大,表观黏度 η_a 逐渐增大。由于这一特点,胀塑性流动也被称为剪切增稠流动。表现为胀塑性流动的流体,称为胀塑性流体(dilatant fluid)。在液态食品中属于胀塑性流体者较少,比较典型的为生淀粉糊。当往淀粉中加水,混合成糊状后,缓慢倾斜容器时淀粉糊会像液体一样流动。但如果施加更大的剪切应力,用力且快速搅动淀粉,淀粉糊则会变"硬",失去流动性质;若用筷子迅速搅动,其阻力甚至能把筷子折断。

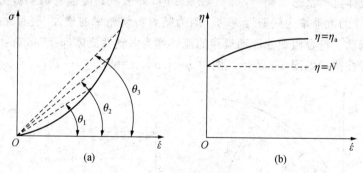

(a)σ-$\dot{\varepsilon}$ 曲线;(b)η-$\dot{\varepsilon}$ 曲线

图 3-5　胀塑性流体流动特性曲线

剪切增黏现象可用胀容现象解释。如图 3-6 所示,具有剪切增黏现象的液体的胶体粒子一般处于致密充填状态,是糊状液体。作为分散介质的水充满在致密排列的粒子间隙中。当施加应力较小、缓慢流动时,由于水的滑动与流动作用,胶体糊表现出较小的黏性阻力。如果用力搅动,处于致密排列的粒子立即被搅乱,成为多孔隙的疏松排列构造。这时由于原来的水分再也不能填满粒子之间的间隙,粒子与粒子间无水层的滑润作用,黏性阻力会骤然增加,甚至失去流动性质。粒子在强烈的剪切作用下结构排列疏松,外观体积增大,这种现象称为胀容现象。

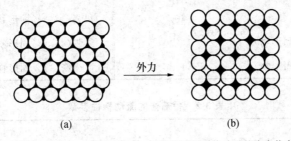

(a)粒子未受扰动时的静止状态;(b)粒子受强烈扰动后的胀容状态

图 3-6　胀容现象概念模型

3.1.3　塑性流体

根据宾汉理论,在流变学范围内将具有下述性质的物质称为宾汉流体(Bingham fluid)或塑性流体(plastic fluid)。当作用在物质上的剪切应力大于极限值时,物质开始流动,否则,物质就保持即时形状并停止流动。例如,在盘子里的马铃薯浆不可能在重力作用下流动;但储藏罐中靠近底部的马铃薯浆所承受的压力已大于本身重力,因而会引起局部流动。把剪切应力的极限值定义为屈服应力,所谓屈服应力是指使物体发生流动的最小应力,用 σ_0 表示。

塑性流体的流动状态方程为:

$$\sigma - \sigma_0 = \mu \cdot \varepsilon^n \tag{3-5}$$

式中:μ 为塑性流体的稳定性系数;n 为流动特征指数;σ_0 为屈服应力,单位为 Pa。

塑性流体的流动特性曲线如图 3-7 所示,其流动特性曲线不通过坐标原点。对于塑性流动来说,当应力超过 σ_0 时,流动特性符合牛顿流动规律的,称为宾汉流动;不符合牛顿流动规律的,称为非宾汉塑性流动。把具有上述流动特性的液体分别称为宾汉流体或非宾汉流体。塑性流体的流变特性可用屈服应力 σ_0 和表观黏度 η_a 来表示。典型的塑性流体类食品物质有马铃薯浆、浓奶油、熔化巧克力、脂肪等。部分宾汉流体食品的屈服应力值及番茄酱的流动特性参数分别见表 3-1 及表 3-2。

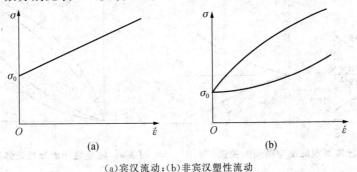

(a)宾汉流动;(b)非宾汉塑性流动

图 3-7　塑性流体流动曲线

表 3-1　部分宾汉流体食品的屈服应力值　　　　　　　　　Pa

食品名称	屈服应力值	食品名称	屈服应力值
熔化的巧克力	1.2	橘子汁(60%固形物)	0.7
掼奶油	40.0	梨酱(18.3%固形物)	3.5
瓜尔豆胶水溶液(0.5%固形物)	2.0	梨酱(45.7%固形物)	33.9
瓜尔豆胶水溶液(1.0%固形物)	13.5	番茄酱(11%固形物)	2.0

表 3-2　番茄酱的流动特性参数

测定温度/℃	n	k	σ_0/Pa
25	0.227	187	32.0
45	0.267	160	24.0
65	0.299	113	14.0
95	0.253	74.5	10.5

3.1.4　触变性流体和流凝性流体

在非牛顿流体中,如果流体特性(如表观黏度)不能随剪切速率的变化瞬时调整到平衡态,并不断随时间而改变,这样的流体称为"与时间有关"的流体,包括触变性流体和流凝性流体(图 3-8)。如果维持恒定剪切速率所需的剪切应力随剪切持续时间的延长而变小,这种流体称为触变性流体(thixotropic fluid);如果维持恒定剪切速率所需的剪切应力随剪切持续时间的延长而增大,这种流体称为流凝性流体(rheopectic fluid)。采用滞回流动曲线可以研究这两类流体,当流体受到的剪切速率逐渐增加至某一较高值后又逐渐减少,可得到该流体的 σ-$\dot{\varepsilon}$ 关系,如图 3-9 所示。通常认为,触变和流凝这两种与时间有关的效应是由流体内部物理或化学结构发生变化而引起的。触变性流体在持续剪切过程中,有某种结构的破坏,使黏度随时间延长而变小;而流凝性流体则在剪切过程中伴随着某种结构的形成。在触变性流体和流凝性流体中,前者较为常见,而流凝性流体较为少见。

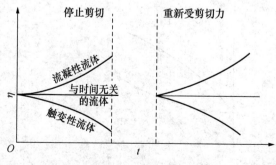

图 3-8　流体表观黏度与时间的关系

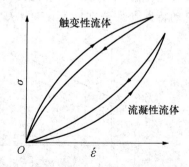

图 3-9　触变性和流凝性流体的滞回流动曲线

具体地说,触变现象就是当液体在受震动、搅拌、摇动时黏度变小,流动性增强,但静置一段时间后,又变得不易流动的现象。例如,番茄酱、蛋黄酱等在容器中放置一段时间后,倾倒时它们不易流动,但猛烈摇动容器或用力搅拌即可变得容易流动。再长时间放置后又会变得不易流动。这是因为随着剪切应力的增加,粒子间结合的结构受到破坏,黏度变小,流动性增强。当作用力停止时,粒子间结合的构造逐渐恢复原样,但需要一段时间。因此,剪切速率减少时的曲线与增加时的曲线不重叠,形成了与流动时间有关的履历曲线(滞后曲线)。加糖炼乳触变性流动的特性曲线如图 3-10 所示。由图可知,间隔时间越短,滞后曲线包围的面积越大,即结构破坏越大。新炼乳的滞后曲线包围面积明显小于陈放炼乳,陈放越久的炼乳其触变性越明显。炼乳的触变现象与炼乳结构内形成酪蛋白微胶束有关。有触变现象的食品口感比较柔和、爽口。

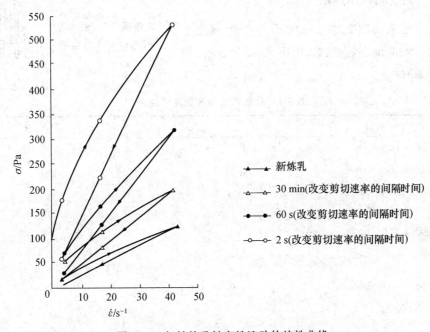

图 3-10   加糖炼乳触变性流动的特性曲线

3.1.5 流变特性的转化

食品物质的流变特性明显地受到浓度的影响。同一种物质,在不同浓度范围内所表现出的流变特性是不一样的,甚至属性也会发生变化。有些物质,在低浓度时,呈现出非牛顿流体的特性,但在中等浓度时,就呈现出塑性流体的特性。在所有能促使物质流变特性转化的因素如温度、剪切速率、剪切时间和浓度等中,浓度因素是最重要的。

例如,从实验中可以得出,牛乳的流变特性显著地受到其浓度的影响。浓度不同,不但牛乳的表观黏度 η_a、流动特征指数 n 和浓度系数 k 发生变化,而且牛乳的物质类型也发生转化。对于 40℃ 的牛乳,当浓度在 30% 及以下时,表现出牛顿流体特性,$n=1$;当浓度在 30% 以上时,表现出假塑性流体的特性,$n<1$。而温度对牛乳流变特性的影响不大。

对于触变性流体和流凝性流体,除浓度外,剪切时间也是影响其流变特性的重要因素。对于触变性流体,在同样剪切速率下,表观黏度 η_a 随剪切时间的延长而降低。而流凝性流体在同样剪切速率下,其表观黏度 η_a 随时间的延长而提高。另外,对于触变性流体,剪切速率 $\dot{\varepsilon}$ 的增大使之变得稀薄,而流凝性流体却随剪切速率的增大变得更为黏稠。因此剪切速率 $\dot{\varepsilon}$ 也是影响物质流变特性的因素。

剪切速率 $\dot{\varepsilon}$ 对假塑性流体和胀塑性流体的流变特性的影响已在 3.1.2 中叙述。

3.2 液态食品流变性质及测定

3.2.1 黏度的表示方法

在研究分散系统黏度时,为了分析的方便,规定了一些不同定义的黏度。这些黏度的定义、记号、单位和名称如表 3-3 所示。

二维码 3-2 钱学森与空气动力学

表 3-3 分散系统各种黏度的定义

名称	定义	符号	单位
黏度,黏性系数(viscosity)	η	η	Pa·s
相对黏度(relative viscosity)	η/η_0	η_{rel}	无
比黏度(specific viscosity)	$(\eta/\eta_0)-1=\eta_{rel}-1$	η_{sp}	无
换算黏度,还原黏度(reduced viscosity)	$\dfrac{\left(\dfrac{\eta}{\eta_0}-1\right)}{c}$	η_{sp}/c	cm³/g
特性黏度(inherent viscosity)	$\dfrac{\ln\dfrac{\eta}{\eta_0}}{c}=\dfrac{\ln\eta_{rel}}{c}$	$\langle\eta\rangle$	cm³/g
极限黏度,固有黏度(intrinsic viscosity)	$\lim\limits_{c\to0}\dfrac{\left(\dfrac{\eta}{\eta_0}-1\right)}{c}$ 或 $\lim\limits_{c\to0}\dfrac{\ln\dfrac{\eta}{\eta_0}}{c}$	$[\eta]$	cm³/g

相对黏度是指在分散介质中加入一定量的分散相而使黏度增加的比例。为了更清楚地表示这一关系,可用溶液黏度 η 减去分散介质黏度 η_0,按照式(3-6)计算:

$$\eta_{sp}=\frac{\eta-\eta_0}{\eta_0}=\frac{\eta}{\eta_0}-1=\eta_{rel}-1 \tag{3-6}$$

η_{sp} 称为比黏度。无论是比黏度还是相对黏度,都没有表示出与溶液浓度的关系。当考虑溶液的浓度时,例如测得溶液的浓度为 c,那么每增加单位溶液浓度,引起溶液黏度增加的比例可用换算黏度 η_{red}(也称为原黏度)表示。它可由式(3-7)计算:

$$\eta_{red}=\frac{\eta-\eta_0}{\eta_0 c}=\frac{\eta_{sp}}{c} \tag{3-7}$$

在某些场合,需要用相对黏度的对数比其浓度 c,称为特性黏度$\{\eta\}$。其计算如表 3-3 所示。

换算黏度和特性黏度,可被认为是一定浓度的分散相由无数粒子共同作用,其黏度的增加率按粒子数平均考虑的结果。在较稀的溶液中,可以认为各粒子间相互独立,即当没有相互作用,或极少相互作用时,根据这两个黏度还可得到式(3-8):

$$\lim_{c \to 0} \frac{\eta_{sp}}{c} = [\eta], \lim_{c \to 0} \frac{\eta_{rel}}{c} = [\eta] \tag{3-8}$$

这两式所表示的黏度称为极限黏度或固有黏度。当溶液浓度接近 0 时,η_{rel} 趋于 1。即

$$\ln\eta_{rel} = \ln[1 + (\eta_{rel} - 1)] \approx \eta_{rel} - 1 = \eta_{sp}$$

也就是说,以上两极限黏度表示式相等。当分散粒子为分子时,极限黏度与相对分子质量和分子的形状有关。

有很多因素影响液体的黏度,具体如下。

(1)分散相　分散相的浓度、黏度、形状及大小都会影响液体的黏度。

①分散相的浓度。对于具有一定浓度的液体,也就是说,当分散相粒子浓度较高时,粒子之间的碰撞、凝聚、聚合会使液体的黏度发生变化。

②分散相的黏度。对于分散相为液体的场合,当溶液流动时,剪切力会使球状的分散相粒子发生旋转,因而会引起内部的流动。这种流动的程度与分散相的黏度有关。牛奶的乳脂肪含量与黏度的关系如图 3-11 所示。添加乳化剂后,分散相与分散介质之间可以形成有一定强度的界面膜,其流变性质也会发生变化。

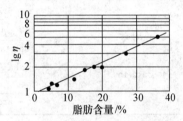

图 3-11　牛乳脂肪含量与黏度的关系

③分散相的形状。与粒子形状有关的黏度公式见表 3-4。

④分散相的大小。分散相粒子的大小为 $0.7 \sim 30\ \mu m$,当乳浊液非常稀时,粒子大小对黏度基本上没有影响。当 ϕ 不超过 0.5 时,乳化剂吸附在粒子表面引起容积的增加,这与使分散相黏度增加的影响相互抵消。因此,当粒径在数微米范围时,粒子尺寸小,相对黏度的增加并不明显。

(2)分散介质　其中,对乳浊溶液黏度影响最大的是分散介质本身的黏度。而影响分散介质本身黏度的因素主要包括其流变性质、化学组成、极性、pH 以及电解质浓度等。

(3)乳化剂　乳化剂对乳浊液黏度的影响主要表现在 4 个方面:a.乳化剂化学成分影响粒子间的位能;b.乳化剂浓度及其分散程度(溶解度)影响乳浊液的状态;c.粒子吸附乳化剂所形成的膜厚影响粒子流变性质和粒子间流动;d.改变粒子荷电性质引起乳浊液黏度变化。

表 3-4　与粒子形状有关的黏度公式(η_0/η)

分散粒子的形状	极稀的液体		一般浓度的液体
	不受布朗运动影响时	考虑布朗运动影响	不受布朗运动影响时
球状刚体	Einstein,Simba 2.5ϕ	Einstein,Simba 2.5ϕ	Gold,Guth,Simba $2.5\phi+14.1\phi^2$ Vand $2.5\phi+7.349\phi^2$
刚性棒状	Jeffery $\left[\dfrac{f}{2\ln 2f-3}+2\right]\phi$ Eistnschitz $\dfrac{1.15f}{\ln 2f}\phi$	Huggins,Kuhn $\left(2.5+\dfrac{f^2}{16}\right)\phi$ Eisenschitz $\dfrac{f^2}{15\ln 2f-\dfrac{45}{2}}\phi$ Simba $\left\{\dfrac{f^2}{15[\ln 2f-(3/2)]}+\dfrac{f^2}{5[\ln 2f-(1/2)]}+\dfrac{14}{15}\right\}\phi$	Gold,Guth $\left[\dfrac{f}{2\ln 2f-3}+2\right]\phi+\dfrac{Kf^2}{(2\ln 2f-3)^2}\phi^2$
刚性片状	Jeffery $\dfrac{4f}{3\arctan f}\phi$	Guth,Jeffery $\left[\dfrac{4f}{3\arctan f}\right]^2\phi$ Simba $\dfrac{16}{15}\cdot\dfrac{f}{\arctan f}\phi$	

注:ϕ 为分散粒子容积率,f 为分散粒子轴径比,K 为常数;表中的英文名称是研究者的姓名。

　　(4)稳定剂　为了调整流变食品的流动性或口感,往往要在分散介质中添加稳定剂。稳定剂的添加对分散介质的流变性质影响很大,可使牛顿流体变成非牛顿流体、塑性流体或具有触变流动性质的流体。食品中常用的稳定剂包括明胶(gelatin)、琼脂(agar)、藻酸盐类(alginates)、CMC(羧甲基纤维素)、黄原胶(xanthan gum)、瓜尔豆胶(guar gum)等食用胶。大多数食用胶是通过改变液体的流变学特性来改善食品口感的,如提高黏稠度、改变产品质地和构造、增加悬浮颗粒等。部分食用胶溶液黏度与剪切速率的关系如图 3-12 所示,从图中可以看出,加热(80℃,10 min)溶解的胶比室温溶解的胶黏度要高。

3.2.2　液态食品流变性的测量

　　室温下呈液态的食品很多,主要有牛奶、汤、汁、糖液、浆、酱等。这些食品多属分散相为蛋白质、碳水化合物、脂肪或纤维的乳浊液。对这些液态食品来说,最重要的流变性质就是黏度。因此,黏度测量是研究液体食品物性的重要手段。黏度测量就是对液体流动性质的测量,常见的测定方法有毛细管测定法、圆筒回转式测定法和锥板回转式测定法等。测量食品液体的黏度时,一定要针对测定目的和被测对象的性质选择合适的测定仪器。

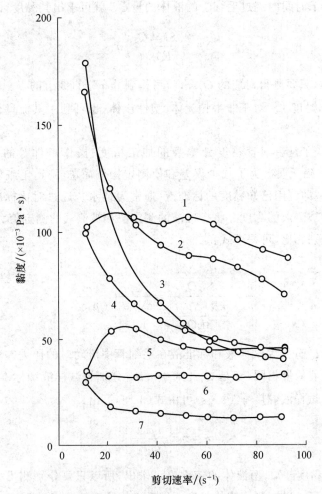

纵轴：黏度/($\times 10^{-3}$ Pa·s)

横轴：剪切速率/(s^{-1})

1.0.5%(质量分数)角豆胶(加热溶解,80℃,10 min);2.0.5%(质量分数)瓜尔豆胶(加热溶解 80℃,10 min);
3.0.25%(质量分数)黄杆菌胶(室温溶解);4.0.5%(质量分数)瓜尔豆胶(室温溶解);5.1.0%(质量分数)罗望
子胶(加热溶解 80℃,10 min);6.2.0%(质量分数)阿拉伯胶(室温溶解);7.0.5%(质量分数)角豆胶(室温溶解)

图 3-12　各种胶类稳定剂的黏度

1.毛细管黏度计

(1)测定原理　毛细管黏度计(capillary viscometer)的测定原理是根据圆管中液体层流流动规律建立的。当牛顿流体在毛细管中处于层流流动(Poiseuille flow)时,t 时间内通过毛细管的液体的量 Q_t 与毛细管两端压力差 Δp、毛细管半径 R 及管长 L 有如下式关系：

$$\frac{Q_t}{t} = \frac{\pi \Delta p R^4}{8 \eta L} \tag{3-9}$$

式(3-9)中 η 为液体黏度,单位为 Pa·s。此式也称为哈根-泊稷叶公式(Hagen-Poiseuille law)。由式(3-9)可得到计算黏度的算式：

$$\eta = \frac{\pi \Delta p R^4 t}{8 Q_t L} \tag{3-10}$$

可见,只要测得 t 时间内流过毛细管的液体的量 Q_t,就可求出其黏度,即

$$\Delta p = \frac{8L}{\pi R^4}\left(\frac{Q_t}{t}\right)\eta \tag{3-11}$$

对于不同的 Δp,只要测得对应的 Q_t/t,就可得到分布于直线上的点。由这一直线的斜率及 $8L/(\pi R^4)$ 可求出黏度 η。对于非牛顿流体、塑性流体,也可利用其流量公式和毛细管测定法求出其流变参数。

(2)测定方法　由于毛细管黏度计本身的加工精度、操作条件等的影响,很难保证式(3-10)中各参数都正确无误。为了减少误差和使测定操作简单易行,毛细管黏度计多用来测定液体的相对黏度。即利用已知黏度的标准液(通常为纯水),通过对比标准液和被测液的毛细管通过时间,求出被测液的黏度。将标准液的测定值和被测液的测定值分别代入式(3-10),并将两式的左、右分别相比,可得下式:

$$\frac{\eta}{\eta_0} = \frac{\dfrac{\pi R^4 \Delta p t}{8L Q_t}}{\dfrac{\pi R^4 \Delta p_0 t_0}{8L Q_t}} = \frac{\Delta p t}{\Delta p_0 t_0} = \frac{\rho t}{\rho_0 t_0} \tag{3-12}$$

式中,Δp、t 和 Δp_0、t_0 分别为试样液和标准液在毛细管中流动时的压力差和通过时间。测定时,使试样液与标准液的量相同,都是 Q_t。式中 ρ、ρ_0 分别为试样液和标准液的密度,其单位均为 kg/m^3。因此,试样液黏度 $\eta(Pa \cdot s)$ 可由式(3-13)算出。

$$\eta = \eta_0\left[\frac{(\rho t)}{(\rho_0 t_0)}\right] \tag{3-13}$$

式(3-13)中,标准液黏度已知,两液体的密度也可求出,所以只要分别测出一定量两种液体通过毛细管的时间,就可求出被测液体的黏度。用毛细管黏度计测定时,由于毛细管两端的压力差来自液柱两端的高度差,流动时这一高度差发生变化也会引起剪切速率(流速)的变化。对于非牛顿液体,黏度与流速有关,因此会带来较大误差。

(3)常见的毛细管黏度计　毛细管黏度计种类很多,一般可以分为 3 大类:定速流动式(活塞式),适用于测定黏度随流动速度变化的非牛顿流体;定压流动式,适用于测定具有触变性或具有屈服应力的流体;位差式,流动压力靠液体自重产生,是最常见的毛细管黏度计类型,多用来测定较低黏度的液体。常见的毛细管黏度计有两种,即奥氏黏度计[Ostawald viscometer,图 3-13(a)]和乌氏黏度计[Ubbelohde viscometer,图 3-13(b)和(c)]。

奥氏黏度计由导管、毛细管和球泡组成,球泡两端导管上都有刻线(如 M_1、M_2 等)。毛细管的孔径、长度、刻线之间导管和球泡的容积都有一定规格和精度要求。测定时,黏度计垂直竖立,把一定体积的液体注入左边管,然后将乳胶管套在右边导管的上部开口,把注入的液体抽吸到右管,直到上液面超过刻线 M_1。此时去掉上部胶管,使液体在自重下向左管回流。注意测定液面通过 M_1 至 M_2 之间所需的时间,即一定量液体通过毛细管的时间。通过对标准液和试样液通过时间的测定,就可由式(3-13)求出液体黏度。

乌氏黏度计由 3 根竖管组成,其中右管与中间球泡管的下部旁通。在测量时,这一结构可

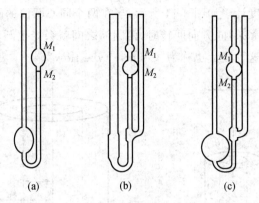

(a)奥氏黏度计;(b)非稀释型乌氏黏度计;(c)稀释型乌氏黏度计

图 3-13　毛细管黏度计

使流经毛细管的液体形成一个气悬液柱,减少了左边导管液面升高对毛细管中液流压力差的影响。测定时,首先往左管中注入液体,然后堵住右管,由中间管吸上液体,直至充满上面的球泡。再同时打开中间管和右管,使液体自由流下,测定液面由 M_1 到 M_2 的时间。其黏度值求法与奥氏黏度计相同。与奥氏黏度计相比,乌氏黏度计对加入液量精度的要求低一些。测定时,对毛细管的垂直性要求也低一些。也可以做成稀释型乌氏黏度计,对同一试样测定时,可以多次稀释,测其不同浓度下的黏度。

2.落球式黏度计

落球式黏度计(falling-sphere viscometer)是根据斯托克思定律(Stokes' law)的原理设计的,即当在黏度为 η 的液体中自由落下的球(半径为 d)落下速度为 u 时,其受到阻力 $F=6\pi d\eta u$。当球在圆管中的液体里落下时,则有:

$$\eta = \frac{d^2(\rho_0 - \rho)gt}{18L}\left[1 - 2.104\frac{d}{D} + 2.09\left(\frac{d}{D}\right)^2\right] \tag{3-14}$$

式中:d 为球直径,mm;D 为管直径,mm;ρ_0 为球密度,g/mL;ρ 为液体密度,g/mL;L 为落下距离,m;t 为落下时间,s;g 为重力加速度,m/s^2。

如果测定时与毛细管黏度计一样采用标准液对比的方法,则:

$$\frac{\eta}{\eta_s} = \frac{(\rho_0 - \rho)t}{(\rho_0 - \rho_s)t_s} \tag{3-15}$$

式中:η 为标准液的黏度,Pa·s;t 为标准液的落下时间,s;η_s 为试样的黏度,Pa·s;t_s 为试样的落下时间,s;ρ 为标准液的密度,g/mL;ρ_s 为试样的密度,g/mL。

根据斯托克思定律的假设,使用落球式黏度计时,要求落下球或其他落下测件表面必须与被测液体有亲润性,因此从原理上讲,触变性或胶变性液体使用此法不合适。

3.回转式黏度计

生产中对液体食品质地的检测常用回转式黏度计测定。回转式黏度计主要有同心双圆筒式、转子回转式、锥板式和平行板式等多种类型。具体介绍同心双圆筒式和锥板式黏度计。

（1）同心双圆筒式黏度计　如图 3-14 所示，当在两个同心圆筒的间隙中充满液体，两圆筒以不同转速（外筒 ω_o、内筒 ω_i）同方向回转时，两圆筒之间就会产生圆筒形的回转层流流动，在半径方向产生速度梯度，这种液流也称为"Couette type flow"。

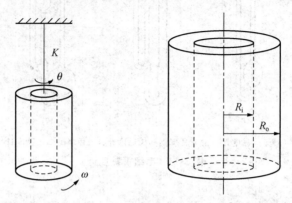

图 3-14　同心双圆筒式黏度计原理

设内筒半径为 R_i，外筒半径为 R_o，圆筒长度为 h，液内任意相邻两液层的半径分别为 r、$r+dr$。在平衡状态下，当圆筒壳内面角速度为 ω 时，内面各点线速度 $v=r\omega$，圆筒壳液体内侧面与外侧面所受黏力矩相等，即 $M=M_1$。半径为 r 处圆筒壳液表面所受转矩为：

$$M = \eta\varepsilon \cdot 2\pi rh \cdot r = \frac{4h\eta R_i^2 R_o^2 (\omega_i - \omega_o)}{R_o^2 - R_i^2} \tag{3-16}$$

液体黏度为：

$$\eta = \frac{M(R_o^2 - R_i^2)}{4\pi h R_i^2 R_o^2 (\omega_i - \omega_o)} \tag{3-17}$$

对于式（3-17），当 $\omega_o=0$，$R_o=\infty$ 时，即可变为转子式黏度计关系式：

$$M = -4\pi h\eta\omega_i R_i^2 \tag{3-18}$$

同心双圆筒黏度计的结构模式如图 3-14 所示。双圆筒之间充满待测液体，内筒由一个弹簧悬吊，弹簧上端固定，其扭转弹性率（转动单位角度需要的力矩）为 K。测定时，外筒以一定速度（ω）旋转，在平衡状态下内筒所受液体流动的转矩和弹簧偏转角度 θ 时的扭矩大小相等：$K\theta=M$。由式（3-17）可得：

$$\eta = \frac{K\theta(R_o^2 - R_i^2)}{4\pi h R_i^2 R_o^2 \omega} \tag{3-19}$$

通过测定内筒转角 θ，就可求出液体黏度。

当被测液体为宾汉流体时，假设其屈服应力值为 σ_0，黏度 η_B 可由下式求出：

$$\eta_B = \frac{K\theta}{4\pi h\omega}\left(\frac{1}{R_i^2} - \frac{1}{R_o^2}\right) - \frac{\sigma_0}{\omega}\ln\frac{R_o}{R_i} \tag{3-20}$$

同心双圆筒式黏度计种类很多，在工厂中常用的是 Brookfield 黏度计，该黏度计内外筒间隙较大,内筒配有不同大小和形状的转子。

(2)锥板式黏度计(cone plate viscometer)　如图 3-15 所示,测定黏度部分由一个同心的圆锥和平板组成,圆锥面与平板的夹角 θ 只有 $0.5°\sim4.0°$。测定时,在圆锥与平板的间隙充填试样,圆板以一定角速度 ω 回转(使液体处于层流状态)时,圆板上距回转中心距离为 r 的任一点,其线速度为 $r\omega$,液体厚度为 $r \cdot \tan\theta \approx r \cdot \theta$,剪切速率为:

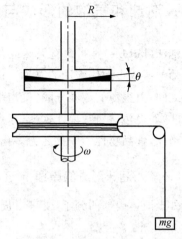

$$\varepsilon = \frac{r \cdot \omega}{r \cdot \theta} = \frac{\omega}{\theta} \tag{3-21}$$

由此可知,锥板式黏度计中各点的剪切速率是均匀的,与试样内各点的位置无关,这是锥板式黏度计的一大特点。锥板式黏度计适用于测定非牛顿流体的黏度。

图 3-15　锥板式黏度计结构原理

设液体黏度为 η,圆板的半径为 R,驱动圆板转动的重锤质量为 m,驱动滑轮的半径为 R_0,圆板以 ω 速度回转,液体黏度则可由下式求出:

$$\eta = \frac{3\theta R_0 mg}{2\pi\omega R^3} \tag{3-22}$$

式中:g 为重力加速度,m/s^2。

当试样为具有屈服应力的塑性液体时,在恒定转速下,圆板所受黏力矩为:

$$M = \frac{2\pi R^3}{3}\sigma_0 + \frac{2\pi R^3}{3}K\left(\frac{\omega}{\theta}\right)^n \tag{3-23}$$

式中:σ_0 为屈服应力,Pa;K 为浓度系数,$Pa \cdot s^{-n}$;n 为流动特征指数。

σ_0 可由刚开始使圆板转动时的起动扭矩求出:

$$\sigma_0 = \frac{3M_0}{2\pi R^3},\omega=0 \tag{3-24}$$

K 和 n 则可通过改变转速 ω,先求出相应的一组 M,然后用解析或作图的方法求出。

锥板式黏度计具有装卸方便、试样消耗少、测量结果准确、剪切速率处处相等的优点,因此得到广泛应用,特别是适合于较黏稠的液体,但不适用于含有较大颗粒的、高固体含量的液体。使用时应注意转速不能过大,以防物料溅出。

除以上介绍的各种通用黏度计外,还有许多具有特殊用途的食品黏度计,如布拉本德粉质仪、玉米工业记录黏度计等。它们的原理基本相同,都是利用不同形状的搅拌器转动搅拌容器中的液体,通过测定阻力矩的大小来检测液体的黏稠程度。一般测得的值也只是黏稠性的比较值,而不是物理上严格定义的黏度。

3.3 泡沫和气泡的形成与性质

泡沫(bubble)是指含有天然或合成界面活性物质的液体(或半固体)分散于介质中所形成的球形泡沫或多面体泡沫的总称。前者是体系中存在大量气泡(foam)的状态;后者是在大量气泡之间,由很薄的液膜分隔,气泡呈多面体的状态。本书将二者统称为泡沫。当分散介质是固体时,如面包、蛋糕、果汁软糖、冰激凌等食品,虽也是以气泡为分散相的分散系统,但为了区别于泡沫,食品物性学中称之为多孔质食品。

3.3.1 泡沫形成的原理

处于液体内部的分子,受来自周围各方向的力应该相等。但对于气-液界面的分子来说,

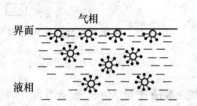

图 3-16 气液界面及液体内部分子间的引力

由于来自气体方向几乎没有引力,因此,总是受拉向液体内部力的作用(图 3-16)。换句话说,气-液界面的分子由于受内部拉力作用,都有向液体内运动的趋向,表面会自发地收缩,使气泡呈球状。物理上称这种内聚力为表面张力(surface tension)。液体表面张力的定义是液体表面单位长度所受的与之垂直的力。

向水中吹入空气或将空气与水混合,并不能形成泡沫。要得到泡沫,必须由外部提供一定的起泡功,使大量气泡分散在液体中。起泡过程可使气-液界面大大扩张。由外部提供的功 dW 和扩张的气-液界面面积 dA 有如下关系:$dW = \delta \cdot dA$(δ 为表面张力),它也等于液体可逆地增大单位表面积所需的功(量纲为 J/m^2 或 N/m),即界面扩张引起的自由能增加与表面功 dW 相等,与表面积的增加成正比。形成泡沫时,表面积增大,自由能也增加,使系统处于不稳定状态。处于泡沫状态的液体的自由能会自发地降低,这就意味着气-液界面面积将逐渐缩小,气泡也将逐渐消失。为了促使泡沫的形成,减少泡沫的破裂,需要向液体中添加界面活性物质(乳化剂)。它可分布在气-液界面,降低表面张力,即减少表面自由能。所以,表面张力也可称为表面自由能(surface free energy)。

3.3.2 表面活性物质

凡溶于液体、可以使溶液表面张力降低的物质,称为表面活性剂(surface active agent)或表面活性物质。对于液态食品来说,通常指使水的表面张力降低的物质。乳化剂就是一种表面活性物质。

从分子构造上看,表面活性物质都是由亲水性的极性基团和疏水性的非极性基团组成的。当表面活性物质分散于气-水界面时,分子的亲水基团部分便有向水中扩散的倾向,而疏水基团部分趋向气相,使表面能降低。因此,表面活性物质具有稳定泡沫的作用。随着表面活性物质在溶液表面浓度的增加,表面张力变小,称之为正吸附;随表面浓度减少,表面张力增大,称为负吸附。只要有少量溶质,溶液的表面张力就会变小,这样的溶质就是表面活性物质。作为食品添加剂的表面活性剂主要有卵黄、大豆磷脂、乳蛋白、酪蛋白、脂肪酸蔗糖酯、单硬脂酸甘

油酯等。对泡沫特性影响最大的表面活性剂是蛋白质。一般地,蛋白质分子都含有亲水性的氨基酸基团和疏水性的氨基酸基团,是很好的界面活性物质。通常情况下,当蛋白质处于未变化状态时,呈球形分子构造[图 3-17(a)]。但在气-液表面,能量状态较高的水分子以置换的方式使处于表面的蛋白质分子中的疏水基团伸向气相排列,这时蛋白质就发生了构象(conformation)的变化,整个系统的能量状态也因之降低,处于更稳定的状态。图 3-17(b)表示蛋白质到达界面,疏水基的一部分暴露在气相中的状态。图 3-17(c)表示吸附在界面,分子链被拉直而水化了的蛋白质分子。

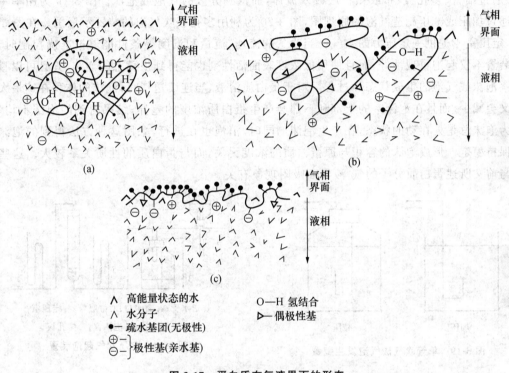

∧ 高能量状态的水
∧ 水分子
●— 疏水基团(无极性)
⊕ —
⊖ — } 极性基(亲水基)

O—H 氢结合
▷— 偶极性基

图 3-17　蛋白质在气液界面的形态

　　具有起泡作用和稳定泡沫作用的界面活性物质,称为起泡剂或发泡剂。食品发泡剂主要有饱和脂肪酸类的乳化剂,其中蒸馏饱和甘油单酯最常用。但饱和甘油单酯在受热熔化后冷却再结晶时,可成为不同的结晶状态。冷却固化首先成为 α 型结晶,但再经过一段时间,又会转变为致密的 β 型结晶(图 3-18)。商店出售的饱和甘油单酯一般都是 β 型结晶状态。然而,α 型结晶的产品比 β 型在水中分散性好,因此有更好

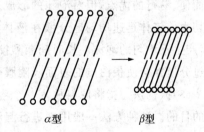

α型　　　　β型

图 3-18　甘油单酯的结晶模型

的起泡性。为了在使用时保持起泡剂的 α 型状态,可先把它放在温水中化开,并把这种分散液放在室温下,直到制作食品时添加。还有一种方法是,先添加蔗糖酯,再使甘油单酯在山梨醇液中形成凝胶状透明起泡剂。由于这种起泡剂的发明,蛋糕的制作才发展成批量化、机械化生

产。食品起泡剂还有山梨醇酯、乳酸甘油单酯、醋酸甘油单酯等α结晶型乳化剂。

3.3.3　产生泡沫的方法

产生泡沫的方法主要有吹气法(bubbling method)、搅拌法(whipping or beating method)、振荡法(shaking method)等。这些方法不仅可以作为判断气泡、泡沫特性的试验方法,也是实际工业化生产线上常用的方法。

(1)吹气法　在液体中形成气泡或泡沫最常见的方法。它是指把气体(空气、氮气、二氧化碳)通过细管、多孔板、布或颗粒层鼓入流体,而得到分散的气泡或泡沫。图3-19为用单一细管通过加压或减压制造气泡的原理图,图3-20为利用多孔板吹气泡的装置示意图。在图3-20中,定压室4提供一定压力的空气。当吹气的流速、流量和温度等条件能够被准确控制时,这种装置不仅起泡重现性好,而且使用低浓度表面活性剂也能得到很满意的泡沫,并且可以直接观察泡沫或气泡的生成状态和过程。对于蛋白质溶液,当连续送气时,泡沫的体积在达最大值后又会减少,而且在泡沫室的上部和下部会产生蛋白质浓度的差异,结果得到的泡沫不均匀。因为泡沫总是处在动的状态,在产生泡沫的同时,消泡也在进行,采用这种方法得到的泡沫很难保持稳定。形成泡沫的容积与原蛋白质的浓度无关,而与蛋白质的性质关系较大。这些现象与前文所述蛋白质分子的气-液界面吸附现象有关。

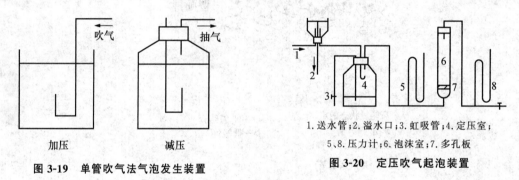

图3-19　单管吹气法气泡发生装置

图3-20　定压吹气起泡装置

1.送水管;2.溢水口;3.虹吸管;4.定压室;
5、8.压力计;6.泡沫室;7.多孔板

(2)搅拌法　泡沫食品制造很常见的方法,使用装置为搅拌器(whipper)等。这种方法虽有简便、易行的优点,但对泡沫的形成过程和气泡状态的观察比较困难。搅拌法通常用很强的剪切力使气体迅速均匀地分散在液体中,但当施加的剪切力过大时,又会促使气泡之间的聚合,产生不均匀的泡沫。长时间激烈搅拌往往使泡沫的体积增大到一定程度后又减小,这是因为过分搅拌会使蛋白质的表面吸附膜受到破坏,所以搅打时间一定要适度。

(3)振荡法　指将原料放入一个容器中,并使容器在特制的振荡台上振动,以达到形成泡沫的目的。这种方法一般用来进行起泡性或消泡性的试验测定。

3.3.4　泡沫的稳定性

1.起泡性和稳定性

在泡沫的物理特性中,起泡性和稳定性是两个很重要的指标。表示泡沫的特性参数有起泡难易值、泡比体积、泡沫密度、体积膨胀率、起泡数、起泡容积、起泡性、膨胀度等。若简单表

示起泡性质,常测定泡比容或泡密度。在生产上,常用膨胀度(over run)衡量泡沫的质量,其定义式如下:

$$O_R = \frac{\rho_1 - \rho_F}{\rho_F} \times 100\%$$

(3-25)

式中:O_R 为膨胀度,%;ρ_1 为起泡前液体密度,g/mL;ρ_F 为泡沫密度,g/mL。

膨胀度实际上表示泡沫层中气体所占容积与液体所占容积之比。冰激凌的膨胀度一般为 50%~120%。

泡沫的稳定性主要用随着时间变化泡沫容积的减少率来确定。

2.泡沫稳定性原理

像啤酒泡沫那样的低密度泡沫,随时间的推移,容易破裂消失。理想状态下,泡沫的形成和破裂过程如图 3-21 所示。当从透明的玻璃筒 20 底部通过流量计 2、多孔性排气口 3 向含有界面活性剂的液体 19 中吹入气体时,气体就会先由气泡 4 变成泡沫 5。此时的泡沫含有较多液体气泡,呈球形 9。当气泡不断上升时,气泡球形不断扩大,互相靠近,同时产生离液现象,使气泡之间液体隔膜变薄,成为状态 6 再上升,则成为状态 7。液体成为薄膜(lamella)14,气泡变成多面体构造 13。三个气泡隔膜相接的构造 15 称为平膜界壁(plateau border)。当气泡升至最上面时,气泡更大,液膜变得更薄。发展到这一步,泡沫就更容易破裂了。维持泡沫稳定,就是设法使泡沫保持球形,隔膜较厚。

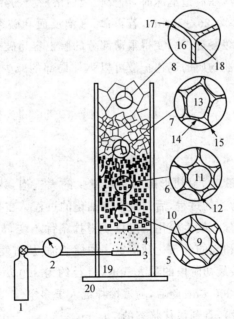

1.气体瓶;2.流量计;3.多孔性排气口;4.气泡;5、6、7、8.泡沫状态;9、11.球形气泡;
10、19.液体;13、16.多面体气泡;12、14、15、17、18.薄膜;20.玻璃筒

图 3-21　理想状态下泡沫的形成和破裂过程

影响泡沫稳定的因素主要有以下 3 个方面。

(1)离液现象和液体蒸发　离液和蒸发引起的膜厚减小,可使泡膜强度显著降低,使泡破

裂。尤其是在平膜界壁形成后,由于毛细管现象,液体流动加快,促使膜的薄化。气泡的内压 p 可由拉普拉斯(Laplace)毛细管压公式求出:

$$p = p_{\mathrm{atm}} + 2\delta/R \tag{3-26}$$

式中:p_{atm} 为大气压,Pa;δ 为表面张力,mN/m;R 为气泡的半径,mm。

由很细小的气泡构成的泡沫,由于气泡内压力较大,从泡壁产生的离液量也较大。当气泡变大时,内压降低,离液也会受到抑制,从而可抑制气泡膜的薄化。由式(3-26)也可看出,由于内压始终有减小和向稳定状态变化的倾向,小泡就会向大的气泡变化。

(2)表面黏度 泡膜液体的黏度越大,膜的强度越大;即使气泡细小,内压较大,离液也比较少,气泡仍比较稳定。在生产中为了增加液体的黏度,可以适当添加糖或使气-液界面多吸附一些蛋白质。研究表明,表面黏性高的溶液产生的气泡,膜的离液少,泡比较稳定。屈服应力大的溶液产生的气泡也比较稳定。

(3)马兰高尼效应(Marangoni effect) 当气泡膜薄到一定程度,膜液中表面活性剂分子就会局部减少,这些地方的表面张力就会比原来或周围其他地方的表面张力大。因此,表面张力小的部分就会被表面张力大的部分所吸引,试图恢复原来的状态,这种现象称作马兰高尼效应。此效应有稳定泡膜的作用。不含界面活性物质的纯液体通常不能形成泡沫,就是由于没有这种效应。

为了充分发挥这一效应,在制造泡沫时,需要使蛋白溶液类的界面活性物质形成的膜扩展到相当薄的程度。通常膜厚为 20～30 nm,若再薄,气泡反而会破裂。一方面,溶液的黏度越大,界面活性物质的扩散越缓慢,因此,变得很薄部分的膜也容易破裂。另一方面,当膜局部表面张力增加后,由于界面活性物质的迅速扩散可以弥补局部的减少,膜的张力也会立即恢复,此时就没有马兰高尼效应了。

3.3.5 气泡的性质

1.气泡的分布与细化

搅拌蛋清、大豆蛋白溶液时,最初形成的是数量少的大气泡,然后才变成无数的小气泡。即在搅拌前期是气泡产生为主的过程,后期是气泡细化的过程。在整个过程中,随着搅拌时间的延长,气泡的平均直径和分布发生变化。但只要搅拌条件不变,最终从外观上,气泡会达到一个平衡状态,即平均直径和泡的分布达到恒定。如搅奶油,从打发起泡直至达到最佳打发状态,经历了几个阶段的变化:最初阶段的最大气泡,直径约为 300 μm;在压力和硬度剧增的第二阶段,最大气泡直径约为 200 μm;此后,随着搅拌混入更多空气,气泡也逐渐细化,最大气泡直径减为 150 μm(第三阶段),直到最佳状态的 70 μm。

2.各种成分对起泡性及泡稳定性的影响

(1)蛋白质的影响 通常,蛋白质在高 pH 下或 pH 呈酸性时的起泡性(打发前后单位质量液体的体积增加率)都比较高;在等电点附近起泡性最差,但此时泡的稳定性(静置 30 min 后泡沫体积与打发结束时泡沫体积之比)最好(图 3-22)。

蛋白质量分数影响起泡性和泡稳定性。由图 3-23 可以看出,大豆蛋白质量分数低于 3%

时,随质量分数增加,起泡性增大;超过 3％后,随质量分数增加,起泡性则呈降低趋势。对于泡的稳定性来讲,随着蛋白质量分数增加,稳定性一直降低;当质量分数达 3％时,放置 2 h 后泡沫全部消失。

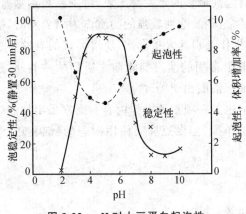

图 3-22　pH 对大豆蛋白起泡性及泡稳定性的影响

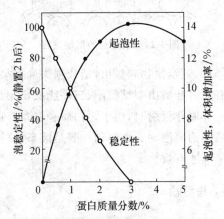

图 3-23　大豆蛋白质量分数对起泡性和泡稳定性的影响

(2)糖类的影响　以砂糖为代表的低聚糖及多糖类可抑制起泡性,但能提高泡的稳定性,这是因为糖类的添加提高了溶液的黏度。在制造蛋白酥皮(meringue)类的食品泡沫时,一般都是先打发泡,然后再添加糖,以使泡沫稳定。多糖类不仅可以提高溶液的黏度,而且可以提高溶液的保水性,使膜中水分不至过快流失或蒸发,所以具有稳定泡沫的作用。

(3)脂质的影响　脂溶性化合物,尤其是界面活性较强的极性脂质,如果在起泡前将这类物质添加到蛋白质溶液中,无论是起泡性还是泡稳定性都会下降。这是因为极性脂质向气-液界面的吸附速度比蛋白质快得多,先于蛋白质吸附于界面,使表面压力处于非平衡状态,膜对外界刺激的抵抗也就变得很脆弱。另外,脂质还会切断表面吸附分子与泡膜内分子的相互作用,促进泡膜壁液体流下,破坏泡沫的稳定存在。

但油脂类并非总是使溶液的起泡性和泡稳定性下降。有研究发现,在啤酒的泡沫中添加脂质,添加后短时间内啤酒的起泡性很差;但静置一段时间后,再使之起泡,则起泡性会恢复。这是因为刚添加时脂质与蛋白质处于分散状态,因而起泡不佳;静置后,脂质与蛋白质会形成复合体,该复合体类似于乳化剂,给蛋白质增添了界面活性物质,增强了起泡力。啤酒中的苦味物质与蛋白质形成了复合体,吸附于泡沫的气-液界面,使泡沫具有较好的稳定性。

3.3.6　消泡原理

对于需要泡沫的食品,起泡性和泡稳定性是很重要的性质。在食品加工中,往往也会产生一些不必要的泡沫,使操作困难,此时需要消泡。起泡时需要添加作为界面活性物质的乳化剂,消泡时常使用称为“消泡剂”的乳化剂。消泡剂应具备如下性质:分子中有亲水基和亲油基,但难溶于水;相对密度小,易浮于液面;表面张力小,易在液面扩散。

如图 3-24 所示,当将消泡剂滴至泡膜时,其虽不溶解,但会在膜表面扩散。在消泡剂扩散之处,表面张力局部降低,使这部分膜变得很薄而破裂。起这种作用的消泡剂也称为破泡剂。消泡剂易浮于液面,在泡形成时,使上半面膜很脆弱,因而可从此薄弱地方使泡沫破裂,以达到

消泡剂

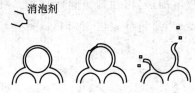

图 3-24　消泡剂的消泡过程

消泡目的。这类消泡剂也称为抑泡剂。

　　代表性的消泡剂有硅油乳化液、油脂、酒精等,水溶性差的液体乳化剂都可作为消泡剂。在食品加工中,使用消泡剂最多的是发酵工业,特别是当用糖蜜、碳氢化合物这些发泡性较强的物质作为培养基时,搅拌或通气操作会引起大量发泡,使培养罐的有效容积降低,甚至使物料溢出,造成损失和污染。发酵工业上常用的消泡剂除前文所列的一些外,还有单月桂酸山梨糖醇酯、三硬脂酸山梨糖醇酯、甘油三油酸山梨糖醇酯等。

　　制作豆腐时,由于蛋白质和皂角苷的存在,消泡也是一项重要操作内容。通常采用甘油单酯作为消泡剂。消泡剂一般是液态的(不饱和)甘油单酯,但做豆腐时使用固态的(饱和)甘油单酯才有效。

❓思考题

1. 什么是牛顿流体?试描述牛顿流体的流动特性。

2. 什么是假塑性流体、胀塑性流体和塑性流体?比较并说明其流动特性的异同。

3. 表示黏度的主要方法有哪些?影响液体黏度的主要因素是什么?

4. 分别解释毛细管黏度计、回转式黏度计的工作原理。

5. 解释泡沫形成的原理,简述食品中主要成分对起泡性及泡稳定性的影响。

6. 液体食品中常用的发泡方法有哪些?说明其原理。

7. 解释消泡的原理,并举例说明其在食品加工中的应用。

专业术语中英文对照表

中文名称	英文名称
流变	rheology
牛顿流体	Newtonian fluid
非牛顿流体	non-Newtonian fluid
应力	stress
应变	strain
剪切黏度	shear viscosity
假塑性流体	pseudoplastic fluid
胀塑性流体	dilatant fluid
宾汉流体	Bingham fluid
塑性流体	plastic fluid
屈服应力	yield stress
触变性流体	thixotropic fluid
流凝性流体	rheopectic fluid
相对黏度	relative viscosity

续表

中文名称	英文名称
比黏度	specific viscosity
换算黏度（还原黏度）	reduced viscosity
特性黏度	inherent viscosity
极限黏度（固有黏度）	intrinsic viscosity
泡沫	bubble
气泡	foam
马兰高尼效应	Marangoni effect
表面张力	surface tension
表面自由能	surface free energy
表面活性剂	surface active agent

第 4 章

固态及半固态食品的力学性质

本章学习目的及要求

理解应力-应变曲线;掌握黏弹性的概念和基本力学模型;理解并掌握应力松弛、蠕变和滞后曲线的解析推导;掌握固态和半固态食品相关的弹性、弹塑性、黏弹性参数的概念及测定方法。

4.1　常见力学参数

当理想的黏性液体受外力作用时,应变随时间线性发展,除去外力后应变不能恢复。理想弹性固体受到外力作用,形变立刻响应,受外力作用平衡瞬时达到,除去外力应变立即恢复。许多食品属于固体或半固体,往往既表现弹性的性质,又表现黏性的性质。例如,将圆柱形面团的一端固定,另一端用定载荷拉伸,此时面团如黏稠液体慢慢流动;去掉载荷时,被拉伸的面团收缩一部分(弹性表现),但不能完全恢复到原来的长度,即发生永久变形。这是黏性流动表现,即面团同时表现出类似液体的黏性和类似固体的弹性。面包、面条、粉丝、豆腐、奶糖等,都同时具有弹性性质和黏性性质。

把既有弹性又可以流动的现象称为黏弹性。具有黏弹性的物质称为黏弹性物质或黏弹性体。黏弹性体的力学性质不像完全弹性体那样仅用力与变形的关系来表示,它还与力的作用时间有关。只是在不同的条件下,有的弹性表现得比较明显,有的黏性表现得比较明显。黏弹性主要涉及固态或半固态食品,与食品化学组成、分子构造、分子内结合、分子间结合、胶体组织、分散状态等有关。

4.1.1　作用力与变形

1. 应力和应变的概念

为了描述物体形状和尺寸对力学真实特性的影响,采用应力(stress)和应变(strain)分别代替力和变形。应力指垂直于外力作用方向单位面积上的力,单位为 N/m^2 或者 Pa。应变指物体变形量与初始尺寸之比,是无量纲量。应力和应变的表达式分别为:

$$\sigma = \frac{F}{A} \tag{4-1}$$

$$\varepsilon = \frac{\Delta L}{L} \tag{4-2}$$

式中:σ 为应力,N/m^2;ε 为应变;F 为拉伸或压缩载荷,N;A 为承载面积,m^2;L 为样品的初始长度,m;ΔL 为样品长度变化量,m。

2. 固态和半固态食品的应力-应变行为

食品的典型压缩变形曲线如图 4-1 所示。图中,OL 为直线段,L 称弹性极限点。在弹性极限范围内,力与变形成正比,比例系数称为弹性模量(elastic modulus)。通常认为,在弹性范围内主要是食品材料键长和键角立即发生变化。超过弹性极限后,应力继续增加将导致材料在微观上出现链段运动。当应力达到屈服点 Y 时,一部分结构单元被破坏,开始屈服并产生流动。发生屈服时所对应的应力称为屈服应力(yield stress)。目前人们对屈服现象的认识还不全面。自由体积理论认为,材料若发生屈服现象,首先应该有足够的自由体积,使分子或链段有移动的空间。超过屈服应力后,在外力作用下,分子或链段间的非化学键断开,使它们能够产生分子间的相对滑移。在该阶段增加应变,应力并不明显增加,这个阶段称为塑性变形(plastic deformation)。继续增加应变,应力随之增加,达到 R 点时,材料分子内部的化学键断开,试样发生大规模损坏,R 点称为断裂点,它所对应的应力称为断裂极限(或断裂强度)。食

品的断裂形式可以分为以下两大类。

（1）脆性断裂　屈服点与断裂点几乎一致的断裂情况，如饼干、琼脂、牛油、巧克力、花生米等的断裂属于脆性断裂，如图 4-2 所示。图中断裂点的应力 $\sigma_R = \sigma_{\varepsilon_R}$，断裂应变为 ε_R，断裂所需要的能量（断裂能）W_n 表示为：

$$W_n = \int_{O_1}^{\varepsilon_R} \sigma(\varepsilon)\mathrm{d}\varepsilon = cA \tag{4-3}$$

式中：c 为换算系数；A 为面积，m^2。

（2）塑性断裂　其特点是试样经过塑性变形后断裂（图 4-1）。食品中的这种断裂也很多，如面包、面条、米饭、豆腐、水果、蔬菜等的断裂。有些糖果，当被缓慢拉伸时产生塑性断裂，被急速拉伸时由于来不及发生分子的运动而产生脆性断裂。

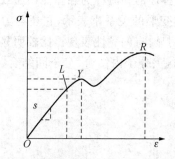

图 4-1　塑性断裂时应力-应变曲线

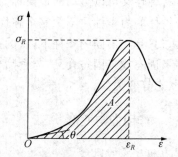

图 4-2　脆性断裂时应力-应变曲线

4.1.2　弹性模量

物体在外力作用下发生变形，撤去外力后恢复原来状态的性质称为弹性。撤去外力后变形立即完全消失的弹性称为完全弹性。变形超过某一限度时，物体不能完全恢复原来状态，这种限度称为弹性极限。在弹性极限范围内，外力 F 和变形量 d 之间成正比关系，即 $F = kd$（虎克定律）。

当固态材料受到外力作用时，将表现出一定量的变化，外力作用方式不同，弹性变形的形式不同，其比例系数 k 也不同。可将弹性变形的形式（外力作用的方式）归纳为 3 种类型：受轴向应力作用产生的轴向应变；受表面压力作用产生的体积应变；受剪切应力作用产生的剪切应变。

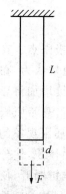

如图 4-3 所示，当沿着横截面为 A、长度为 L 的均匀弹性材料的轴线方向施加力 F 时，材料伸长了 d，单位面积的作用力 $\sigma = F/A$。

σ 称为拉伸应力（extension stress）（$\mathrm{N/m}^2$），单位长度的伸长量 $\varepsilon = d/L$，称为拉伸应变。在弹性限度范围内，应力和应变之间符合虎克定律，即

图 4-3　拉伸试验

$$\sigma = E\varepsilon \tag{4-4}$$

比例系数 E 称为弹性模量，也称作杨氏模量（Young's modulus），单位是 $\mathrm{N/m}^2$。弹性模量 E 是指材料在外力作用下产生单位弹性变形所需要的应力。弹性模量

可视为衡量材料产生弹性变形难易程度的指标,其值越大,材料发生一定弹性变形所需的应力越大,即在一定应力作用下,发生的弹性变形越小。在弹性范围内,大多数材料服从虎克定律,即变形与受力成正比。模量的性质依赖于形变的性质。模量的倒数称为柔量,用 J 表示。

4.1.3 体积模量

当固态物料承受来自四面八方的载荷,如水下的静水压力或高压室内压力的作用时,物料受表面压力作用,各方向形状尺寸发生改变,因而产生体积应变。如图 4-4 所示,设体积为 V 的物体表面所受的静水压为 p,当压力由 p 增大到 $p+\Delta p$ 时,物体体积减小了 ΔV。则体积应变为 $\varepsilon_V = -\Delta V/V$。

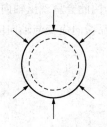

图 4-4 体积压缩试验

假设压力的变化 Δp 和体积应变 ε_V 之间符合虎克定律,则

$$\mathrm{d}p = -K\frac{\mathrm{d}V}{V}$$

$$\sigma_V = K\varepsilon_V \tag{4-5}$$

式中:V 为体积,m^3;p 为压力,$\mathrm{N/m}^2$;Δp 为压力的变化,$\mathrm{N/m}^2$;K 为体积模量,$\mathrm{N/m}^2$。

比例系数 K 称为体积模量(volume modulus),或体积弹性率。体积模量可描述均质各向同性固体的弹性,可表示为单位面积的力。体积模量的倒数称为体积柔量。

4.1.4 剪切模量

当载荷平行作用于固体表面时,此加载类型称为剪切,产生的应力为剪切应力,由此产生的变形是剪切变形。在弹性变形比例极限范围内,剪切应力与应变的比值为剪切模量,又称切变模量或刚性模量。剪切模量是物料的力学性能指标之一,表征物料抵抗剪切应变的能力。剪切模量的倒数称为剪切柔量,是单位剪切力作用下发生剪切应变的量度,可表示物料剪切变形的难易程度。剪切变形不是轴向长度变化而是旋转的变化(扭转或扭曲)。因此,剪切变形可以表示为角变形 θ,如图 4-5 所示。

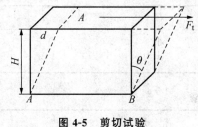

图 4-5 剪切试验

在弹性范围内,物料的伸长率 x 与高度 y 的比值 $\dfrac{x}{y}$ 即为物料的剪切应变 $\tan\theta$,此剪切应变与剪切应力呈线性关系,如式(4-6)所示:

$$\tau = \frac{F_t}{A} \tag{4-6}$$

$$\tau = G\tan\theta \tag{4-7}$$

式中:F_t 为剪切力,N;A 为面积,m^2;τ 为剪切应力,$\mathrm{N/m}^2$;G 为剪切模量,$\mathrm{N/m}^2$;θ 为变形角,弧度。

当变形角较小时,可近似表示为 $\tan\theta = \theta$,则:

$$\tau = G\theta \tag{4-8}$$

4.1.5 泊松比与横向应变

当固态材料样品承受轴向应力时,在弹性范围内,在简单轴向加载的条件下样品体积不发生变化,因此会呈现出轴向长度降低而横向尺寸增加的特性,此横向尺寸的增加称为横向应变。固态样品横向应变与轴向应变的比值称为泊松比(Poisson's ratio),习惯上以符号 μ 表示:

$$\varepsilon_q = \frac{\Delta d}{d} \tag{4-9}$$

$$\varepsilon = \frac{\Delta l}{l} \tag{4-10}$$

$$\mu = -\frac{\varepsilon_q}{\varepsilon} \tag{4-11}$$

式中:d 为横截面直径,m;Δd 为横截面直径增量,m;l 为轴向长度,m;Δl 为轴向长度增量,m;ε 为轴向应变,%;ε_q 为横向应变,%;μ 为泊松比,无量纲。

泊松比 μ 是表现材料弹性拉伸变形的物性参数。材料的泊松比一般可以通过试验测定获得,也可以通过各模量之间换算而获得。根据材料不同,泊松比的取值在 $0\sim0.5$ 之间。在弹性工作范围内,μ 一般为常数,但超越弹性范围以后,μ 随应力的增大而增大,直到 $\mu=0.5$ 为止。一般认为,空气的泊松比为 0,水的泊松比为 0.5,中间的可以推出。一些食品的泊松比,例如马铃薯的泊松比为 0.49,苹果的泊松比为 0.37,皮蛋两端受压泊松比为 0.16,两端受拉泊松比为 0.38。

当固态材料的弹性模量和剪切模量与体积模量相比均很低或很高时,即泊松比处于特例 A 和 B 时(表 4-1),3 个弹性参数之间的换算如表 4-2 所示。

表 4-1　泊松比的特例

特例	K	E	G	μ
A	大	小	小	0.5
B	小	大	大	0

表 4-2　弹性参数间的换算

A	B
$G = \dfrac{E}{2 \times (1+\mu)} = \dfrac{E}{3}$	$G = \dfrac{E}{2} = \dfrac{3}{2}K$
$K = \dfrac{E}{3 \times (1-2\mu)} = \infty$	$K = \dfrac{E}{3 \times (1-2\mu)} = \dfrac{E}{3}$
$E = 3G$	$E = 3K$

4.1.6 黏弹性食品的流变现象举例

黏弹性食品除了兼有弹性性质与黏性流动性质以外,还具有以下两个特性。

1. 曳丝性

许多黏弹性食品如蛋清、山药糊、淀粉糊等,当筷子插入其中再提起时,会观察到它们被拉起并形成丝状,这种现象称为曳丝性(thread forming property)。可以认为具有曳丝性的液体分子之间存在着一定的结合,形成了弱的网络结构。曳丝性是流体黏性和弹性双重性质的反映。值得注意的是,有些黏度高的液体,如食用油、糖液等,虽然用筷子也能提起"液线",但它不是曳出的丝,而是自由下落的液流。

在进行曳丝性测定时,丝的长度与提起的速度有很大的关系。如图4-6所示,提起的速度过慢,拔出的丝由于重力作用流下而断落,不会太长;当提起的速度过快,材料分子来不及发生运动,丝会像固体那样被拉断,也不长。在两种速度之间,存在着一个曳丝长度的峰值,这一峰值与曳丝速度和黏弹性材料的松弛时间有关。因此,对曳丝性的判断有一个方法:将直径为1 mm的玻璃棒浸入液体1 cm,再以5 cm/s的速度提起,用液体丝在断掉前可拉出的长度表示曳丝性的大小。日本豆豉(也称纳豆)等发酵豆类食品都具有一定的曳丝性(图4-7),它们的曳丝长度见表4-3。

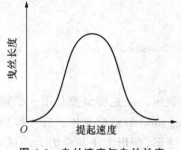

图4-6 曳丝速度与曳丝长度

图4-7 日本纳豆的曳丝性

表4-3 发酵豆制品的曳丝性

原料种类	曳丝长度/cm
大豆	100～150
小豆	5～10
菜豆	20～30
豌豆	20
蚕豆	10～20

2.威森伯格效果(Weissenberg effect)

将黏弹性液体放入圆桶形容器中,垂直于液面插入一玻璃棒,当急速转动玻璃棒或容器时,可观察到液体会缠绕玻璃棒而上,在棒周围形成隆起于液面的冢状液柱。威森伯格于1944年在英国帝国理工学院公开演示了这一有趣的实验,因此,这一现象被称为威森伯格效果,又称爬杆效应(rod-climbing effect)或包轴现象[图4-8(a)]。只有具有弹性的液体才会出现这种现象,可用于判断食品液体的结构组织情况。当将一支快速旋转的圆棒插入牛顿流体时,圆棒周围的液体会在离心力的作用下形成一个凹形液面[图4-8(b)]。

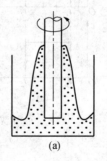 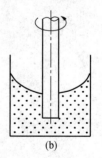

(a) (b)

(a)黏弹性体;(b)牛顿流体

图4-8 威森伯格效果

威森伯格效果出现的原因是：液体具有的弹性使得棒在旋转时，缠绕在棒上的液体将周围的液体不断拉向中心，而内部的液体则把拉向中心的液体向上顶，形成了沿棒而上的现象。利用威森伯格效果可判断食品液体的结构组织情况。例如，当将炼乳放陈后，由于酪蛋白会逐渐形成网络结构，产生弹性，会表现出威森伯格效果。

4.2 流变特性及模型表现

流变特性是物体在外力作用下发生的应变与其应力之间的定量关系。这种应变（流动或变形）与物体的性质和内部结构有关，也与物体内部质点之间相对运动状态有关。如胶体体系的流变特性不仅是单个粒子性质的反映，而且也是粒子与粒子之间，以及粒子与溶剂之间相互作用的结果。不同的物质具有不同的流变特性。在流变学研究中，可用某些理想元件组成的模型来模拟某些真实物体的流变特性，并导出其流变方程。

4.2.1 流变模型基本元件

1.虎克模型（Hooke model）

研究黏弹性体时，弹性部分用一个代表弹性体的模型表示。虎克模型便是用一根理想的弹簧表示弹性的模型[图 4-9(a)]，也称弹簧体模型（spring model）或虎克体。虎克模型代表完全弹性体的力学表现，加上载荷的瞬间同时发生相应的变形，变形大小与受力大小成正比，符合虎克定律，除去外力应变立即恢复。

$$\sigma = E\varepsilon = \frac{\varepsilon}{D} \qquad (4\text{-}12)$$

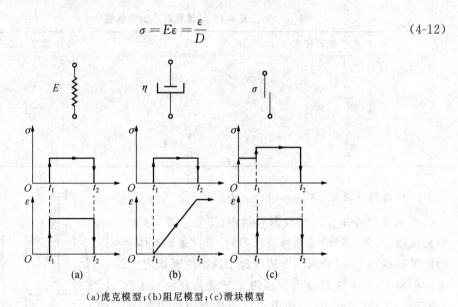

(a)虎克模型；(b)阻尼模型；(c)滑块模型

图 4-9　各种流变模型

2.阻尼模型（viscous model）

阻尼模型是表示黏性的模型[图 4-9(b)]。当瞬时加载时，阻尼体（dashpot，也叫黏壶）即开始运动；当去除载荷时，阻尼模型立刻停止运动，并保持其变形，没有弹性恢复。阻尼模型既可表示牛顿流体性质,也可表示非牛顿流体性质。在没有特别说明时,代表牛顿流体的性质,称为牛顿体。

3.滑块模型(slider model)

滑块模型也称塑性模型、摩擦片、文思特滑片或圣维南体(Saint-Venant model)。如图 4-9(c)所示,通常采用两块接触的粗糙面表示,可表示有屈服应力的塑性流体性质。所表示的材料在极限摩擦力(屈服应力)以下时呈刚性,而在超过该极限后能克服摩擦而自由滑动。

4.2.2　麦克斯韦模型

麦克斯韦模型(Maxwell model)是由一个弹簧和一个阻尼器串联组成的黏弹性模型,如图 4-10(a)所示。当模型一端受力而被拉伸一定长度时,由于弹簧可快速变形,而阻尼器由于黏性作用来不及移动,弹簧首先被拉开,然后在弹簧恢复力作用下,阻尼器随时间的增加而逐渐被拉开,弹簧受到的拉力也逐渐减小至零。可以用这一模型来反映黏弹性体的应力松弛过程,是指试样在瞬时变形后要保持变形(应变)不变时[图 4-10(b)],试样内部的应力随时间延长而减少的过程[图 4-10(c)]。从分子间相互作用角度讲,在外力作用下,物体从一种平衡状态通过分子运动而过渡到与外场相适应的新的平衡状态,这个过程称为松弛过程。完成这个过程所需要的时间称为松弛时间。

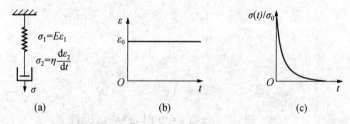

(a)麦克斯韦模型结构;(b)应变特性;(c)应力松弛特性

图 4-10　麦克斯韦模型及应力松弛曲线

如图 4-10(a)所示,如果以恒定的 σ 作用于模型,弹簧与黏壶受力相同,则:

$$\sigma = \sigma_1 = \sigma_2 \tag{4-13}$$

形变应为两者之和:

$$\varepsilon = \varepsilon_1 + \varepsilon_2 \tag{4-14}$$

其应变速率:

$$\frac{d\varepsilon}{dt} = \frac{d\varepsilon_1}{dt} + \frac{d\varepsilon_2}{dt} \tag{4-15}$$

根据虎克定律:

$$\sigma_1 = \sigma = E\varepsilon_1 , \varepsilon_1 = \frac{\sigma}{E}$$

有

$$\sigma_2 = \sigma = \eta \frac{d\varepsilon_2}{dt} \quad \frac{d\varepsilon_1}{dt} = \frac{1}{E}\left(\frac{d\sigma}{dt}\right)$$

根据

$$\sigma = \eta \cdot \dot{\varepsilon}$$

牛顿流体流动状态方程：

$$\frac{d\varepsilon_2}{dt} = \frac{\sigma}{\eta}$$

根据

$$\frac{d\varepsilon}{dt} = \frac{d\varepsilon_1}{dt} + \frac{d\varepsilon_2}{dt}$$

得：

$$\frac{d\varepsilon}{dt} = \frac{1}{E}\left(\frac{d\sigma}{dt}\right) + \frac{\sigma}{\eta} \tag{4-16}$$

式(4-16)称为麦克斯韦方程(Maxwell's equation)。

设 $\tau_M = \dfrac{\eta}{E}$，则可将麦克斯韦方程写为：

$$E\frac{d\varepsilon}{dt} = \frac{d\sigma}{dt} + \frac{\sigma}{\tau_M} \tag{4-17}$$

对于应力松弛试验，根据定义，ε 为常数(恒应变下)，$d\varepsilon/dt = 0$，则该式可改写为：

$$\frac{d\sigma}{dt} + \frac{\sigma}{\tau_M} = 0$$

解此微分方程得：

$$\sigma = A e^{\frac{-t}{\tau_M}}$$

对于麦克斯韦模型，当 $t \to \infty$ 时，$\sigma = 0$；当 $t = 0$ 时，$\sigma = \sigma_0$，因此

$$\sigma = \sigma_0 e^{\frac{-t}{\tau_M}} \tag{4-18}$$

式中变量 τ_M 被定义为麦克斯韦模型的松弛时间，它是黏度和弹性模量的比值。这就说明，松弛时间的产生是由黏性和弹性同时存在引起的。如果材料的黏性非常大，所需松弛时间也将更长，说明黏滞性大对链段等微观调整有阻碍作用，材料需要更多的时间完成调整。如果弹性模量非常大，松弛时间相对较短，说明材料的钢硬度很强，这种材料多属于弹性较好的固形物，调整的尺度往往是原子或分子间距，因此松弛时间很短。

当 $t = \tau_M$ 时，$\sigma = \sigma_0 e^{-1} = 0.3679\sigma_0$，表明应力松弛时间是应力松弛至初始值的 $1/e$(最大应力 σ_0 的 36.79%处对应值)时所需要的时间，用其表示应力松弛的快慢。

式(4-18)所表示的压力松弛曲线如图 4-10(c)所示，图中应力下降与时间的关系服从指数规律，开始下降很快，然后逐渐变慢。这与试验结果大致相同。由此可得到应力松弛时间的试验确定方法：在应力坐标轴上从原点开始至初始应力 σ_0 的 36%，作水平线与试验曲线相交，交点对应的时间坐标值即为应力松弛时间 τ_M。这也是通过测算松弛时间进一步确定弹簧弹性模量 E 和黏壶黏度 η 的方法。

应力松弛也可以用模量表示，即式(4-18)两边同时除以初始应变量 ε_0。式(4-19)中 $E(t)$ 表示松弛模量。

$$E(t) = E_0 e^{\frac{-t}{\tau_M}} \tag{4-19}$$

进行应力松弛试验时,首先要找出试样的应力与应变的线性关系范围,然后在这一范围内使试样达到并保持某一变形,测定其应力与时间的关系曲线,根据测定结果绘制松弛曲线并建立其流变模型。

4.2.3　开尔文模型

开尔文模型又称开尔文-沃格特模型(Kelvin-Voigt model),由一个弹簧和一个阻尼器并联组成,如图 4-11(a)所示,此模型可以描述食品的蠕变过程。蠕变是指把一定大小的力(应力)施加于黏弹性体时,物体的变形(应变)随时间逐渐增加的现象。它与塑性变形不同,塑性变形通常在应力超过弹性极限之后才出现,而只要应力的作用时间相当长,蠕变在应力小于弹性极限时也能出现。但是每种材料都有一个最小应力值,当应力低于该值时不论经历多长时间也不破裂,或者说蠕变时间无限长。

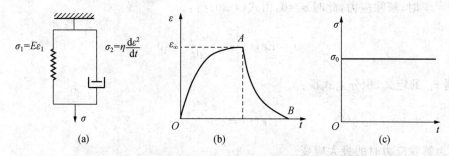

(a)开尔文模型;(b)蠕变特性曲线;(c)蠕变发生时的恒应力

图 4-11　开尔文模型及蠕变曲线

蠕变是以一定大小的应力为条件的,当模型受到恒定外力作用时,由于阻尼器的作用,弹簧不能被立即拉开,而是缓慢发生变形。去除外力后,在弹簧回复力的作用下,又可慢慢恢复原状,无剩余变形。通常,温度升高或应力增大会使蠕变加快。不同材料的蠕变微观机制不同。引起多晶体材料蠕变的原因是,原子晶间位错引起点阵滑移以及晶界扩散等;而聚合物的蠕变机理则是,高聚物分子在外力长时间作用下发生构形和位移变化。

在开尔文模型中,作用于模型上的应力 σ 是由弹簧和黏壶共同承担的,而弹簧和黏壶的形变是相同的,并且与模型的总形变一致。即存在 $\varepsilon = \varepsilon_1 = \varepsilon_2$ 以及 $\sigma = \sigma_1 + \sigma_2$,得开尔文方程如下:

$$\sigma = E\varepsilon(t) + \eta \frac{d\varepsilon(t)}{dt} \tag{4-20}$$

对于蠕变试验,应力保持不变,是一个常数,即 $\sigma = \sigma_0$,设

$$\tau_K = \frac{\eta}{E}$$

则式(4-20)可写为:

$$\frac{d\varepsilon(t)}{dt} + \frac{\varepsilon(t)}{\tau_K} = \frac{\sigma_0}{\eta} \tag{4-21}$$

积分式(4-21)得:

$$\varepsilon(t) = \frac{\sigma_0}{E}(1 - e^{\frac{-t}{\tau_K}})$$ (4-22)

式中,将 τ_K 定义为延迟时间或滞后时间(retardation time),其表示弹性变形滞后的快慢。利用边界条件,当 $t \to \infty$ 时,$\varepsilon_{(\infty)} = \sigma_0/E$,此时的应变称为平衡应变,且式(4-22)可写为:

$$\varepsilon(t) = \varepsilon_{(\infty)}(1 - e^{\frac{-t}{\tau_K}})$$ (4-23)

当 $t = \tau_K$ 时,

$$\varepsilon = \varepsilon_{(\infty)}\left(1 - \frac{1}{e}\right) = 0.6321\varepsilon_{(\infty)}$$

由此可知,延迟时间的物理意义是蠕变过程的变形达到平衡(最大变形量)的 63.21% 时所需要的时间。

当 $t = t_1$ 时,解除应力,此时 $\sigma = 0$,由式(4-20)得:

$$\sigma = E\varepsilon(t) + \eta\frac{d\varepsilon(t)}{dt} = 0$$

根据 τ_K 的定义,积分上式得:

$$\varepsilon(t) = \varepsilon_1 e^{\frac{t-t_1}{\tau_K}}$$ (4-24)

式中,ε_1 为解除应力时的最大应变。

图 4-11(b)表示开尔文蠕变特性曲线。在应力一定时,应变的增大部分(OA 段)称为蠕变曲线;解除应力后,应变恢复的部分(AB 段)称为蠕变恢复曲线。图 4-11(c)表示蠕变发生时的恒应力。

4.2.4 多要素模型

麦克斯韦模型和开尔文模型可以代表黏弹性体的某些流变规律。但这两个模型与实际的黏弹性体的流变学行为还有一定的差距。例如,麦克斯韦模型不能表现弹性滞后和残余应力,而开尔文模型缺乏实际黏弹性体存在的应力松弛部分。为了更准确地描述实际黏弹性体的力学性质,需要用由更多的元件组成的多要素模型。

1. 四要素模型

四要素模型就是最基本的多要素模型,四要素模型也称为伯格斯模型(Burgers model),可以包括如图 4-12 所示的多种等效表现形式。利用四要素模型可以更加真实地反映某些黏弹性体系的应力松弛(stress relaxation)和蠕变(creep)现象。

四要素模型由两个麦克斯韦模型并联而成,总应力等于两个麦克斯韦模型应力之和。常用的由两个麦克斯韦模型并联构成的四要素模型及其应力松弛曲线如图 4-13 所示。

设黏弹性参数分别 η_1、E_1、η_2、E_2,总应力为两个麦克斯韦模型应力之和,应力松弛时间分别是 $\tau_1 = \frac{\eta_1}{E_1}$,$\tau_2 = \frac{\eta_2}{E_2}$,在恒定应变 ε 下,由 $\sigma = \sigma_0 e^{\frac{-t}{\tau}}$ 可以得出应力松弛公式为:

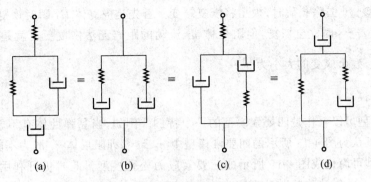

图 4-12　四要素模型的各种等效形式

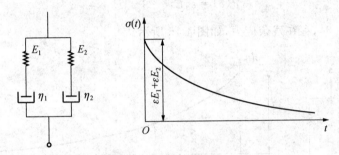

图 4-13　四要素模型及四要素模型应力松弛曲线

$$\sigma(t) = \varepsilon E_1 e^{\frac{-t}{\tau_1}} + \varepsilon E_2 e^{\frac{-t}{\tau_2}} \tag{4-25}$$

　　四要素模型的蠕变过程如图 4-14 所示。该模型相当于一个麦克斯韦模型和一个开尔文模型串联。当加载应力 σ 时,模型的变形由三部分组成:一是由虎克体 E_1 产生的瞬时弹性变形,相当于分子中键角、链长变化引起的弹性形变;二是 E_2 和 η_2 并联模型产生的延迟弹性变形,相当于链段运动引起的高弹形变;三是由阻尼体 η_1 产生的黏性液体不可逆的塑性流动,相当于分子链的相对位移。根据此推导,蠕变变形公式为:

$$\varepsilon(t) = \frac{\sigma}{E_1} + \frac{\sigma}{E_2}(1 - e^{\frac{-t}{\tau}}) + \frac{\sigma}{\eta_1}t \tag{4-26}$$

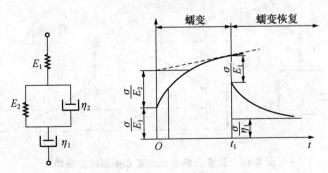

图 4-14　四要素模型及四要素模型蠕变曲线

当某一时刻 t_1 去除载荷时,模型将恢复蠕变。首先是虎克体 E_1 瞬时恢复到原来长度,开尔文模型会在 $t→∞$ 时完全恢复,但阻尼体 η_1 流动的距离无法恢复。也就是说,整个模型将产生残余应变,残余应变的大小为 $\sigma\dfrac{t_1}{\eta_1}$。

2.三要素模型

三要素模型可以看作是四要素模型的一个特例。例如,当黏弹性体有不能完全松弛的残余应力时,就可认为图 4-13 所示的四要素模型中 $\eta_2＝∞$,即阻尼体 η_2 成为不能流动的刚性连接,此时该模型可简化成图 4-15 所示的三要素应力松弛模型。此时仍可利用式(4-25),只是因为 $\eta_2＝∞,\tau_2＝∞$,应力松弛公式变为:

$$\sigma(t)=\varepsilon_0 E_1 \mathrm{e}^{\frac{-t}{\tau_1}}+\varepsilon_0 E_2 \tag{4-27}$$

显然,当 $t→∞$ 时,存在残余应力,如图 4-15 所示。

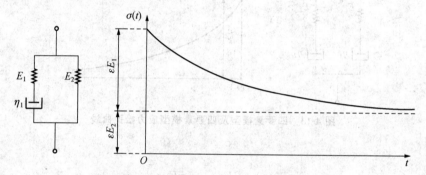

图 4-15 三要素模型及三要素模型应力松弛曲线

同样道理,当进行蠕变解析时,假设 $\eta_1＝∞$,图 4-14 所示的模型可简化为图 4-16 所示的三要素蠕变模型。这时式(4-26)蠕变公式可写为:

$$\varepsilon(t)=\frac{\sigma}{E_1}+\frac{\sigma}{E_2}(1-\mathrm{e}^{\frac{-t}{\tau}})t \tag{4-28}$$

从图 4-16 的蠕变曲线也可以看出,蠕变变形存在一个极限值;同时,去除载荷时形变可完全恢复。

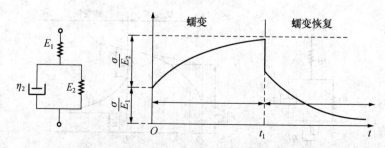

图 4-16 三要素模型及三要素模型蠕变曲线

4.2.5　广义模型

单一模型表现出的是单一松弛行为，是单一松弛时间的指数形式的响应。在实际的黏弹性食品中，由于组分的复杂性、结构的多层次性和运动单元的多重性，不同的单元有不同的松弛时间，所以要充分反映出实际食品黏弹体的流变特性，须采用多元件组合模型来模拟——广义力学模型（generalized model）。这些模型的力学元件不仅多，组合形式也要依照流变试验数值进行各种搭配。应用得较多的是广义麦克斯韦模型和广义开尔文模型。

1. 广义麦克斯韦模型

如图 4-17（a）所示，广义麦克斯韦模型由任意多个麦克斯韦单元并联而成。每个单元弹簧有不同模量 $E_1, E_2, \cdots, E_i, \cdots, E_n$，黏壶有不同黏度 $\eta_1, \eta_2, \cdots, \eta_i, \cdots, \eta_n$，因而具有不同的松弛时间 $\tau_1, \tau_2, \cdots, \tau_i, \cdots, \tau_n$。

在模拟应力松弛时，ε_0 恒定（在恒应变下，考察应力随时间的变化），应力 σ 为各单元应力之和 $\sigma_1 + \sigma_2 + \cdots + \sigma_i$，其应力松弛公式可由式（4-25）推导得到：

$$\sigma(t) = \sum_{i=1}^{n} \sigma_i(t) e^{\frac{-t}{\tau_i}} = \varepsilon_0 \sum_{i=1}^{n} E_i e^{\frac{-t}{\tau_i}} \tag{4-29}$$

式中：$\tau_i = \dfrac{\eta_i}{E_i}$；$\sigma(t)$ 为松弛过程的应力；E_i 为第 i 个麦克斯韦模型的松弛模量；τ_i 为第 i 个麦克斯韦模型的应力松弛时间；η_i 为第 i 个麦克斯韦模型的黏度；t 为时间。

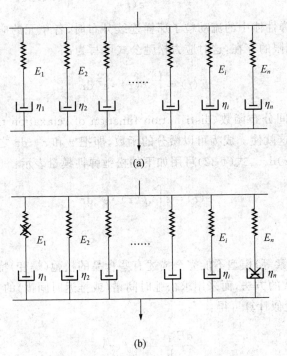

（a）广义麦克斯韦模型；（b）有残余应力的广义麦克斯韦模型

图 4-17　广义麦克斯韦模型

对于有残余应力的黏弹性体,可以将广义麦克斯韦模型进行如图 4-17(b)的改造,这样得出的应力松弛公式和松弛模量(松弛弹性率)对分析实际问题更加有利。

如图 4-17(b)所示,设最左边一个和最右边一个麦克斯韦模型分别为 M_1 和 M_0,$E_{M_1}=\infty$,$\eta_{M_0}=\infty$,即认为 M_1 相当于一个阻尼体,而 M_0 相当于只有虎克体,其他符号含义与图 4-17(a)所示的广义麦克斯韦模型相同。

对于该模型,保持一定应变时:

$$\varepsilon = \varepsilon_0 = \varepsilon_1 = \varepsilon_2 = \cdots = \varepsilon_n$$

$$\sigma(t) = \sigma_0 + \sigma_1 + \sigma_2 + \cdots + \sigma_n$$

式中:$\sigma_0 = E_{M_0}\varepsilon_0$;$\sigma_1 = \eta_{M_1}\dot{\varepsilon}_1$;$\dot{\varepsilon}_1 = 0$;$\dot{\varepsilon} \equiv \dfrac{\mathrm{d}\varepsilon_1}{\mathrm{d}t}$。

同样由式(4-29)可推知:

$$\sigma(t) = E_{M_0}\varepsilon_0 + \sum_{i=2}^{n}\varepsilon_i E_{M_i}\mathrm{e}^{\frac{-t}{\tau_{M_i}}} = \varepsilon\left(E_{M_0} + \sum_{i=2}^{n}E_{M_i}\mathrm{e}^{\frac{-t}{\tau_{M_i}}}\right) \tag{4-30}$$

$$E_M(t) \equiv \frac{\sigma(t)}{\varepsilon} = E_{M_0} + \sum_{i=2}^{n}E_{M_i}\mathrm{e}^{\frac{-t}{\tau_{M_i}}} \tag{4-31}$$

流变学中把 $E_M(t)$ 或 $E_M(t)-E_{M_0}$ 称为广义松弛弹性模量(松弛弹性率)。对变化过程的应力和应变,称 $\dfrac{\sigma(t)}{\varepsilon(t)}$ 为弹性率(正割弹性率),$\dfrac{\sigma(t)}{\varepsilon(t)} \equiv J(t)$ 为柔量,$\dfrac{\sigma(t)}{\dot{\varepsilon}}$ 为黏度。当广义麦克斯韦模型像实际黏弹性体中的流动粒子那样连续分布时,各单元的应力松弛时间 τ 不仅各不相同,而且是一个无限的存在,这时应力松弛公式可写为:

$$E(t) = \int_0^{\infty} f(\tau) \cdot \mathrm{e}^{\frac{-t}{\tau}} \mathrm{d}\tau \tag{4-32}$$

$f(\tau)$ 称为松弛时间分布函数(distribution function of relaxation times)或松弛频谱(relaxation spectrum)。这就使 τ 成为可以微分的函数,即把 τ 和 $\tau + \mathrm{d}\tau$ 之间的麦克斯韦模型弹性率 E_M 的和写成 $f(\tau)\mathrm{d}\tau$。式(4-32)可用如下的松弛弹性模量表示:

$$\sigma(t) = \varepsilon\int_1^{\infty} f(\tau) \cdot \mathrm{e}^{\frac{-t}{\tau}} \mathrm{d}\tau \tag{4-33}$$

其中,$\tau = \dfrac{\eta}{E}$。

当四要素(或五要素等)模型不能完全描述有些食品的松弛(蠕变)特点时,为方便起见,一般不采用增加要素个数的方法,而采用求松弛时间谱(或推迟时间谱)的方法。

对式(4-32)进行近似计算可得:

$$\frac{\mathrm{d}E_M(t)}{\mathrm{d}t} = f(\tau) \tag{4-34}$$

或写成:

$$\frac{\mathrm{d}E_M(t)}{\mathrm{d}(\log t)} = f_L(\log\tau) \tag{4-35}$$

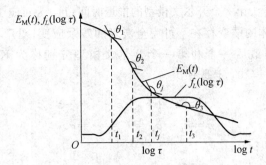

图 4-18　对数应力松弛时间谱的求法

式中 $f_L(\log\tau)$ 为对数应力松弛时间谱，它等于测定黏弹性体松弛曲线 $E_M(t)\rightarrow\log t$ 的关系而得到的曲线斜率的负数。因为应力松弛时间谱的数量级很大，所以常用对数式 $f_L(\log\tau)\rightarrow \log t$ 表示松弛时间谱的变化情况（图 4-18）。

2. 广义开尔文模型

实际黏弹性体蠕变性质的模拟，常采用广义开尔文模型。如图 4-19（a）所示，广义开尔文模型由许多开尔文模型并联而成。与前文推理相同，这一模型的蠕变公式如下：

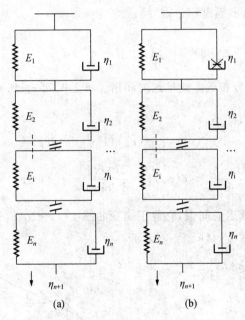

（a）广义开尔文模型；（b）有残余应变的广义开尔文模型

图 4-19　广义开尔文模型

$$\varepsilon(t)=\sigma\sum_{i=1}^{n}\frac{1}{E_{K_i}}(1-e^{\frac{-t}{\tau_{K_i}}})=\sigma\sum_{i=1}^{n}J_{K_i}(1-e^{\frac{-t}{\tau_{K_i}}}) \tag{4-36}$$

式中：$\tau_{K_i}=\dfrac{\eta_{K_i}}{E_{K_i}}$，$J_{K_i}=\dfrac{1}{E_{K_i}}$；$\varepsilon(t)$ 为蠕变应变；σ 为恒定应力；E_{K_i} 和 η_{K_i} 分别为第 i 个开尔文模

型的弹性模量和黏度;τ_{K_i} 为第 i 个开尔文模型的推迟时间;J_{K_i} 为对应于 E_{K_i} 的柔量;t 为时间。

考虑到实际黏弹性体的蠕变存在不可完全恢复的残余应变,对广义开尔文模型进行如图 4-19(b)所示的设定。即最后一个和第一个开尔文模型分别称为 K_0 和 K_1。K_0 的虎克体 $E_{K_0}=0$,K_1 的阻尼体 $\eta_{K_1}=0$,于是有:

$$\varepsilon(t)=\varepsilon_0+\varepsilon_1+\varepsilon_2+\cdots+\varepsilon_n$$
$$\sigma=\sigma_0=\sigma_1=\sigma_2=\cdots=\sigma_n$$

由式(4-36)可以推知:

$$\varepsilon(t)=\sigma\left[J_{K_1}+\frac{t}{\eta_{K_0}}+\sum_{i=2}^{n}J_{K_i}(1-e^{\frac{-t}{\tau_{K_i}}})\right]$$

$$\varepsilon(t)=\frac{\sigma_0}{\eta_{K_0}}t+\frac{\sigma_1}{E_{K_1}}+\sum_{i=2}^{n}\frac{\sigma_i}{E_{K_i}}(1-e^{\frac{-t}{\tau_{K_i}}})$$

所以,

$$J_K(t)\equiv\frac{\varepsilon(t)}{\sigma}=\left[J_{K_1}+\frac{t}{\eta_{K_0}}+\sum_{i=2}^{n}J_{K_i}(1-e^{\frac{-t}{\tau_{K_i}}})\right] \tag{4-37}$$

$J_K(t)$ 为蠕变柔量。同样,广义开尔文模型的蠕变试验,也可以做微分分析。由式(4-36)可以推知(参考广义麦克斯韦模型积分推导):

$$\varepsilon=\sigma\int_0^{\infty}f(\tau_K)(1-e^{\frac{-t}{\tau_K}})d\tau_K \tag{4-38}$$

式中:$f(\tau_K)$ 称为滞后时间分布函数或推迟时间谱。推迟时间 τ_K 到 $\tau_K+d\tau_K$ 之间的蠕变柔量 J_K 之和用 $f(\tau_K)d\tau_K$ 表示。

$$J_K(t)=\int_0^{\infty}f(\tau_K)(1-e^{\frac{-t}{\tau_K}})d\tau_K \tag{4-39}$$

$$\frac{dJ_K(t)}{dt}=f(\tau_K),-\frac{dJ_K(t)}{d(\log t)}=f_L(\log\tau_K) \tag{4-40}$$

式中 $f_L(\log\tau_K)$ 称为对数延迟时间谱,它等于蠕变曲线 $J(t)\to\log t$ 的斜率。图 4-20 表示对数延迟时间谱的求法及 $J(\log\tau_K)\to\log\tau_K$ 的关系。

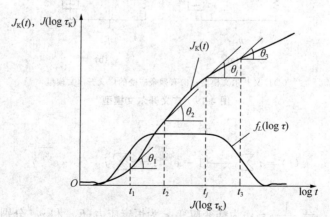

图 4-20 对数推迟时间谱的求法

4.3　固态及半固态食品的流变性质及测定

4.3.1　弹性参数及测定

固态和半固态食品物料的弹性参数测定采用工程力学的试验方法,测定具有明确意义的力学参数,如弹性模量、剪切模量、体积模量和泊松比等。在各种食品物料如水果、蔬菜、肉制品和蛋制品等的加载与卸载的应力-应变关系曲线中,卸载时总是存在一定的残余变形,表明存在一定黏性;但在黏性较小的应变情况下,应力-应变关系曲线往往会呈现出一定的线性关系,表明在此小应变范围内存在虎克弹性。也有许多固态食品物料,如干面团、硬糖果、核桃、豆类等,在力作用下其变形不超过 1%,就能基本上满足理想弹性体的特性定义,呈现出虎克体的性质。符合上述条件的食品物质,归属为弹性固态食品,这类固态食品物质的流变特性参数即为弹性参数。弹性参数的测定一般借助于轴向应力、弯曲和剪切试验。

4.3.1.1　轴向应力试验

如前所述,单轴拉伸或压缩应力是由垂直作用于固体表面的拉伸或压缩载荷引起的,并导致单轴方向的变形。样品的变形量除了与承受载荷的大小及样品物料固有的流变性质有关外,与样品的几何尺寸和形状也有关。例如,同一物料,当作用力相同时,高大细长的承载样品会表现出比短平板试样更大的变形。如图 4-21 所示,物料相同但初始长度 l 和承载面积 A 不同的样品,在承压同等外力 F 时产生的变形 Δl 有明显差异。因此要真实反映样品的流变行为或固态物料的弹性参数,就必须消除样本大小和形状的干扰。

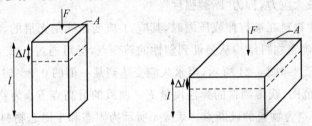

图 4-21　相同物料不同尺寸的样品在同等承压时的变形比较

在测量时要注意,在拉伸试验中,要尽可能把试样做得细些,使其在较小或中等载荷作用下就能产生足够的应力;还应把试样做得长些,使所产生的伸长量便于测量。测量伸长量时,由于一般情况下伸长量是较小的,为了保证测量精度,应采用精度较高的标尺,如游标卡尺等。同时,应注意记录卸载时的读数,以便与加载的情况做比较。卸载和加载的读数应相等,否则就表明加载超过了弹性极限,此时必须重新选定载荷大小,确保在弹性极限范围内进行试验。

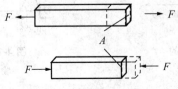

图 4-22　轴向应力试验

1. 弹性模量的测定

当几何形状均匀的样品承受轴向压缩或轴向拉伸时(图 4-22),轴向压缩和轴向拉伸的弹性模量 E 的计算按照式(4-41)进行。

图 4-23 显示了样品物料承载时的应力-应变关系曲线,R_{eH} 所对应的应力为物料的屈服应力。图中曲线从起始点至 R_{eL} 位置展示出物料的应力与应变呈线性关系。根据虎克定律,在弹性范围内,当应力-应变的变化可以近似为一个线性函数时,该物料的弹性模量 E 即为曲线中线性段的斜率,如图中所示:

$$E = \frac{d\sigma}{d\varepsilon} = \tan\alpha \tag{4-41}$$

式中:E 为物料的弹性模量,N/m^2;$d\sigma$ 为应力变化率,$N/(m^2 \cdot s)$;$d\varepsilon$ 为应变变化率,$\%/s$。

应注意,此时物料的弹性模量不能与物料的弹性或弹性度混为一谈。对于弹性的测试,只能在样品完成加载-卸载过程,当应力消失后,通过应变恢复的程度来判定样品物料的弹性。弹性应变是完全可恢复的,当应力逐渐增大,超过了物料的弹性极限范围时,即 R_{eL} 位置所对应的应力和应变,此后物料的变形进入非线性阶段。卸载后物料应变不再完全恢复而存在永久残余变形,此变形称为塑性变形。从点 R_{eH} 开始固态物料出现流动或屈服现象,但这是短暂的,因为应力短暂变小后又持续增大。无论应力变小还是略微增大,应变始终伴随着应力改变而持续增大。当应变达到某一极限点时,物料不能继续保持其固有的结构,物料即发生破裂或断裂,此极限点为图 4-23 中的曲线末端。对于大多数的固态或半固态物料,出现破裂或断裂的应力为物料的最大应力,称为"断裂强度"。

许多食品和生物物料在被拉伸或压缩时,其应力-应变曲线是光滑的,没有明显的屈服点。在这种情形下,很难确定物料结构从弹性到塑性的转变点,但可通过 0.2% 应变限度的技术性做法获得弹性模量 E。如图 4-24 所示,当永久应变达到某一值的 0.2% 时,用所对应的应力点 $R_{p0.2}$ 确定理论弹性范围,获得物料的弹性模量 E。曲线的最高点 R_m 为物料的最大抗压或抗拉强度,曲线末端 B 点为物料的破断点。表 4-4 所示为固态和半固态物料轴向应力-应变曲线相关特征的解释。

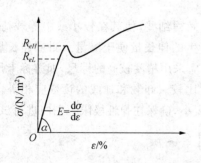

图 4-23　有明显屈服点的
物料应力-应变曲线

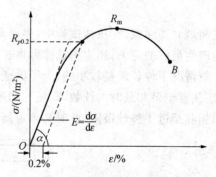

图 4-24　无明显屈服点的
物料应力-应变曲线

表 4-4　固态和半固态物料轴向应力-应变曲线相关特征的解释

描述	表达	特征	
		σ	ε
弹性范围	$\dfrac{\mathrm{d}\sigma}{\mathrm{d}\varepsilon} = \mathrm{const}$		应变完全恢复
	$\dfrac{\mathrm{d}\sigma}{\mathrm{d}\varepsilon} \neq \mathrm{const}$		应变不能完全恢复
非弹性范围	$\dfrac{\mathrm{d}\sigma}{\mathrm{d}\varepsilon} = 0$	应力屈服(塑性开始)	应变持续增加
曲线最高点	$\sigma = \mathrm{max}$	物料最大抗压强度	最大应力下的应变
技术性塑性限	$\varepsilon = 0.2\%$	0.2% 永久应变时的应力	0.2% 永久应变

轴向应力测定仪器种类很多,按变形或破坏的方式可以分为压缩、切入、插入等。常用压头类型如图 4-25 所示。当压头类型为针状或锥状,轴向压缩试验即为穿刺或针入试验。典型测试仪器有万能测试仪、质构仪以及各种适应型自制仪器等,试验原理如图 4-26 所示。

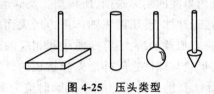

图 4-25　压头类型

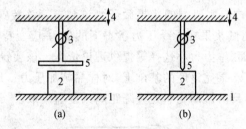

(a)平板压缩;(b)针入压缩
1.底座;2.样品;3.力传感器;4.横梁;5.压头
图 4-26　轴向应力试验原理示意图

在测试压板与底座之间夹持有圆柱形或方形试样,横梁 4 可以上下移动,以实现对样品压缩或拉伸。对测试样品的作用力通过上部的传感器测定。测定前应对样品的形状、尺寸以及加载速率等参数进行设置。固态或半固态试样的压缩变形直至破坏是一个复杂的过程。图 4-27 显示了加载变形速率为 5 mm/min 时,几种圆柱形固态食品的平板压缩的应力-应变曲线。

固态和半固态样品以几何形状如圆柱形或方形进行轴向压缩试验时,为了减少较大载荷加载过程中样品横截面积变化造成的应力应变误差,样品的高度与横截面积比值应尽可能小。当圆柱形或方形样品不可避免承受较大载荷时,加载过程中样品横截面积变化往往以如下经验式表示:

$$A(t) = A_0 \times \frac{L_0}{L_0 - \Delta L} \tag{4-42}$$

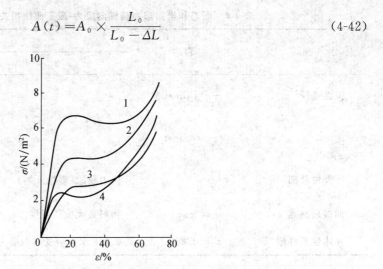

1.黄油(10℃);2.汉堡熟肉饼(40℃);3.软干酪(10℃);4.煮马铃薯(20℃)

图 4-27 几种圆柱形固态食品的平板压缩的应力-应变曲线

在一些模拟球形或近似球形果蔬的实际采摘、压榨加工及储运流通过程的承载试验中,试样往往以自然完整形态呈现,接近球体,受压面积随作用力增大而增加,变形量与受压面积同时发生变化。因此,要得到准静态加载的应力-应变曲线和相应的弹性模量 E,必须消除面积变化的影响。为尽量减少果实形状与球体之间外形差异造成的计算误差,分别计算每一个试验样品的形状系数 φ,采用统计法算出在受压过程中的瞬时应力和应变,从而得到应力-应变曲线。试样形状越接近于球体,受压过程中瞬时应力和应变的误差就越小。

图 4-28 所示为目前国内自主研制的浆果微压测试装置。该装置模拟浆果机械采摘时果实表面承受的压缩载荷,测试浆果在承受压力状态下的应力-应变特性,可为研究机械化采摘浆果的机械与果实的接触面、施力大小选择等提供理论依据。该装置采用具有粗调、微调的加压旋钮带动压头,在不改变水果完整度的基础上,对样品施加压力。果实的受力由装置中的电子称量工作台显示,其变形量由微调旋钮处升降距离刻度盘读取。

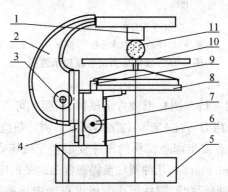

1.压头;2.粗调力臂箱体;3.粗调旋钮;4.滑块;5.底座;6.微调传动箱;7.微调旋钮;
8.工作底盘;9.定位块;10.电子称量工作台;11.被测浆果

图 4-28 浆果微压测试装置

当样品承受轴向拉伸载荷时,样品的固定方式和固定夹具材料对试验结果误差及结果分析的影响不可忽略。采取轴向压缩还是拉伸试验,应取决于固态和半固态食品材料的形状及测试目的。需要注意的是,不论轴向压缩还是拉伸试验,均应注明加载速率。表 4-5 和表 4-6 为一些食品物料轴向压缩的弹性模量和体积模量参考值。

表 4-5　一些食品物料轴向压缩的弹性模量

材料	$E/(\mathrm{N/m^2})$	材料	$E/(\mathrm{N/m^2})$
苹果	$(0.6\sim1.4)\times10^7$	马铃薯	$(0.6\sim1.4)\times10^7$
香蕉	$(0.6\sim1.4)\times10^7$	桃	$(0.2\sim2.0)\times10^7$
胡萝卜	$(2.0\sim4.0)\times10^7$	大豆	$(12.0\sim15.0)\times10^7$
梨	$(1.2\sim3.0)\times10^7$		

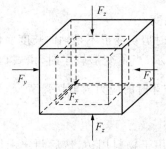

图 4-29　物体承受体积应力示意图

表 4-6　一些食品物料轴向压缩的体积模量

材料	$K/(\mathrm{N/m^2})$
面团	$(1.2\sim1.4)\times10^7$
马铃薯	$(7.0\sim7.8)\times10^7$
苹果	$(3.4\sim3.6)\times10^7$
矿泉水	$(1.0\sim1.1)\times10^6$

2. 体积模量的测量

固态物料承受来自四面八方的载荷而产生应力-应变的过程同样存在弹性和非弹性范围。习惯上,将引起物料体积减小的压力视为正应力,将引起物料体积增大的压力视为负应力。例如,当样品被置于真空环境或突然释放高压至低压状态时,样品发生体积膨胀现象。当固态物料受表面各方向应力作用时,弹性压缩会引起物料分子结构变化,使分子间距离减小,导致固体体积减小(图 4-29)。一旦施加的应力释放为零,分子的初始距离和初始体积即可恢复,此时弹性压缩的应力-应变关系符合虎克定律,计算式如前述式(4-5)所示。

通常,气体易被压缩,液体次之,而固态物料在较大载荷作用下才显示出体积的改变(如高压食品加工处理)。气体和普通液体为各向均质,受压时体积模量为各向均质。大多数固态物料本身具备各向异性的特征,物料受压时在不同空间方向会显示出各向异性的体积模量 $\boldsymbol{K}$,如下式表示:

$$\boldsymbol{K} = \begin{pmatrix} K_{xx} & K_{xy} & K_{xz} \\ K_{yx} & K_{yy} & K_{yz} \\ K_{zx} & K_{zy} & K_{zz} \end{pmatrix} \tag{4-43}$$

当固态物料为各向均质时,其受压时的体积模量则为 $\boldsymbol{K} = K_{ij}$。压缩系数 $k = \dfrac{1}{K}$。

如物料在 x、y 和 z 三维方向上所承受的压力相等,则固态物料在 3 个方向上的尺寸变化是相等的。然而,各向异性的固态物料即使在 x、y 和 z 三维方向上所承受的压力相等,其

3 个方向的尺寸变化也是有差异的。在食品高压加工处理方面，如果出现这样的现象，须引起注意。

对体积模量的测定通常是通过将试样放入密封的金属水浴槽中实现的。一般以压缩空气为作用力，然后用刻度传送管测定体积的改变，算出体积模量。图 4-30 为苹果体积模量测量装置的示意图，该密闭容器装有带刻度的透明液位管，压缩空气由管口通入，体积的变化可以在刻度上读出。这种方法很适合于水果及块茎类体积模量的测定。对于粮食谷物来说，则要求大得多的流体静压，因此须采用一套机械系统，使用活塞对液体加压。

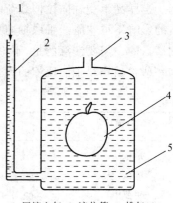

1.压缩空气；2.液位管；3.排气口；
4.试样；5.液体

图 4-30　苹果体积模量测量装置

4.3.1.2　剪切试验

1.剪切模量

如 4.1.4 所述，当载荷平行作用于固体表面时，在弹性变形比例极限范围内，剪切模量为剪切应力与应变的比值，此时剪切变形不是轴向长度变化而是旋转的变化（扭转或扭曲），以角变形 θ 表示。如图 4-5 所示，当角变形较小时，由式（4-6）和（4-7）可知，剪切模量近似表示为 $G = \dfrac{\tau}{\theta}$。物体发生剪切破坏时的应力为剪切强度。

2.剪切模量测定

剪切模量 G 可通过扭转仪测定。测定时，将一力偶作用于物料周边，然后测定标尺上的偏转角 θ。图 4-31 和图 4-32 分别为扭转剪切仪和某材料的剪切应力-应变曲线。

图 4-31　扭转剪切仪

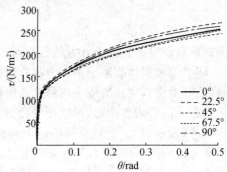

图 4-32　某材料剪切应力-应变曲线

食品物料的剪切试验并不是真正的剪切，而是一个切割过程。有学者为了研究苹果、梨等果肉的剪切强度，从水果的果肉上冲剪出一个圆柱体，这实际就是一种正剪试验形式。已知剪切力 F、实心圆柱体冲模直径 d 和果肉厚度 h，则剪切强度为 $\tau = \dfrac{F}{\pi d h}$。

水果的成熟与细胞壁中间层的果胶变化有密切关系。果胶的作用类似于黏结剂，它能把细胞黏在一起。水果成熟时，果胶的变化使细胞变得松散，所以可以利用水果剪切强度来测定细胞彼此黏结程度或水果成熟度。水果未成熟时，细胞沿剪切面彼此紧密地黏结在一起，在剪切作用下而撕离。水果成熟后，黏结剂是柔软的，这些细胞彼此并排地滑移而不产生撕离现象。所以，在不断成熟过程中，水果中的果胶不断地分解，细胞联结力减弱，剪切强度减小。图

4-33 为苹果成熟过程中压缩强度和剪切强度的变化。为测定水果表皮抗剪切或冲剪能力，利用图 4-34 所示的装置测定苹果表皮的剪切强度。试验结果表明，苹果表皮抗剪切强度比抗压强度低 42% 左右。一般来说，固体的剪切模量是杨氏模量的 1/3～1/2。

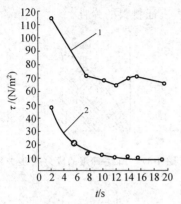

1. 压缩强度；2. 剪切强度

图 4-33　苹果成熟过程中压缩强度和剪切强度的变化

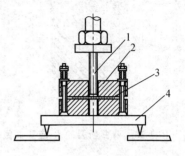

1. 钢冲模；2. 剪切试验夹具；
3. 苹果皮；4. 测力计平台

图 4-34　苹果皮剪切强度测定装置

4.3.1.3　弯曲与断裂试验

弯曲与断裂试验是测定固态食品力学特性较常用的方法，尤其适合于具有一定规则形状和刚性的材料。对大多数非理想固态材料实施弯曲断裂试验时，在断裂点出现之前材料往往会呈现一定的蠕变行为，断裂点受加载速率和加载形式（阶梯加载或者恒定加载）的影响。

弯曲断裂试验有轴向加载和剪切加载两种形式，本节重点讨论图 4-35 所示轴向加载的弯曲断裂形式。图 4-35 为常用的弯曲与断裂试验方式。为避免试验误差，制备样品时应尽量避免存在瑕疵或者裂痕，以免发生应力集中现象。图 4-36 为单轴加载时弯曲断裂的力-应变曲线，图中 F_f 为断裂点，它所对应的应力为断裂强度。曲线下方面积为断裂能，表征材料在断裂过程中吸收的能量。曲线起始线性段的斜率为弹性模量 E，计算式为式（4-44）。根据传感器类型不同，加载过程可记录为应力-应变曲线、力-变形曲线或力-应变曲线。如在自然状态下对蔬菜茎秆类样品实施弯曲断裂试验时，按照横截面几何形状根据式（4-44）由变形转换为应变。

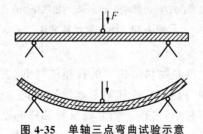

图 4-35　单轴三点弯曲试验示意

$$E = \frac{FL^3}{48DI} \tag{4-44}$$

式中：E 为弹性模量，N/m^2；F 为载荷，N；D 为挠度；L 为两支撑点之间距离，m；I 为截面积惯性矩。当截面为矩形时，$I = wt^3$，当截面为圆形时，$I = \pi r^4/4$，（w 为样品宽度，m；t 为样品

厚度，m；r 为样品半径，m）。

当材料承受轴向载荷未达到断裂就提前卸除载荷时，加载-卸载试验的应力-应变曲线如图 4-37 所示，加载-卸载速率影响应力-应变曲线形状。图 4-37 中曲线围成的面积 V 为耗散能量；E 为回弹能量，即固态材料卸载后恢复变形的能力，表征材料的弹性。

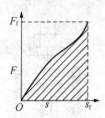

图 4-36　弯曲断裂的力-应变曲线

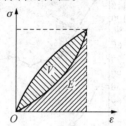

图 4-37　加载-卸载的应力-应变曲线

4.3.2　弹塑性参数及测定

弹性是指物料产生弹性变形或恢复变形的能力。塑性是指物料产生塑性变形或永久变形的能力。如前所述，迄今为止，所试验的食品物料还没有一种是理想的弹性体。不论载荷大小，在第一次加载和卸载后总是保留某些残余变形。这种既有弹性又具有塑性的物体称为弹塑性体。

当给物体施加一定的载荷、然后卸除载荷时，弹性变形和塑性变形与弹性变形之和的比值称为弹性度，如图 4-38 所示。弹性度越大，物体恢复变形的能力越强。理想弹性体的弹性度应为 1，弹塑性体的弹性度小于 1。

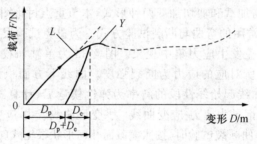

D_p 为塑性变形，m；D_e 为弹性变形，m；L 为极限弹性点；Y 为屈服点。

图 4-38　弹性度计算方法

食品物料中大部分残余变形是物料结构中的孔隙或气室，表面上细胞轻微破裂，谷粒等脆性物料微观断裂和物料结构中可能存在的其他不连续造成的。经数次加载和卸载试验后，食品物料中塑性变形或残余变形减小，出现了如金属材料那样的硬化现象，如图 4-39 所示。

由图 4-39 可知，第一次卸载曲线的斜率和其后各次卸载曲线的斜率相比，没有发生变化。这个现象表明，如果根据载荷 F 和弹性变形 D_e 来计算弹性模量，弹性模量不受硬化的影响。如物料在加载和卸载过程的一个完整循环中形成一个封闭的环扣，则这个特性称作弹性滞后。如有残余变形则称作弹塑性滞后。在加载和卸载过程中，这两种情况都会造成能量损失，这种能量损失称作滞后损失。它的数值与加载功和卸载功的差值有关。滞后损失的大小也是物料弹性的量度。物料的弹性越接近理想弹性，滞后损失越小。图 4-40 表示含水率对黄玉米滞后损失的影响。由图可知,玉米含水率越高,滞后损失越大。这可能是因为附加的水分使谷粒塑性增大,反过来又使滞后能增加。

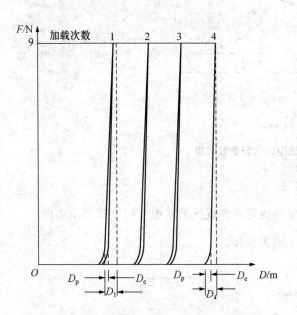

图4-39 小麦(含水率10%)加载和卸载曲线

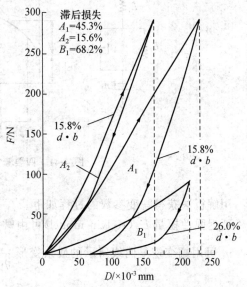

A_1 和 B_1 为第一次加载循环;A_2 为第二次加载循环;
$d \cdot b$ 为干基含水率

图4-40 不同含水率黄玉米的加载和卸载的滞后环

4.3.3 黏弹性参数及测定

前文所述的各种流变模型都是研究固态及半固态食品流变特性最基本的模型。当对实际固态及半固态食品的流变性质进行分析时,情况比上述解析复杂得多,但通过对这些基本模型的各种组合,通常能对实际研究对象的流变性质进行某种程度的描述。根据作用于食品物料的应力或应变是否保持定值,把黏弹性试验分为静态试验和动态试验。

4.3.3.1 静态黏弹性参数及测定

1.蠕变试验

蠕变试验是将静载荷突然施加到物体上并保持常值,测定变形(应变)和时间的函数关系。试验时所施加的力不能超出材料的弹性极限点,否则会引起大的应变,材料将不再呈现线性黏弹性。在这种情况下,用线性流变模型表示材料特性将不再有效。除了建立适当的流变模型,获得模型的弹性系数、黏性系数外,蠕变试验所得到的弹性滞后时间也是代表试样力学性质的重要指标。分析蠕变测定结果常用的模型是四要素模型、三要素模型和广义开尔文模型。

(1)解析法求解蠕变参数 图4-41所示为用解析法获得四要素模型的蠕变参数。已知初始应力 σ,在外部瞬时弹簧 E_1(Maxwell model)作用下,产生初始应变 $\varepsilon_0 = \dfrac{\sigma}{E_1}$。应变 ε_0 之后,阻尼器的作用使应变速率逐渐下降,在 t 时刻卸除载荷时,弹簧 E_1 瞬时恢复原位置,恢复量为初始应变 ε_0。延迟弹簧 E_2 受阻尼器 η_2 的影响,缓慢恢复至残余应变 $\dfrac{\sigma}{\eta_1} t$。

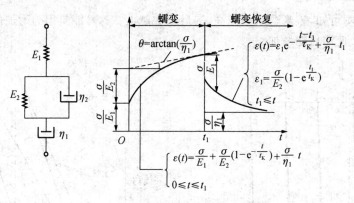

图 4-41　四要素模型的蠕变参数解析

用解析法获得蠕变参数的过程如下。

延迟弹性模量 E_2(Kelvin model)可由蠕变曲线延伸渐近线的截距与初应变之差求出。

η_1 可用蠕变恢复曲线所示的残余变形 $\dfrac{\sigma}{\eta_1}t$ 测值算得。

由前述四要素蠕变变形公式 $\varepsilon(t)=\dfrac{\sigma}{E_1}+\dfrac{\sigma}{E_2}\left(1-\mathrm{e}^{-\frac{t}{\tau_K}}\right)+\dfrac{\sigma}{\eta_1}t$ 可知：

$$\frac{\sigma}{E_2}\left(1-\mathrm{e}^{-\frac{t}{\tau_K}}\right)=\varepsilon(t)-\frac{\sigma}{E_1}-\frac{\sigma}{\eta_1}t$$

利用上述解析法已经将 E_1、E_2 和 η_1 求出，设 $A(t)=\varepsilon(t)-\dfrac{\sigma}{E_1}-\dfrac{\sigma}{\eta_1}t$，$B=\dfrac{\sigma}{E_2}$，则有：

$$A(t)=B\left(1-\mathrm{e}^{-\frac{t}{\tau_K}}\right)，即 1-\frac{A(t)}{B}=\mathrm{e}^{-\frac{t}{\tau_K}}$$

两边取对数，$\ln\left[1-\dfrac{A(t)}{B}\right]=-\dfrac{t}{\tau_K}$，或 $\lg\left[1-\dfrac{A(t)}{B}\right]=-\dfrac{t}{2.3\tau_K}$。

只要测出某一时刻 t 所对应的 $A(t)$ 和 B 值，即可算出 τ_K。或在半对数坐标纸上把 $1-\dfrac{A(t)}{B}$ 和 t 的直线关系画出来，直线的斜率是 $(2.3\tau_K)^{-1}$。这样求出 τ_K 后，由 $\tau_K=\dfrac{\eta_2}{E_2}$ 即可求出 η_2。

（2）作图法求解蠕变参数　参照图 4-42 所示，画出蠕变曲线的渐近线 l_1。在蠕变曲线和纵坐标的交点 A 处画一条与 l_1 平行的直线 l_2，再在 l_1 和 l_2 之间的纵轴上，距 A 点距离为 $\left(1-\dfrac{1}{e}\right)\dfrac{\sigma}{E_2}$ 的 B 点作 l_1 的平行线 l_3，l_3 与蠕变曲线的交点所对应的时间便是蠕变延迟时间 τ_K，已知 τ_K 便可求出 η_2。

三要素模型可以看作四要素模型的一个特例。例如，当黏弹性体存在不能完全松弛的残余应力时，可认为四要素模型 $\eta_1=\infty$，即 η_1 阻尼器成了不能流动的刚性连接，此时模型即简化为如图 4-43 所示的三要素模型：

$$\varepsilon(t)=\frac{\sigma}{E_1}+\frac{\sigma}{E_2}\left(1-\mathrm{e}^{-\frac{t}{\tau_K}}\right) \tag{4-45}$$

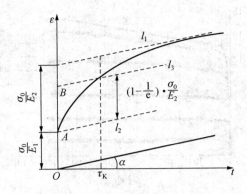

图 4-42　用作图法确定蠕变延迟时间

由图 4-43 可以看出,三要素蠕变变形存在极限值,卸载后,变形可完全恢复。

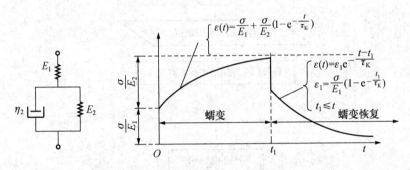

$$\varepsilon(t)=\frac{\sigma}{E_1}+\frac{\sigma}{E_2}(1-\mathrm{e}^{-\frac{t}{\tau_\mathrm{K}}})$$

$$\varepsilon(t)=\varepsilon_1\mathrm{e}^{-\frac{t-t_1}{\tau_\mathrm{K}}}$$

$$\varepsilon_1=\frac{\sigma}{E_1}(1-\mathrm{e}^{-\frac{t_1}{\tau_\mathrm{K}}})$$

$$t_1\leqslant t$$

图 4-43　三要素蠕变曲线解析

（3）模拟法求解蠕变参数　利用如图 4-44 试验装置,对样品进行恒定载荷加载-卸载的循环试验,根据试验曲线中样品表现的黏弹性,选择相应的蠕变模型的本构方程。例如,图 4-45 所示为西瓜在承受不同恒定载荷情况下的蠕变曲线。图中蠕变曲线反映出在弹性变形后,变形随时间延长而增大,表明流变模型中存在黏性元件。发生瞬时变形之后,当应力差不是很大时,西瓜的蠕变很小,最后趋于一定值;蠕变速率很小,最终趋于 0;曲线趋于水平,与广义开尔文模型应变-时间曲线吻合。将试验过程中由传感器获取的试验数据采集到计算机,并采用数理统计软件如 SPSS 软件的 Analyze-Nonlinear Regression 非线性拟合模块,输入广义开尔文模型本构方程,对试验数据进行非线性拟合、计算,最后获得各蠕变参数。拟合过程如图 4-46 所示。

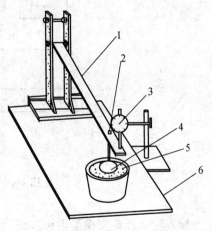

1.加载横梁;2.加载压头;3.变形传感器;
4.被测样品;5.样品托;6.底座

图 4-44　水果轴向压缩蠕变试验装置

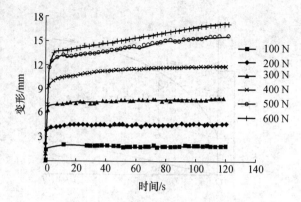

图 4-45 不同载荷下西瓜的蠕变曲线

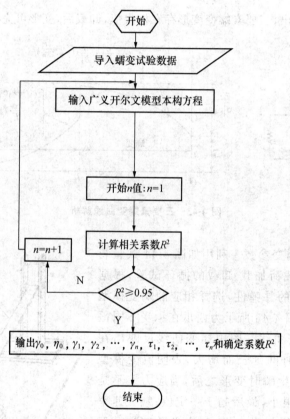

图 4-46 拟合法确定蠕变参数流程图

输入广义开尔文模型本构方程,参见式(4-46)。如果样品是以自然完整形态承压,承压过程中接触面积改变,参见公式(4-42)。式(4-46)中 $\gamma_0, \gamma_2, \cdots, \gamma_n$ 分别为刚度系数,$\tau_1, \tau_2, \cdots, \tau_n$ 分别为蠕变延迟时间,η_2 为黏性系数。

$$\varepsilon(t) = \frac{F}{\eta_0}t + \frac{F}{\gamma_1}(1-e^{-\frac{t}{\tau_1}}) + \frac{F}{\gamma_2}(1-e^{-\frac{t}{\tau_2}}) + \cdots + \frac{F}{\gamma_n}(1-e^{-\frac{t}{\tau_n}}) + \frac{F}{\eta_2} \tag{4-46}$$

图 4-47 为一恒定载荷的蠕变试验曲线与模拟模型所得曲线的对照结果,由图可知,该模

拟法能较好地反映样品的真实蠕变特性。

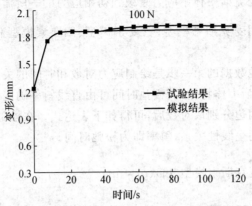

图 4-47　西瓜蠕变试验曲线和模拟曲线的拟合

2. 应力松弛试验

应力松弛性质往往与食物的口感品质有很大关系。例如，人在吃米饭、面条等食物时，虽然牙齿张合咀嚼食品，但是在牙齿咬下到重新张开的短暂静止之间，食品有一个很短的应力松弛过程。松弛时间的快慢通过牙龈膜传给神经，给人以某种口感。对各种大米的米饭团进行应力松弛试验，求出它们的应力松弛时间，并对其与感官品尝试验结果进行相关性分析。结果发现，口感柔软的米饭，其麦克斯韦模型的应力松弛时间为 6~8 s；当松弛时间达到 10~14 s 时，便感到口感较硬。

进行应力松弛试验时，首先找出试样的应力与应变的线性关系范围，然后在这一范围内使试样达到并保持某一变形，测定其应力与时间的关系曲线，根据测定结果绘制松弛曲线并建立其流变学模型。松弛试验可采用剪切、单轴拉伸或单轴压缩的方法，也可采用同心圆筒式黏度计。如图 4-48 所示，理想的弹性物料没有应力松弛现象，理想的黏性物料立即松弛，黏弹性物料逐渐松弛，但是由于物料的分子结构不同，松弛的终点不同。黏弹性固体的终点为平衡应力 $(\sigma_e > 0)$，黏弹性液体物料的残余应力为零。

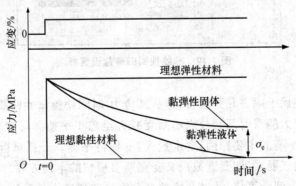

图 4-48　不同材料的松弛特性表现

（1）解析法获得应力松弛参数　从应力松弛试验中得到的最重要的黏弹参数之一是应力

松弛时间。松弛时间是麦克斯韦体中应力衰减到初始应力的$\frac{1}{e}$所需要的时间。固态和半固态食品物料的松弛特性可用麦克斯韦模型、三要素模型、四要素模型和广义麦克斯韦模型加以分析。

解析法获得应力松弛数据的第一步是绘制应力对数和时间的关系曲线。如果得出的图线是直线,则物料具有麦克斯韦体特性,其松弛时间可由直线斜率确定。将麦克斯韦模型和三要素模型的本构方程等式两边分别取对数后,可得如下表达式。在松弛曲线的对数坐标系中,松弛过程的应力变化与时间呈线性关系,斜率即为松弛时间。

$$\text{麦克斯韦模型}:\ln\sigma(t)=\ln\sigma_0-\frac{1}{2.3\tau}t$$

$$\text{三要素模型}:\ln[\sigma(t)-\varepsilon_0 E_2]=\ln(\varepsilon_0 E_1)-\frac{t}{\tau}$$

(2)模拟法获得松弛特性参数　大多数黏弹性食品中的高分子链长短不一,所处的环境与起始构象也不同,链段实际长度也有变化。因此,在松弛过程中,应力松弛时间远不止一个值($\tau_1 \neq \tau_2 \neq \cdots \neq \tau_n$),而是一个分布较宽的松弛时间谱。基于上述观点,须采用多个麦克斯韦体并联形成四要素、六要素乃至广义麦克斯韦模型。此类模型的黏弹性参数虽然可以通过前人所述的采用逐次余数法以叠加效应而获得,但过程较为烦琐且多次作图会引起较大的误差。

在分析食品材料的应力松弛数据时,鉴于大多数材料的变形属于非线性黏弹性变形,根据试验曲线反映的应力随时间衰减关系的特征,如前所述,与蠕变参数模拟法相同,采用数理统计软件如 SPSS 软件的 Analyze-Nonlinear Regression 非线性拟合模块对试验曲线进行拟合。

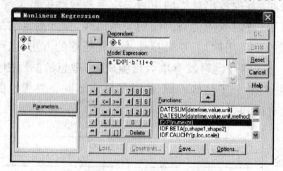

图 4-49　非线性回归参数设置框

例如,马铃薯块茎属于固态黏弹性材料,从其应力-时间松弛试验曲线可以看出,材料有明显的应力松弛现象,应力随着时间延长而不断衰减直至趋于平衡。马铃薯组织细胞中的含水量是维持细胞渗透压平衡的主要原因,含水量大,易保持平衡。分析试验曲线形状,输入相适应的模型本构方程(如三要素、四要素或广义麦克斯韦模型的本构方程),将试验过程中由传感器获取的试验数据采集到计算机,通过非线性拟合模块获得应力松弛特性参数。图 4-49 为非线性回归参数设置界面。图 4-50 和图 4-51 分别为不同取样部位(如芯部和表皮)圆柱形试样和完整块茎不同受压方向(如 x 向、y 向和 z 向)的应力松弛试验曲线与各自拟合曲线图,拟合回归系数 $R^2 \geqslant 0.95$。

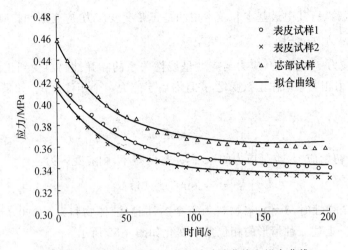

图 4-50 圆柱形试样的应力松弛试验曲线和拟合曲线

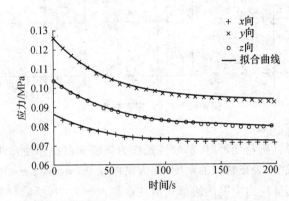

图 4-51 完整块茎的应力松弛试验曲线和拟合曲线

4.3.3.2　动态黏弹性参数及测定

　　静态或准静态蠕变和应力松弛试验虽然简单,但在实际测定过程中,对易流动的物质而言,往往由于力的大小和方向不变,其流动会持续下去。得到物料完整的黏弹性数据所需的试验时间较长,可能会使食品物料发生化学和生理学的变化,造成试验分析结果的误差,而且在试验开始时也很难做到施加真正瞬时载荷和瞬时变形。大部分物料,尤其是农产品,往往要经历从产地到售卖的流通环节,即要经历不同运输工具、不同运输距离等引起的动态载荷。动态黏弹性试验主要用于模拟在运输过程中对黏弹性试样施以频率 ω 的周期性加载试验。动态黏弹性试验的应变是由随时间作正弦变化的应力产生的。以频率 ω 做周期性加载试验,在数量上是与时间为 $1/\omega$ 的试验等效的,这就有可能在非常短的时间内得到大量的试验数据。如弹性模量等参数,可在短时间内在各种频率和温度下测定。另外,做动态试验时,施加到物料上的应变非常小(通常在 1% 以内),这样可保证物料的黏弹性呈现在线性范围内,用线性黏弹性理论分析和预测的误差较小。用线性黏弹性理论预测物料特性时,小应变是一项基本要求。

　　动态黏弹性是给黏弹性体施以振动,或施以周期变动的应力或应变时,该黏弹性体所表现出的黏弹性质。动态黏弹性参数测定方法有正弦交变应力-应变法(谐振动测定法)、扫频振动

试验、脉冲振动试验等,其中最基本和较常用的是正弦交变应力-应变法和扫频振动试验。

1. 正弦交变应力-应变法

在正弦交变应力-应变法中,应力与应变呈线性关系的黏弹性物料受到正弦变化应力作用时,应变也将随应力相同频率作正弦变化,并且滞后于应力一个相位角 δ。如果物料上施加的应力 σ 为:

$$\sigma = \sigma_0 \sin\omega t \tag{4-47}$$

上式中 σ_0 是初始应力,也是应力的振幅,ω 是角频率,则应变 ε 为:

$$\varepsilon = \varepsilon_0 \sin(\omega t - \delta) \tag{4-48}$$

当物料为完全弹性时,$\delta = 0$;当物料为完全黏性时(液体物料),$\delta = 90°$;当物料为黏弹性时,则 $0 < \delta < 90°$。上述三种情形的相位角 δ 变化如图 4-52 所示。

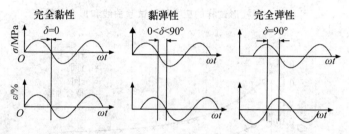

图 4-52　应力、应变与相位角

固态和半固态黏弹性物料变形时,部分能量作为势能储存在弹性元件中,这部分能量反映材料黏弹性中的弹性成分,表征材料的刚度,称为储能模量(storage modulus)E_1;一部分能量在材料的周期性正弦交变应力中以热的形式消耗在黏性元件中,反映材料黏弹性中的黏性成分,称为损耗模量(viscous modulus)E_2。动态黏弹性可根据测定的复数模量 $E(\omega)$ 和相位角(phase angle)δ 加以确定。复数模量 $E(\omega)$ 与频率有关,它可分解成实部和虚部。实部对应于储能模量 E_1,虚部对应于损耗模量 E_2。

$$E(\omega) = E_1 + iE_2 \tag{4-49}$$

复数模量 $E(\omega)$ 的模(绝对值)是用试验的方法直接测定应力、应变曲线中应力峰和应变峰然后相比求得的,即

$$|E(\omega)| = \sigma_0 / \varepsilon_0$$

则
$$E_1 = |E(\omega)| \cos\delta \tag{4-50}$$
$$E_2 = |E(\omega)| \sin\delta \tag{4-51}$$

应力和应变之间的相位角可从正弦变化的曲线中求得:

$$\delta = \omega\Delta t$$

式中:ω 是角频率;Δt 是应力峰和应变峰之间的时间间隔。相位角正切 $\tan\delta$ 称作损耗因子,表征材料的阻尼性能。

$$\tan\delta = \frac{E_2}{E_1} \tag{4-52}$$

在计算农业物料动态弹性模量和相位角中,如果物料的几何形状是圆柱体或长方体,则动态模量计算是比较简单的。应力振幅 σ_0 可由应力峰和试样横截面积之比求出。应变振幅 ε_0 可由沿试样全长的峰间位移求出。在这类几何体中,试样长度是有重要影响的。如果试样太长则必须考虑惯性的影响。然而,如果样品长度和振动波长 λ 相比,其值是小的,则惯性的影响可忽略不计,因为不会对结果产生明显影响。波长 λ 可由下式计算:

$$\lambda = \frac{\left[\,|\,E(\omega)\,|\,\right]^{1/2}}{\rho / f} \tag{4-53}$$

式中:ρ 为物料的密度,kg/m^3;f 为振动频率,Hz。

对球形或近似球形的农产品如水果、谷粒和鸡蛋进行振动试验时,式(4-53)是不适用的,它们的动态弹性模量可由如下经验公式计算:

$$|\,E(\omega)\,| = \frac{1.51F}{Dd} \tag{4-54}$$

式中:F 为峰间力,N;D 为峰间位移,mm;d 为样品和接触平面间的平均接触半径,mm。

2.扫频振动试验

正弦振动是实验室中经常采用的试验方法,分为扫频振动和定频振动两种。扫频振动试验是指在试验过程中维持一个或两个振动参数(位移、速度或加速度)不变,而振动频率在一定范围内连续往复变化的试验。正弦扫频振动的扫频模式分为线性扫频和对数扫频。在线性扫频模式下,频率变化是线性的,其扫频速率计算公式如下:

$$v = \frac{f_H - f_L}{t} \tag{4-55}$$

式中:v 为扫频速率;f_H 为扫频上限频率;f_L 为扫频下限频率;t 是扫频时间。

在对数扫频模式下,频率是对数形式变化的扫频速率,可用倍频程计算。在对数扫频模式下,相同的时间扫过的频率倍频程数量是相同的。例如,从 $10\sim40\ Hz$ 是 2 个倍频程,从 $500\sim2\,000\ Hz$ 也是 2 个倍频程。在对数扫频模式下,扫过这两段的时间是相同的,低频段频率变化慢而高频段频率变化快。

图 4-53 为扫频振动试验系统。动态黏弹性试验仅通过求出相位角就可以测定出物料的弹性和黏性参数。当振动试验在不同角频率下进行时,即为扫频。根据测试系统要求,设置采样分辨率、采样速率、采样时间及每个频率点重复采样次数等系统相关参数。在扫频过程中,各供试样品的试验条件应完全相同。在整个试验过程中,振动台与样品的激励信号变化应稳定。

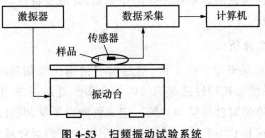

图 4-53 扫频振动试验系统

在实际振动测试中,作用于样品上的应力不易于直接测定与表征,同时应力与振动加速度高度相关,因此有时会采用与外界相关联的振动加速度来表征应力。用加速度传感器测定样品的加速度幅值,使用智能数据采集与信号分析系统中的加窗函数,结合传递函数分析得出样品的共振频率。当加速度幅值达到最大时,所对应的频率就是样品的共振频率。在实际扫频过程中,扫频区间往往会不断出现杂峰,直接观察不易发现共振频率。因此,使用加窗函数并结合传函分析,其目的是防止频谱泄露,从杂乱的信号中提取有效信号,准确得出样品的共振频率。扫频试验不仅能测出共振频率,还能测出低频范围内的振动特性,除了共振频率处的峰值外,还可观察到共振频率倍频处较小的峰值,且在共振频率附近频率处的振幅都比较大。

当黏弹性物料因振动器或其他方法引起共振时,弹性模量与共振频率有如下关系:

$$E = kf_r^2 \tag{4-56}$$

式中:E 为弹性模量,N/m^2;f_r 为共振频率,Hz;k 为系数,与物料的几何形状和密度有关。

当物料为单侧悬臂、挠性振动时,$k = \dfrac{3.83\rho L^4}{d^2}$;当物料为圆柱形、轴向振动,且波长大于样品直径时,$k = 4\rho L^2$。其中,L 为样品自由端长度,m;ρ 为物料密度,kg/m^3;d 为样品直径,m。

式(4-49)求得的弹性模量为黏弹性物料复数模量的实部,即储能模量 E_1。

当损耗因子 $\tan\delta \leqslant 1$ 时,它的值可由共振曲线中求得:

$$\tan\delta = \frac{\Delta f_{0.5}}{f_r\sqrt{3}} \tag{4-57}$$

或

$$\tan\delta = \frac{\Delta f_{0.707}}{f_r} \tag{4-58}$$

式中 $\Delta f_{0.5}$ 和 $\Delta f_{0.707}$ 分别表示在共振曲线上振幅等于最大振幅的 0.5 倍和 $\sqrt{2}/2$ 倍时所对应的两个频率差值。损耗模量由下式求出:

$$E_2 = E_1\tan\delta \tag{4-59}$$

另外,与固态和半固态食品质构特性密切相关的动态机械特性分析仪 Dynamic Mechanical Analysis(DMA)也可完成线性和轴向振动试验测试分析,DMA 类似于动态流变仪,但它是轴向动态加载而不是剪切载荷。振动频率和振幅是可控的,有利于小样本的测试。这部分详见第 6 章。

需要注意的是,上述所有的仪器测试及方法论都是基于在测试过程中样品温度和环境湿度已知并保持恒定状态。无论固态物质还是液态物质,其流变特性均明显受温度变化的影响,相关内容参见热物性分析。

4.3.3.3 质构特性分析

质构(texture)一词最早来源于拉丁语,意指材料的编织或构造,现用于描述物质的组织和构造等。近年来,食品的质构特性已成为国内外众多学者对固态和半固态食品流变学研究的新热点和新的分支。虽然对食品质构的统一定义可能有争议,但可以明确的是,食品的质构特性是与食品的组织结构和状态有关的物理量,用于描述人们对食品材料从触觉、咀嚼到吞咽等过程与美味相关的组织状态、口感等物理感觉。如用手触摸食品的感觉、食品的外观感觉，以及从口腔摄入食品时的综合感觉，包括咀嚼时感到的软硬、黏稠、酥脆、滑爽感等。由此可见，食品的质构是其物理特性，且是可以被人体感觉感知的。食品的质构特性与食品的组成成分、加工工艺参数等密切相关，是多因素决定的复合性质，它属于机械和流变学的物理性质，与气味和风味等化学反应无关。

目前，对食品质构评价的主要方法有感官评价和仪器测量两种。感官评价指具有一定判断能力和有经验的评审员用科学的方法对质构评价术语进行分类和定义，使之成为可以进行交流的客观信息。然而感官评价，特别是分析性感官评价，检测费时费力，需要具有一定判断能力和经验的评审员，而且人的主观性差异较大，致使结果常受干扰，不够稳定。随着食品质构研究的不断深入以及人们对食品品质要求的不断提高，越来越多的质构分析需要量化评价，质构仪器测量在不同的食品体系中得到了越来越广泛的应用。质构测量主要分为三类：第一类质构测量的参数主要有尺寸、形状、体积、孔隙率和色度，对这些参数的测定相对简单，可以在质量控制与基础物理属性测试中完成，而且常常可直接对样品做出比较；第二类质构测量是基于与食品加工处理过程或食物咀嚼过程的变形范围和变形速率有关的流变行为的测量；第三类质构测量着重于食用食品后的口腔残留感和肌肉运动感官表现。

基于固态及半固态食品流变行为的第二类质构测量分为直接测量法和模拟测量法。直接测量法是指通过测量仪器探头的直接下压或者穿刺等来反映物料的力学特性。例如，在使用物性分析仪进行食品的质构研究中，可使用的模式有剪切、压缩、挤出、穿刺试验等，测试固态及半固态食品的屈服应力、硬度、变形率、弹性、断裂强度、黏滞性和凝胶强度等参数。表 4-7 列出了质构术语与力学特性参数之间的对应关系。

表 4-7　质构术语与力学特性参数之间的对应

质构术语	力学特性参数
硬的、软的	硬度、弹性模量
弹性的	弹性
膏状的、面团类的	黏弹性、黏性
塑性的、可弯曲的、可流动的	黏弹性、黏性
酥脆的、易碎的、脆的	破断与断裂强度
凝胶状的、乳脂状的、延展性的	屈服应力
沙砾状的、粒状的	粒度、一致性

模拟测试法是指根据不同物料的品质特性选用不同的探头来模拟食品的加工和处理方式。例如，可以通过探头给予有规律的正弦波力来模拟果蔬运输过程的受力情况，以判断水果在运输过程中质构的变化，进而判断果蔬运输中的损伤。在大多数情况下，模拟测试法用于反映食用食物时与咬断、咀嚼和吞咽动作相关联的参数，如凝聚性、咀嚼性、黏着性、胶黏性、黏性、弹性等参数。大量文献报道了此类研究，本章不再详述。

质构特性分析仪由主机、专用软件、备用探头及附件组成。基本结构由一个能对样品产生变形作用的机械装置，一个用于盛装样品的容器和一个对力、时间和变形率进行记录的记录系统组成。质构仪的主机与微机相连，主机上的机械臂可以随着凹槽上下移动。探头与机械臂

远端相接,与探头相对应的是主机的底座。探头和底座有十几种不同的形状和大小,分别适用于各种样品。质构仪所反映的主要是与力学特性有关的食品质地特性,并可对结果进行准确的数量化处理,以量化的指标来客观全面地评价产品品质。

目前,常见的食品物性分析仪有由英国 Stable Micro System(SMS)公司设计生产的 TA-XT 食品物性测试仪,美国 Food Technology Corporation(FTC)公司设计的 TMZ 型、TMDX 型等系列食品物性分析系统,瑞典泰沃公司设计生产的 TXT 型质构仪,美国 Brookfield 公司生产的 QTS-25 质构仪以及 Leather Food Research Association(LFRA)设计生产的 Stevens LFRA Texture Analyzer 物性分析仪等。仪器设计有多种探头可供选择,如圆柱形、圆锥形、球形、针形、盘形、刀具式、压榨板式、锯齿式、咀嚼式探头等。圆柱形探头可以用来对凝胶体、果胶、乳酸酪和人造奶油等作钻孔和穿透力测试,以获得关于其坚硬度、坚固度和屈服点的数据;圆锥形探头可以作为圆锥透度计,测试奶酪、人造奶油等具有塑性的样本;球形探头用于测量薄脆的片状食物的断裂性质;压榨板式探头用来测试面包、水果、奶酪和鱼等形状稳定不流动的产品;锯齿式探头可测量水果、奶酪和包裹着的材料的表面坚硬度;咀嚼式探头可模仿门牙咬穿食物的动作从而进行模拟测试。

研究食品质构有助于改变和改善原材料的固有特性,增加其食用和商品价值。研究食品质构可以解释食品的组织和结构特性,解释食品在贮藏、加工、食用过程中所发生的物质变化,为生产高品质和功能性好的食品提供理论依据。生鲜果蔬在储运过程中承受不同程度的振动和冲击载荷,这势必影响果蔬品质。由于果蔬质地的不均及各向异性,采用质构仪进行穿刺试验检测水果质地时,局限于果实的小面积取样点,在不同点测得的质地指标会出现波动。当前,将声学测振试验与质构检测相结合,例如,激光多普勒测振系统与质构仪的结合,可提高测试结果的准确性、可重复性,且不受测试取样不均和取样方式的影响。

2019 年 7 月 9 日,国务院成立健康中国行动推进委员会,负责统筹推进《健康中国行动(2019—2030 年)》组织实施、监测和考核相关工作,促进“以治病为中心”向“以健康为中心”转变。此后,食品质构研究与人们对健康食品、功能性食品的诉求便有机地联系在一起。随着功能性食品市场需求的扩大,食品质构特性与功能性食品之间的相关研究必将成为一个新的研究领域。

二维码 4-1
新型功能性食品
与质构特性

二维码 4-2　健康
中国与食品质构

思考题

1.什么是食品的黏弹性? 表示黏弹性的指标有哪些? 如何定义和测定这些指标?

2.简述虎克模型、阻尼模型、滑块模型、麦克斯韦模型、开尔文-沃格特模型、四要素模型和多要素模型的基本力学特征。

3.蠕变特性参数有哪些? 如何解析蠕变特性曲线?

4.应力松弛特性参数有哪些? 如何解析应力松弛曲线?

5.一个黏弹体食品的应力松弛可用麦克斯韦模型来描述,其参数为弹性模量 $E = 5 \times 10^5$

Pa,黏度系数 $\eta = 5 \times 10^7$ Pa·s,经外力作用并拉伸到原始长度的两倍,计算下面 3 种情况下的应力:

(1)突然拉伸到原始长度的两倍所需要的应力;

(2)维持到 100 s 时所需要的应力;

(3)维持到 10^5 s 时所需要的应力。

6.有一线型聚合物试样,其蠕变行为可用四要素模型来描述,蠕变试验时先加一应力 $\sigma = \sigma_0$,经 5 s 后将应力 σ 增加为 $2\sigma_0$,求到 10 s 时试样的形变值。

已知模型参数为:$\sigma_0 = 1 \times 10^8$ N/m²,$E_1 = 5 \times 10^8$ N/m²,$E_2 = 1 \times 10^8$ N/m²

$$\eta_2 = 5 \times 10^8 \text{ Pa·s}, \eta_3 = 5 \times 10^{10} \text{ Pa·s}$$

7.固态、半固态食品的弹性参数有哪些?如何测定?弹性参数在试验曲线和公式中分别如何表达?

8.弹塑性参数有哪些?如何测定?

9.静黏弹性参数有哪些?如何获得固态、半固态食品的静黏弹性参数?

10.动黏弹性参数有哪些?如何获得固态、半固态食品的动黏弹性参数?

11.共振频率的特征有哪些?如何获得?

12.试述并举例说明黏弹性参数与食品加工的关系。

13.针对不同类型食品,如何选择质构特性试验载荷类型、加载压头类型?

14.如何正确理解固态、半固态食品的质构特性与力学特性的关系?

专业术语中英文对照表

中文名称	英文名称
轴向应力	axial stress
轴向应变	axial strain
弹性模量	elastic modulus
黏性系数	viscous coefficient
体积模量	volume modulus
剪切模量	shear modulus
剪切应力	shear stress
泊松比	Poisson's ratio
储能模量	storage modulus
损耗模量	viscous modulus
损耗因子	viscous coefficient
变形角	angular deformation
振动频率	oscillate frequency
相位角	phase angle
断裂试验	breakage test

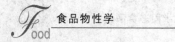

续表

中文名称	英文名称
拉伸试验	extension test
单轴压缩	uniaxial compression
屈服应力	yield stress
蠕变	creep
蠕变回复时间	creep retardation time
应力松弛试验	stress relaxation test
应力松弛时间	stress relaxed time
质构特性分析	textural properties analysis

第 5 章
颗粒食品的特性

本章学习目的及要求

掌握颗粒食品的概念以及基本性质;了解颗粒食品基本性质的测定方法;掌握颗粒食品摩擦特性和流变特性在食品生产、加工及贮藏中的应用。

5.1 概述

颗粒食品(granular food)是固体粒子聚集的群体。颗粒食品的粒径大小和形态各异。颗粒食品很多,可以是果蔬、粮食谷物,也可以是加工的食品材料。目前,许多速食、速溶食品都

二维码 5-1

颗粒食品——

小杂粮,大产业

被做成颗粒形态的食品。颗粒食品具有不同于固态、液态食品的独特性质。它可以因颗粒间摩擦力而堆积,也可以像液体那样充填在各种形状的容器中;它可以在一定范围内保持其形状,又不能抵抗拉力。颗粒食品的物理特征与流动特性往往作为其加工和贮运过程中的重要参数。与颗粒食品状态相关的概念有颗粒的尺寸、分布、密度,以及因互相摩擦而引起的力学特性等。

5.2 颗粒食品的状态

5.2.1 颗粒尺寸(granular size)

物体的大小常以尺寸来描述,分析颗粒食品物性时,往往需要测量粒子的尺寸。在食品和农产品物料中,例如各种水果和谷物,它们的大小、形状十分复杂。有的呈规则形状,但大多数为不规则形状,无法用单独一个尺寸确切地表达。形状规则的物体如球体、立方体、圆锥体等,可用相应的特征尺寸来表示。

一般情况下,测量方法如图 5-1 所示。将粒子置于平面上,从正上方向下进行显微投影。用两根平行线夹住投影像,平行线间距离最小的方向称为粒子的短轴,短轴径 w 为此平行线间距离,与之垂直方向平行线间距离称为长轴径 l。表示物体各向尺寸的综合指标是粒径。颗粒食品粒子形状各异,用不同的方法求出的粒径不同。具有相同粒径的物体可能具有不同的形状。有时要用到粒子的高(厚)度 h,投影面积 A,或粒子体积 V,如表5-1 所示。

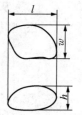

图 5-1 粒子投影与尺寸

用显微镜观察时,由于粒子往往难以转动,不好找出长轴、短轴,采用定向径(也称 Green 径)表示粒子大小,即用一定方向上平行线间粒子尺寸作为定向径。测定同一方向大量粒子的定向径,便可消除粒子随机位置带来的误差。另外,表示粒子大小的方法有定向面积等分径(也称 Martin 径),是指用一定方向直线将粒子投影为两部分,移动直线使两部分面积相等,此时投影内直线的长度表示粒子尺寸。表中 5-1 所说的等价径,是指将粒子等价于近似的矩形、正方形、圆形、长方体、圆柱体或正方体,用其边长或直径表示粒子的尺寸。

在各种尺寸表示中,用显微镜测定时,对棒状或片状粒子常用长轴径表示,对形态不定的粒子多用圆形等价径表示。筛分径是比较简单的尺寸表示法,它采用通过和不通过两相邻标准筛孔的算术平均值或几何平均值。有效径是由粒子的力学性质决定的尺寸表示法,比如,根据 Stokes 定律的粒子的沉降速度,算出粒子的等价直径。

在食品加工中,许多食品原料和产品的比表面积、营养价值、吸附和功能特性等性能均与物料粒径直接相关。例如,在巧克力生产中,浆料精磨后的粒径大小对终产品的质构和口感特性有决定性的影响。因此,在食品工业中,对粒径的有效测量和控制显得非常重要。

表 5-1　各种粒径表示方法

粒径名称	定义式
长轴径	l
短轴径	w
定向径(Green 径)	$l \sim w$
定向面积等分径(Martin 径)	$l \sim w$
二轴算数平均径	$\dfrac{l+w}{2}$
三轴算数平均径	$\dfrac{l+w+h}{3}$
调和平均径	$\dfrac{3}{l^{-1}+w^{-1}+h^{-1}}$
表面积平均径	$\dfrac{(2lw+2wh+2hl)^{1/2}}{6}$
体积平均径	$\dfrac{3lwh}{lw+wh+hl}$
几何平均径	$(lwh)^{1/3}$
外切矩形等价径	$(lwh)^{1/2}$
正方形等价径	$A^{1/2}$
圆形等价径(Heywood 径)	$(4A/\pi)^{1/2}$
长方体等价径	$(lwh)^{1/3}$
圆柱体等价径	$(Ah)^{1/3}$
立方体等价径	$V^{1/3}$
球体等价径	$(6V/\pi)^{1/3}$
筛分径	$(a+b)/2$ 或 $(ab)^{1/2}$(a、b 为相邻筛目)
有效径(Stokes 径)	约为 $(6V/\pi)^{1/3}$

5.2.2　颗粒平均尺寸(granular average size)

颗粒食品粒子的平均尺寸一般用平均径表示,即从颗粒大小不同的代表粒子径中求出平均值。由于粒子大小分布不同,测定方法有的以粒子数为准,有的以粒子质量为准,应根据不同的用途采用不同的计算方法。平均径的计算方法如表 5-2 所示。

表 5-2 平均径的计算方法

名　称	计算公式	说　明
算术平均径	$\dfrac{\sum nd}{\sum n}$	粒径的算术平均值
几何平均径	$(d'_1 d'_2 \cdots d'_n)^{\frac{1}{n}}$	n 个粒径的乘积的 n 次方根
调和平均径	$\dfrac{\sum n}{\sum \dfrac{n}{d}}$	各粒径的调和平均值
面积长度平均径	$\dfrac{\sum (nd^2)}{\sum (nd)}$	表面积总和除以直径总和
体面积平均径	$\dfrac{\sum (nd^3)}{\sum (nd^2)}$	全部粒子的体积除以总面积
质量平均径	$\dfrac{\sum (nd^4)}{\sum (nd^3)}$	质量等于总质量,数目等于总个数的等粒子粒径
平均表面积径	$\left(\dfrac{\sum (nd^2)}{\sum n}\right)^{\frac{1}{2}}$	将总表面积除以总个数后取其平方根
平均体积径	$\left(\dfrac{\sum (nd^3)}{\sum n}\right)^{\frac{1}{3}}$	将总体积除以总个数后取其立方根
比表面积径	$\dfrac{6}{\gamma_S}$	以比表面积 S(单位体积料层具有的总表面积)计算的粒径,γ_S 是重度
中径	d_{50}	以粒径分布的累积值为 50% 时的粒径表示
多数径	d_{mod}	以粒径分布中频率最高的粒径表示

在实际应用中,应根据物料的用途选择合适的平均径计算方法。表 5-3 给出了主要的物理化学现象与相应的最为合适的平均径计算方法。

表 5-3 不同的物理化学现象所常用的平均径

名　称	物理化学现象
算术平均径	蒸发,各种尺寸的比较
面积长度平均径	吸附
体面积平均径	传质、反应、粒子填充层的流体阻力、填充材料的强度
质量平均径	气力输送、质量效率、燃烧、平衡
平均表面积径	吸收
平均体积径	光的散射、喷雾的质量分布比较
比表面积径	蒸发、分子扩散
中径	分离、分级装置性能表示

颗粒大小不同,相应的粒径计算方法也不同。

1.粗粒子平均径计算

当粒子大到可以一粒粒拣出的程度时,可用该方法。首先从试样中随机地采集 n 个($n \geqslant$ 200,且越多越好)粒子,用普通天平测定其总质量 m_s,设粒子的真实重度为 γ_s,则平均粒径可用下式计算:

$$d_s = \sqrt[3]{\frac{6m_s}{\pi \gamma_s n}} \tag{5-1}$$

由式(5-1)计算出的粒径 d_s,相当于把所有粒子均看作等体积球形粒子时的平均直径。

2.细粉的平均径计算

对于粒子细到无法一粒粒数出的粉状物料,例如面粉,常采用调和平均径的计算方法。设在一定量粉料中各成分的比例如下:

直径为 d_1 的粒子占总质量的百分数为 x_1;

直径为 d_2 的粒子占总质量的百分数为 x_2;

$\vdots$

直径为 d_n 的粒子占总质量的百分数为 x_n,则全部粒子的调和平均粒径 d_s 为算术平均径:

$$d_s = \frac{1}{\sum_{i=1}^{n} \left(\frac{x_i}{d_i}\right)} \tag{5-2}$$

如果简单地用算术平均径计算,则:

$$d_s = \sum_{i=1}^{n} (x_i d_i) \tag{5-3}$$

各成分百分数的测定可用筛分法。将一定数量的粉料(50～100 g),用筛孔分别为 d'_1, $d'_2, \cdots, d'_{n+1}$ 的 $n+1$ 个筛子进行分级。设

d'_1 至 d'_2 的平均粒径为 d_1,占总质量的百分比为 x_1;

d'_2 至 d'_3 的平均粒径为 d_2,占总质量的百分比为 x_2;

$\vdots$

d'_n 至 d'_{n+1} 的平均粒径为 d_n,占总质量的百分比为 x_n,则:

$$d_1 = \sqrt{d'_1 d'_2}$$
$$d_2 = \sqrt{d'_2 d'_3}$$
$$\vdots$$
$$d_n = \sqrt{d'_n d'_{n+1}}$$

由此求得 $d_1, d_2, \cdots, d_n$ 和筛分出的各部分粒子群的质量百分比(又称个别产率)$x_1, x_2,$

$\cdots,x_n$,然后可按式(5-2)或式(5-3)计算调和平均径或算术平均径。

5.2.3 颗粒直径分布(granular size distribution)

颗粒直径分布,即粒度分布,是以粒子群的质量或粒子数百分率计算的粒径频率分布曲线或累积分布曲线表示的,是食品和农产品物料分级的原始资料。频率分布最高点的粒径,称为多数径 d_{mod};在累积分布曲线50处的粒径,称为中径 d_{50}。以质量百分率为基准的粒度分布曲线如图5-2和图5-3所示,图5-4、图5-5(a)分别是马铃薯淀粉和乳粉的粒度分布情况。

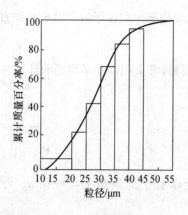

图 5-2　粒度累积分布曲线

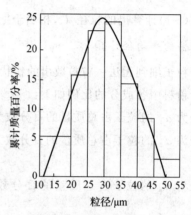

图 5-3　粒度频率分布曲线

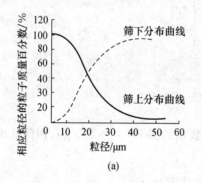

(a)

(b)

(a)累积分布曲线;(b)频率分布曲线

图 5-4　马铃薯淀粉的粒度分布

利用粒度分布曲线,可以求出谷物精选的精确程度。有时将累积分布曲线分为筛上分布曲线和筛下分布曲线。设大于任意粒径的粒子质量占总质量的百分数为 R,小于该粒径的粒子质量占总质量的百分数为 $D=100\%-R$,则 R 曲线称为物料的筛上分布曲线,D 曲线称为筛下分布曲线,如图5-4(a)所示。频率分布曲线图5-4(b)表明马铃薯淀粉粒径多数分布在 $15\sim30~\mu m$ 范围内。

一般地,根据粒子直径分布曲线,把粒子直径分布归纳为近似的分布函数。常用的分布函数有正态分布函数(Gauss distribution)、R-R(Rosin-Rammler)分布、对数正态分布、G-S

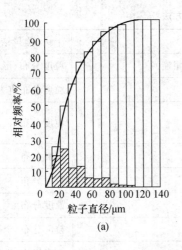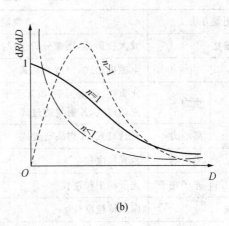

(a)粒度分布(斜线部分)、粒度累积曲线;(b)R-R 分布曲线

图 5-5　乳粉粒度分布曲线及 R-R 分布的三种类型

(Gaudin-Schumann)分布和 G-R(Griffith-Roller)分布。在粉体颗粒食品中,比较脆弱的粉末粒子分布常呈 Rosin-Rammler 分布,如图 5-5(b)所示。此分布函数如下式所示:

$$R = 100\exp\left(-\frac{D}{a}\right)^n \qquad (5\text{-}4)$$

式中:R 为粒子直径大于 D 的粒子质量比,%;D 为任意粒子直径,μm;a 为粒度特征性数,无量纲;n 为分布常数,无量纲。

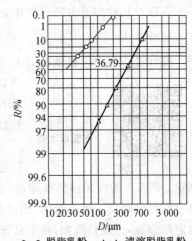

乳粉的粒子直径分布如图 5-6 所示。脱脂乳粉和速溶脱脂乳粉的粒子分布都呈直线,其斜率等于 n。n 值越小,粒子分布范围越大。当 $D=a$ 时,即 Ra 所对应 D 的值为 a 值。n 越大,说明粒子直径越均一。喷雾干燥粒子的 n 值为 1~3。

——○——○——脱脂乳粉　——△——△——速溶脱脂乳粉

图 5-6　乳粉粒子的 R-R 分布

5.2.4　粒度的测量

粒度的测量有很多方法,如筛分法、沉降法、显微镜法、吸附法、电感应法、激光法、计算机图像分析法等。表 5-4 中列出了粒度测量的主要方法,测量时应当根据物料的种类、粒径、颗粒的形状及其物理性质的不同采用相应的测量方法。在生产实践中,常采用简易的方法快速确定粒径。

二维码 5-2　粉体食品粒度测定法

表 5-4　粒度测量的方法

测量方法		测量装置	测量结果
直接观察法		放大投影器,图像分析仪(与显微镜相连)	粒度分布、形状参数
筛分法		电磁振动式,声波振动式	粒度分布直方图
沉降法	重力	比重计,比重天平,沉降天平 光透过式,X 射线透过式	粒度分布
	离心力	光透过式,X 射线透过式	粒度分布
激光法	光衍射	激光粒度仪	粒度分布
	光子相干	光子相干粒度仪	粒度分布
电感应法		库尔特粒度仪	粒度分布,个数计量
流体透过法		气体透过粒度仪	比表面积,平均粒度
吸附法		BET 吸附仪	比表面积,平均粒度

下面对几种测量方法作简单介绍。

1. 筛分法

筛分法不仅测量粒度范围大,而且是最简单快速的方法。但各国的标准筛都有不同的规

二维码 5-3
泰勒标准筛

格,例如,美国:ASTM,Tyler(泰勒);英国:B. S. -410;德国:DIN-4188;法国:AFNOR;日本:JIS-Z8801 等。国际上使用最广泛的还是 Tyler 筛。

测量时,粒子的装入量和振动时间对测量值影响很大,所以应该预先对一定装入量的振动时间-通过筛量关系曲线进行测定。图 5-7 为按美国标准筛,对 200 g 砂糖和食盐,分别用 70 目筛和 100 目筛的振动时间-通过量测定曲线。可以看出,通过量达到饱和值所需时间相当长。英国是按照粒子的真密度确定筛分装入量的,例如,粒子真密度在 1.2 以下时,装入量为 25 g;真密度为 1.2～3.0 时,装入量为 50 g;真密度在 3.0 以上时,装入量为 100 g。

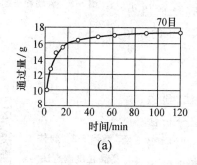

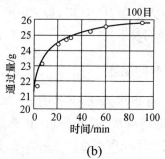

(a)　　　　　　　　　　　　(b)

(a)砂糖,采用 ASTM 筛;(b)食盐,采用 ASTM 筛

图 5-7　筛分时振动时间-通过量曲线

2.沉降法

光透过原理与沉降法结合,产生一大类粒度仪,称为光透过沉降粒度仪。根据光源不同,可细分为可见光、激光、X 射线几种类型;按力场不同,又细分为重力场和离心力场两类。

当光束通过装有悬浮液的测量容器时,一部分光被反射或被吸收,一部分光到达光电传感器,后者的光强转变成电信号。根据 Lamber-Beer 公式,透过光强与悬浮液的浓度或颗粒的投影面积有关。由于颗粒在力场中沉降,也可用斯托克斯定律计算其粒径大小,从而得到累积粒度分布。

二维码 5-4
沉降法的应用

本方法在测量过程中伴随着颗粒的分级过程,即大颗粒先沉降,小颗粒后沉降,因此测量结果的分辨率高,特别是在粒度分布不规则或微分分布出现"多峰"的情况下,本方法的优点更加突出。

(1)重力场光透过沉降法　其测量范围在 $0.1 \sim 1\,000\ \mu m$,光源为可见光、激光、X 射线。沉降速度与颗粒和悬浮介质(例如水)的密度差有关,当密度差大时沉降速度快,反之沉降速度慢。

(2)离心力场光透过沉降法　在离心力场中,颗粒的沉降速度明显加快,可测量粒径在 $0.007 \sim 30\ \mu m$ 范围的颗粒。

3.显微镜法

显微镜法是另一种测定粒子粒度的常用方法。根据粒子粒度的不同,既可采用一般的光学显微镜,也可以采用电子显微镜。光学显微镜测定范围为 $0.8 \sim 150\ \mu m$,大于 $150\ \mu m$ 者可用简单放大镜观察,小于 $0.8\ \mu m$ 者必须用电子显微镜观察。

电子显微镜有透射电子显微镜(transmission electron microscope,TEM)和扫描电子显微镜(scanning electron microscope,SEM)两种。透射电子显微镜常用于直接观察大小在 $0.001 \sim 5\ \mu m$ 范围内的颗粒。为了测出粒子的三维形状和大小,透射电子显微镜常采用阴影(shadowing)法进行试样制作。阴影法的基本原理如图 5-8(a)所示。在真空中从试样的斜向进行金属的蒸着,以此得到一个金属膜的阴影。从斜向角度和阴影就可以求出粒子的厚度(h)。观察粒子表面构造时,常用图 5-8(b)所示的复制阳模(replica)法。在真空中对试样进行碳蒸着处理,然后溶去试样,对碳壳型进行观察。使用扫描电子显微镜观察试样,要求使用导电性好的白金进行真空蒸着处理。如果试样导电不良,扫描时易发生电子蓄积,得不到鲜明的图像。

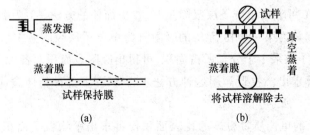

(a)阴影法;(b)复制阳模法

图 5-8　电子显微镜的试样制作

采用显微镜法有可能查清在制备过程中颗粒产品结合成聚集体以及破碎为碎块的情况，因此在测量过程中有可能考虑颗粒的形状，绘出特定表面的粒度分布图，而不只是平均粒度的分布图。但是在用电子显微镜对超细颗粒的形貌进行观察时，由于颗粒间普遍存在范德华力和库仑力，颗粒极易凝聚形成球团，给颗粒粒度测量带来困难。克服颗粒凝聚的方法有加分散剂和实施外力分散。不同的样品选用不同的分散介质，如砂糖粒子用饱和乙醇溶液作介质；奶粉粒子则使用液态石蜡。另外，通过改变分散介质的折射率还可观察到粒子内的气泡。分散介质要纯净无杂质，且不能与样品发生物理变化和化学变化。一般分散剂占介质的百分比为 0.1%～0.5%，占比过大或过小都会影响分散效果。外力分散效果最好的是超声波分散。在实际应用中，往往这两种方法同时使用。

4. 吸附法

粉末化的颗粒食品虽经过干燥，但在一定温度、湿度的环境中，会吸附空气中的水分，或蒸发干燥，以维持与相对湿度对应的平衡水分。改变环境相对湿度，平衡水分量也会变化。把粉末颗粒的这种相对湿度与平衡水分量的关系曲线称为吸附等温曲线（图 5-9）。食品所含水分按存在形态划分为自由水（free water）和结合水（bound water）。在固态、半固态食品中，水分大都以结合水形式存在。结合水按与物质的结合方式还可分为化合水（water of hydration）、吸留水（water of occlusion）和以物理结合为主的吸附水（water of adsorption）。除了高糖食品外，粉末颗粒食品的吸附等温曲

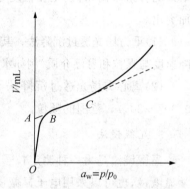

图 5-9 粉体颗粒的吸附等温曲线

线呈反 S 形。图 5-9 中，B 以下部分为表面单分子吸附段，BC 段为多层水吸附层，C 以上部分为毛细管水分凝聚段；p 为吸附水的水蒸气压，p_0 为纯水蒸气压，水分活性 $a_w = p/p_0$。各种粉末颗粒食品的吸附等温曲线可用 B. E. T.（Braunauer，Emmett，Teller）吸附公式表示：

$$\frac{p}{V(p_0 - p)} = \frac{1}{V_m C} + \left(\frac{C-1}{V_m C}\right)\frac{p}{p_0} \tag{5-5}$$

式中：V 为压力为 p 时吸附气体的容积，mL；V_m 为全表面为单分子吸附层覆盖时的吸附气体容积（单分子吸附量），mL；p 为吸附水的水蒸气压，Pa；p_0 为纯水蒸气压，Pa；C 为常数。

这里所说的气体指水蒸气。由式(5-5)可求出 $p/[V(p_0 - p)]$ 和 p/p_0 两项的关系直线。从直线与纵轴交点 A 可求出单分子层吸附量 V_m。更简便的方法是，把吸附量与 p/p_0 数据画成吸附等温线。可以认为第一个拐点 B 的吸附量为单分子层吸附量 V_m。求出 V_m 就可求出吸附的分子数；由分子数乘 1 个分子所占面积，可得出吸附表面积。各种气体分子吸附时所占面积可以用有关计算求出。牧野等用这种方法求得 30℃下各种粉体食品单位质量吸附水蒸气的比表面积如表 5-5 所示。

由表 5-5 中所示的单位质量粉体的比表面积便可求出平均粒子面积，吸附水蒸气的量一般由质量变化测出。

表 5-5 粉体食品吸附水蒸气的比表面积

试样	水 分		比表面积 /(m²/g)
	B.E.T.单分子层/%	分析值/%	
脱脂奶粉	1.18	2.00	41.80
速溶脱脂奶粉	5.71	3.20	202.00
可可粉	3.85	4.00	136.40
咖啡	8.30	4.00	293.62
粉末饮料	4.85	4.90	171.40
粉末干酪	5.40	10.00	191.00

5.电感应法

采用电感应法测定颗粒粒度和数目时,使悬浮于电解质溶液中的被测颗粒通过一小孔,在小孔的横截面上施加电压,当颗粒通过小孔时,小孔两边的电容发生变化,产生脉冲电压,且脉冲电压振幅与颗粒的体积成正比。这些脉冲经放大、识别和计算后,从数据处理结果可以获得悬浮于电解质溶液中颗粒的粒度分布。电感应法的测量下限一般在 $0.5~\mu m$ 左右,美国库尔特公司生产的 MULTISIZES Ⅱ 电感应法粒度分析仪上限已达 $1~200~\mu m$。根据电感应法测量颗粒粒度的原理,电压脉冲主要与颗粒体积有关,颗粒的形状、粗糙度和材料的性质对测量结果的影响应该很小。然而大量的证据表明,电感应法所测得的粒度参数是颗粒的包围层尺寸。对于球形颗粒来说,电感应法与其他方法相比有较好的一致性。但对于非球形颗粒来说,其测得结果不一致,尤其对多孔性材料,电感应法所测得的体积可能是骨架体积的几倍。因此对多孔性材料,由于不知道其有效密度,不宜采用本法。此外,电感应法要求所有被测颗粒都悬浮在电解质溶液中,不能因颗粒大而造成沉降现象,因此对于粒度分布较宽的颗粒样品,电感应法难以得出准确的分析。

6.激光法

激光法是近 20 年发展的颗粒粒度测量新方法,常见的有激光衍射法和光子相干法。20世纪 70 年代末,出现了根据夫朗和费衍射理论研制的激光粒度仪,其激光粒度分析是根据单色性的激光照射到颗粒时,颗粒使激光产生衍射或散射的现象来测试粒度分布的。这种仪器的测量下限为几微米,上限为 $1~000~\mu m$。对几微米的试样,该仪器的误差较大。20 世纪 80 年代中期,王乃宁等提出综合应用米氏散射与夫朗和费衍射的理论模型,即在小粒径范围内采用米氏理论,在大粒径范围内仍采用夫朗和费衍射理论,从而提高了小粒径范围内测量的精度。

二维码 5-5
激光粒度
分析仪原理

激光粒度分析仪主要由激光器、试样系统、光路系统、检测器和数据处理显示输出系统 5部分组成,如图 5-10 所示。被测试样被送入仪器后,数分钟内便可输出全部统计分析数据,如粒度分布、平均粒径和比表面积等。激光粒度分析仪具有自动化程度高、速度快、重现性好、使用方便等优点,是现代粒度分析首选的分析仪器。

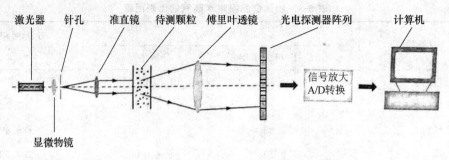

激光器　针孔　准直镜　待测颗粒　傅里叶透镜　光电探测器阵列　计算机

显微物镜

信号放大
A/D转换

图 5-10　激光粒度分析仪原理

7.计算机图像分析法

计算机图像分析法(基于计算机视觉的粒度检测方法)主要依据显微观察原理,直接将显微镜与 CCD(charge-coupled device)图像传感器相连,利用计算机图像处理装置采集数字图像,并对图像进行处理,得到样本真实粒度的分布。其测量范围为:电子显微镜 0.001～10 μm;光学显微镜 1～100 μm。若采用体视显微镜,则可对大颗粒进行测量。

摄像机得到的图像具有一定灰度值,须按一定的阈值转变为二值图像。颗粒的二值图像经补洞运算、去噪声运算和自动分割等处理,将相互连接的颗粒分割为单颗粒。通过上述处理后,再将每个颗粒单独提取出来,逐个测量其面积、周长及其他形状参数。由面积、周长可得到相应的粒径,进而可得到粒度分布。

由此可见,图像分析法既是测量粒径的方法,也是测量形状的方法。其优点是具有可视性,可信程度高。但由于测量的颗粒数目有限,特别是在粒度分布很宽的场合,其应用受到一定的限制。

颗粒粒度既取决于直接测量(或间接测量)的数值,也取决于测量方法。由于各种颗粒粒度测量方法的物理基础不同,同一样品用不同的测量方法得到的粒径的物理意义不同,甚至粒径大小也不同。如筛分法得到的是筛分径,显微镜法和光散射法得到的是统计径,沉降法、电感应法和质谱法得到的是等效径。此外,不同的颗粒粒度测量方法的适用范围也不同。根据被测对象、测量准确度和测量精度等选择合适的测量方法是十分重要和必要的。

5.3　颗粒食品的堆积状态

粒子形状、大小及粒径分布都不同,粒子在堆积时互相接触,粒子间会有某种结合,成为所谓中间状态。如将粉体颗粒倒入容器中时,即使粉体为均匀的球形,堆积状态也大不相同(图 5-11)。这仅是二维状态粉体堆积的模型。当粒子大小不均时,情况更为复杂。因此,颗粒食品的性质不仅与单个粒子的性状有关,而且与其集合体,即堆积状态的性质有密切关系。了解颗粒的堆积状态和对这一状态的定量表示方法是研究颗粒食品物性的重要内容。

(a)较规则的充填堆积;(b)较不规则的堆积

图 5-11 二维状态粉体堆积模型

5.3.1 堆积的表示方法

粒子的堆积体也称充填体。粒子充填或堆积的状态,也就是粒子堆积的密实程度。表示密实程度的参数主要有以下几种。

(1)比体积或表观比体积(apparent specific volume)ν 表示单位质量的颗粒充填时所占的容积。$\nu = V/m$,V 为颗粒表观体积,m 为颗粒质量。

(2)表观密度(bulk density or apparent density)ρ 比体积的倒数。

(3)孔隙率(porosity)ε 孔隙率也称空隙率或间隙率,表示充填颗粒占整个容积中孔隙所占体积的比例。

$$\varepsilon = \frac{V_\nu}{V} = \frac{1 - V_\infty}{V}$$

式中:V_ν 为孔隙体积,V_∞ 为粒子本身所占体积。

(4)孔隙比(void ratio)e $e = \dfrac{V_\nu}{V_\infty}$,即充填颗粒中,孔隙体积与粒子本身所占体积之比。

(5)充填率(packing fraction or fractional solids content)g $g = \dfrac{V_\infty}{V}$,表示颗粒粒子本身所占体积与充填表观体积之比。充填率也称为实积率。

5.3.2 颗粒密度的测定

密度应用在很多方面,例如粮仓计算、气体输送、贮运箱计算以及密度分离等。例如,在乳品工业中,根据密度的不同来分离乳脂和脱脂乳;对于含有石头、玻璃、金属以及秕谷的谷物,也可根据它们密度的不同进行分离。

密度有多种表述方法,介绍如下。

1.真实密度

真实密度(true density,ρ_t)是物料的质量与其实际体积的比值。所谓实际体积,是指不包括粒子间孔隙的体积,真实密度的测定方法有以下几种。

(1)密度天平测量法(浮力法)　对于体积较小的颗粒食品，可以用密度天平测量其体积，如图 5-12 所示。测定时，将食品或农产品放置在空气中和液体中分别称重，称得质量分别为 m_t 和 m'_t，则食品在液体中受到的浮力 F_a 为：

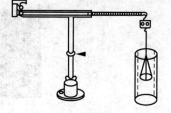

$$F_a = m_t g - m'_t g \qquad (5\text{-}6)$$

图 5-12　密度天平

设液体的密度为 ρ_1，则：

$$F_a = V_t \rho_1 g \qquad (5\text{-}7)$$

食品体积 V_t 为：

$$V_t = \frac{(m_t - m'_t)}{\rho_1} \qquad (5\text{-}8)$$

食品真实密度为：

$$\rho_t = \frac{m_t \rho_1}{m_t - m'_t} \qquad (5\text{-}9)$$

再根据气体的密度 ρ_g 对浮力进行修正，得：

$$\rho_t = \frac{m_t(\rho_1 - \rho_g)}{m_t - m'_t} + \rho_g \qquad (5\text{-}10)$$

如果食品的密度比液体密度小，可以用附加砝码将其沉入液体中进行测量，并按照式(5-11)计算真实密度：

$$\rho_t = \frac{m_t(\rho_1 - \rho_g)}{m_t - m'_t + \Delta m_t} + \rho_g \qquad (5\text{-}11)$$

式中：Δm_t 为附加砝码质量。

若在 $500\ \mathrm{cm}^3$ 的蒸馏水中加入 $3\ \mathrm{cm}^3$ 的湿润剂溶液，将可减少表面张力和在水中浸没造成的误差。

(2)台秤称量法　对于水果等体积相对较大的固态食品，可用台秤称重法测定其密度(图 5-13)。先将待测物料放在台秤上称重，设称得的质量为 m_t；再将充满一定容量水的杯子放在台秤上称重，称得水和量杯的质量为 m_1；然后将物料沉没于水中，将浸没物料的容器在台秤上称重，记为 m_2；待测颗粒食品的真实密度 ρ_t 为：

$$\rho_t = \frac{\rho m_t}{m_2 - m_1} \qquad (5\text{-}12)$$

【例题】　利用台秤法测定苹果的密度。假定水的相对密度为 1，密度为 $1\ 000\ \mathrm{kg/m}^3$。已知苹果质量为 $0.132\ \mathrm{kg}$，容器加水的质量为 $1.016\ \mathrm{kg}$，容器、水和浸入苹果的总质量为 $1.184\ \mathrm{kg}$。

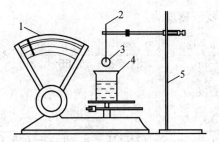

1. 台秤；2. 沉锤杆或吊线；3. 试样；4. 量杯；5支架

图5-13 台秤

【解】 由式(5-12)可得苹果的密度为：

$$\rho_t = \frac{\rho m_t}{m_2 - m_1} = \frac{1\,000 \times 0.132}{1.184 - 1.016} = 785.7(\text{kg/m}^3)$$

(3)密度瓶法 测定物料密度常用的方法,它适合于测定谷物、种子等较小物料的真实密度。密度瓶法使用的浸液一般为甲苯($C_6H_5CH_3$)溶液。甲苯溶液有以下优点：谷物等物料几乎不吸收这种溶液；表面张力低,使溶液容易浸润整个谷粒表面；对物料组成物,特别是脂肪和油类等几乎没有溶解作用；沸点高；暴露在空气中时密度和黏度不变；密度小。

密度瓶(图5-14)的体积一般为15~30 cm³。温度为 t 时的浸液密度 ρ_1 可由式(5-13)求出：

$$\rho_1 = \frac{(m_1 - m_0)\rho_w}{m_w - m_0} \qquad (5-13)$$

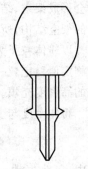

式中：ρ_1 为浸液密度,kg/m³；m_w 为密度瓶装满水时的总质量,kg；m_0 为密度瓶质量,kg；m_1 为密度瓶装满浸液时总质量,kg；ρ_w 为测量温度为 t 时的蒸馏水密度,kg/m³。

在已知质量的密度瓶中放入待测物料(10 g 左右),称量之后再向密度

图5-14 密度瓶

瓶中灌满温度为 t 的浸液。将物料和浸液中的气泡全部除去,那么在密度瓶中灌入的液体体积就等于密度瓶容积与物料所占容积之差。由此,物料在温度 t 时的密度为：

$$\rho_s = \frac{(m_s - m_0)\rho_1}{(m_1 - m_0) - (m_{sl} - m_s)} \qquad (5-14)$$

式中：ρ_s 为物料密度,kg/m³；m_s 为密度瓶和物料质量之和,kg；m_{sl} 为密度瓶装入物料和浸液后三者质量之和,kg；m_1 为密度瓶装满浸液时总质量,kg；m_0 为密度瓶质量,kg；ρ_1 为浸液密度,kg/m³。

物料和浸液的脱气可采用煮沸法和减压脱气法。条件允许的话,最好将这两种方法组合起来使用。

【例题】 用密度瓶测定16 粒玉米粒的密度。已知玉米粒质量为4.46 g,密度瓶质量为55.65 g,密度瓶装满甲苯的质量为78.24 g,密度瓶装满水的质量为81.77 g,密度瓶中装满甲苯和物料的总质量为79.62 g。

【解】 由式（5-13）可得浸液密度为：

$$\rho_1 = \frac{(m_1 - m_0)\rho_w}{m_w - m_0} = \frac{(78.24 - 55.65) \times 1}{81.77 - 55.65} = 0.86(\text{g/cm}^3)$$

由式（5-14）求出玉米粒密度为

$$\rho_s = \frac{(m_s - m_0)\rho_1}{(m_1 - m_0) - (m_{sl} - m_s)} = \frac{4.46 \times 0.86}{(78.24 - 55.65) - (79.62 - 55.65 - 4.46)}$$
$$= 1.25(\text{g/cm}^3)$$

2. 表观密度

表观密度（apparent density, ρ_a）是指物料质量与包含所有孔隙（既包括内部封闭的孔隙，也包括与外界相通的孔隙）的材料体积之比。对于几何形状规则的材料，其表观密度的体积可用几何尺寸计算（如长方形体积 $a \times b \times c$）。对于形状不规则的材料，其体积可由固体或液体排出法确定。

表观密度受充填状态的影响很大，因此测定时分为低密度和高密度两种。低密度测定值往往比较分散，变动也大。这是因为容器中会形成架空、结拱和空洞。高密度充填因为通过振动破坏了粒子中的架空结构，所以测定值比较稳定。

以粉体粒子为例，粉体粒子的高密度与振动的条件有关。为了使测定值稳定，往往采用图 5-15 所示的振动装填机，使粉体达到一定的高密度充填。

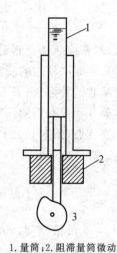

1. 量筒；2. 阻滞量筒微动的电磁台；3. 凸轮

图 5-15 振动装填机

粉体密度与上下振动次数的关系为：

$$\rho_\infty - \rho_n = A\exp(-Kn) \tag{5-15}$$

式中：ρ_n 为振动 n 次时的表观密度，kg/m^3；ρ_∞ 为 ρ_n 的极限值，即 ρ_n 不再因 n 的增加而增加时的值；A 和 K 为常数。

ρ_∞ 与容器筒的落下距离有关。因此，对同一装置，落下距离、回数和速度一定时，ρ_∞ 为具有重现性的常量，称为振填密度。假设振动前粉体体积为 V_0，振动 n 次后体积为 V，定义 γ 值为：

$$\gamma = \frac{V_0 - V}{V_0} \tag{5-16}$$

试验表明，n/γ 与 n 为直线关系，符合如下公式：

$$\frac{n}{\gamma} = \frac{1}{ab} + \frac{n}{a} \quad \text{或} \quad \gamma = \frac{dbn}{1 + bn} \tag{5-17}$$

式中：a 为食品粉末的最密充填比体积；b 为常数，它与粉末的黏聚力有关。

各种食品粉末的空隙率、密度如表 5-6 所示。

表 5-6 各种食品粉末的空隙率及密度

试样名称	平均粒子直径/μm	疏密度/(g/cm^3)	紧密度/(g/cm^3)	$\Delta V/V$/%	ε_{max}	ε_{min}	e_1	e_2	密度/(g/cm^3)
小麦粉	120	0.484	0.606	20	65.2	56.7	0.730	0.460	1.400
乳糖粉	100	0.586	0.812	28	61.4	46.5	0.775	0.560	1.520
砂糖	400	0.660	0.880	25	58.0	44.0	0.820	0.590	1.578
全脂乳粉	110	0.589	0.710	17	43.5	31.6	1.100	0.824	1.039
脱脂乳粉	105	0.589	0.746	21	51.7	38.9	0.920	0.667	1.224
速溶乳粉	300	0.284	0.312	9	76.8	74.4	1.130	0.351	1.224
可溶淀粉	55	0.810	0.966	16	42.0	31.0	0.840	0.840	1.400

表 5-6 中，$\Delta V/V$ 为体积减小率；ε_{max} 为疏密度（疏充填）时的空隙率；ε_{min} 为紧密度（密充填）时空隙率，$e_1 = \varepsilon_t/\varepsilon_{max}$，$\varepsilon_t = 47.64$，为完全球形粒子最疏充填空隙率；$e_2 = \varepsilon'_t/\varepsilon_{max}$，$\varepsilon'_t = 29.95$，为球形粒子最密充填空隙率。当 $e_2 \rightarrow 1$ 时，说明粉体粒子形状接近球形。从表 5-6 中可以看出，喷雾干燥得到的全脂乳粉和可溶淀粉等颗粒接近球形，而有造粒工艺的速溶乳粉、机械粉碎的小麦粉、结晶粉末的乳糖和砂糖等粒子形状距球形较远。从理论上讲，e_1 应是大于 1 的值，可实际上测得的食品粉体的 e_1 几乎都小于 1，说明疏充填时，食品粉末由于有黏附力很容易产生架空、结拱等现象。

3. 颗粒密度

颗粒密度（particle density，ρ_p）是指在颗粒组织结构完整的情况下，颗粒质量与体积之比。颗粒体积包括颗粒内部的（不与外界环境相通的）孔隙体积。

颗粒密度与谷物种类有关，与水分含量有关。有人发现玉米、小麦和高粱的含水量为 11%～13% 时，颗粒密度从 1.258 g/cm^3 变化到 1.396 g/cm^3。颗粒密度的差异反映了籽粒内部孔隙体积的不同。硬质小麦、软质小麦、高粱和玉米籽粒内部空气占体积的比例分别为 3.6%～5.0%、5.3%～7.0%、8.9%～10.6% 和 11.7%～13.3%。

4. 堆积密度

堆积密度（bulk density，ρ_b）也称为容积密度，是指散粒体在自然堆放情况下的质量与体积之比。一般情况下，将一定质量的颗粒食品倒入已知容积的容器内，由此确定其密度。散粒体的大小、形状、表面特性，容器的尺寸和表面状态，以及倒入方式等均能影响粒子的堆积密度。因此，要有一定的倒入方式和相应的仪器。对于食品材料，堆积密度与水分含量关系较大，表 5-7 是部分粉末食品堆积密度与水分含量的关系。几种谷物堆积密度与水分含量的关系见表 5-8。

表 5-7　部分粉末食品堆积密度与水分含量的关系

材　料	堆积密度 /(kg/m³)	水分含量 /%	材　料	堆积密度 /(kg/m³)	水分含量 /%
婴儿配方奶粉	400	2.5	燕麦粉	510	8
可可粉	480	3～5	圆葱粉	960	1～4
咖啡粉（粉碎与烘焙后）	330	7	食盐（粒状）	950	0.2
咖啡粉（速溶）	470	2.5	食盐（粉状）	280	0.2
咖啡粉（奶油）	660	3	大豆蛋白粉	800	2～3
玉米粉	560	12	蔗糖（粒状）	480	0.5
玉米淀粉	340	12	蔗糖（粉状）	480	0.5
蛋粉	680	2～4	小麦粉	800	12
明胶（粉碎后）	680	12	小麦全粉	560	12
微晶纤维素	610	6	乳清粉	520	4.5
乳粉	430	2～4	酵母粉	820	8

表 5-8　几种谷物堆积密度（ρ_b）等式　　　　　　　　　　　　　　　　kg/m³

谷　物	堆积密度	谷　物	堆积密度
大麦	$\rho_b = 705.4 - 1\,142M + 1\,950M^2$	大豆	$\rho_b = 734.5 - 219M - 70M^2$
玉米（颗粒）	$\rho_b = 1\,086.3 - 2\,971M + 4\,810M^2$	高粱	$\rho_b = 829.1 - 643M + 660M^2$
燕麦	$\rho_b = 773.0 - 2\,311M + 3\,630M^2$	小麦	$\rho_b = 885.3 - 1\,631M + 2\,640M^2$
黑麦	$\rho_b = 974.8 - 2\,052M + 2\,850M^2$		

注：密度为湿基水分含量（M）的函数，水分含量以小数表示。等式适用范围：湿基含水量 10%～40%。

5.4　摩擦特性

5.4.1　基本概念

当颗粒物料之间以及物料和所接触的固体表面之间发生相对运动或有运动趋势时，均存在阻碍运动的摩擦力。作用在相对静止表面间的摩擦力为静摩擦力，作用在相对运动表面间的摩擦力为动摩擦力。物料在克服其与接触表面的摩擦力之前，不可能产生相对运动。而一旦开始运动，摩擦力会相应减小。动摩擦力小于最大静摩擦力。摩擦力与接触表面间的滑动速度及接触物料的特性有关。颗粒食品物料的摩擦力还受作用于物料的压力、物料的湿度、颗粒表面的化学物质以及测试环境、表面接触的时间等的影响，而且动摩擦力与滑动速度、湿度的关系无一定的规律。有的物料的摩擦力随滑动速度的加快而增大，有的则随滑动速度的加快而减小。凹凸不平的表面间的接触时间和接触点的温度都影响黏附和剪切力的数值，所以也影响摩擦力。湿度增加时，黏附力增加，因而摩擦力增加。

经典摩擦理论——库仑定律认为,摩擦力 F 正比于法向压力 N,即

$$f = \frac{F}{N} \tag{5-18}$$

式中:f 为摩擦系数,用 f_a 和 f_b 分别表示静摩擦系数和动摩擦系数;F 为摩擦力,N;N 为法向压力,N。

设计农产品加工机械、食品机械以及谷仓时,必须了解颗粒物料与其接触表面的摩擦性能。为了表现和测量颗粒的这些流动或静止的力学特性,可以用滑动摩擦角和滚动摩擦角、休止角和内摩擦角来表述。滑动摩擦角和滚动摩擦角反映物料与接触固体表面间的摩擦性质,而休止角和内摩擦角则反映物料间的内在摩擦性质。

5.4.2　滑动摩擦角

滑动摩擦角(angle of sliding friction)φ_s 表示颗粒物料与接触固体相对滑动时,物料与接触面间的摩擦特性,是衡量颗粒物料散落性的指标,其正切值为滑动摩擦系数。滑动摩擦角和滑动摩擦系数的测定方法通常有两种,一种是物料相对于给定摩擦表面移动,另一种是给定摩擦表面相对于物料移动。图 5-16 所示的斜面仪属于前一种测定方法的常用装置。将物料装入无底容器内并放置在斜面仪的斜面上,缓慢摇动手柄使斜面倾角逐渐增大;当物料刚开始在斜面上下滑时,该斜面的倾角即为滑动摩擦角 φ_s。后一种测定方法通常将物料放置在回转圆盘(图 5-17)或水平移动的摩擦面上(图 5-18)。摩擦表面均以一定速度相对于物料运动,物料以其自重压在相应的摩擦面上。摩擦力可用弹簧秤、应变片或其他力传感元件组成的测力系统测量。

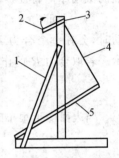

1.撑杆;2.手柄;3.转轴;
4.绳;5.可变斜面

图 5-16　斜面仪

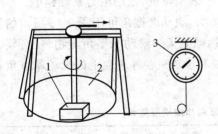

1.试样;2.转盘;3.测力表

图 5-17　物料滑动摩擦系数测定装置

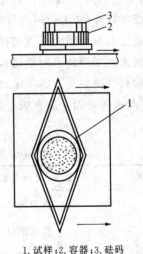

1.试样;2.容器;3.砝码

图 5-18　平移式摩擦系数测定装置

对于粉状颗粒物料,因为存在黏附性,其滑动摩擦角也可能大于 $90°$。由于颗粒的性质不同,测试的工况不同,所测的摩擦角也不同。表 5-9 中列出了几种作物种子的滑动摩擦角。

表 5-9　几种作物种子的滑动摩擦角 (°)

作物种子	斜面平板类型			
	谷粒黏结的平板	刨光的木板	铁板	水泥平板
小麦	24~27	21~23	22	21~23
燕麦	26~27	25~30	22	25
大麦	26~28	21~25	21	24

5.4.3　滚动摩擦角

滚动摩擦角(angle of rolling friction)φ_e 反映单粒柱状、球形或类似球形物料与所接触表面的滚动摩擦特性。它是物料输送机械、清洗机械等重要设计参数之一。

当一个重力为 G 的球或圆柱体在力 F 作用下在平面上滚动时,会有一个合力 R 由表面施加到滚动体上,如图 5-19 所示。若取合力 R 的作用点 B 为力矩中心,并忽略加速力,则

$$Fb - Ge = 0$$

当表面变形很小时,$b \approx r$,所以

$$e = \frac{Fr}{G} \tag{5-19}$$

或

$$F = \frac{eG}{r} \tag{5-20}$$

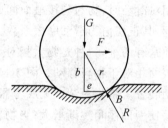

**图 5-19　球形物料在平面
上滚动的受力图**

式中:F 为滚动阻力,N;e 为滚动阻力系数;G 为重力,N;r 为半径,m。

由式(5-20)可知,滚动阻力与滚动物料的有效半径 r 成反比,与物料的重力 G、滚动阻力系数 e 成正比。滚动阻力系数与接触表面的刚性有关,表面越硬,滚动阻力系数越小。

可以用滚动摩擦角来衡量物料在平面上的滚动阻力,滚动摩擦角可用图 5-16 所示的斜面仪测定。物料在斜面上开始下滚时的斜面倾角为滚动摩擦角。滚动摩擦角与物料的形状、尺寸、质量以及接触表面性质有关。表 5-10 给出了苹果和番茄在各种表面上的滑动摩擦角和滚动摩擦角。

表 5-10　苹果和番茄的滑动摩擦角和滚动摩擦角 (°)

物料名称	表面类型	滑动摩擦角 φ_s	滚动摩擦角 φ_e
苹果 (6个不 同品种)	胶合板	17.4~23.7	12~18
	镀锌钢板	20.8~24.7	13~18
	硬泡沫塑料	18.8~23.7	13~18
	软泡沫塑料	35.8~42.9	11~16
	帆布	19.8~23.7	12~16

续表5-10

物料名称	表面类型	滑动摩擦角 φ_s	滚动摩擦角 φ_e
番茄 (4 个不 同品种)	薄铝板	18.3～27.5	7～11
	胶合板	22.3～31.0	9～14
	硬泡沫塑料	23.7～29.6	11～13
	软泡沫塑料	37.6～39.7	11～13
	帆布	25.6～36.9	13～14

5.4.4 休止角

休止角(angle of repose) φ_r 又称静止摩擦角或堆积角,是指颗粒物料通过小孔连续散落到平面上时,堆积成的锥体母线与水平面底部直径的夹角,它与散粒粒子的尺寸、形状、湿度、排列方向等都有关。休止角反映了颗粒物料的内摩擦特性和散落性能。休止角越大的物料,内摩擦力越大,散落能力越小。

图 5-20(a)～(f)是测定休止角的几种方法,由于测定方法和所用仪器的不同,测得的数据也不尽相同。注入法是将颗粒粒子倾倒在平面上,使之成为一个锥形堆。这样测得的休止角称为注入休止角(poured angle of repose)。排出法是将粒子从容器底部的圆孔流出,这样粒子在滑落时以孔为顶,在容器中形成一个倒锥形滑落面。这一锥面母线与水平面夹角称为排出休止角(drained angle of repose)。前者也可简称为注入角,后者简称为排出角。当粒度均匀时,颗粒食品的注入角和排出角相等。当粒度分布范围较广时,一般注入角比排出角小一些。一般用倾斜法测得的值比用其他方法测得的结果要稍大一些,但人为因素造成的误差小,再现性好。

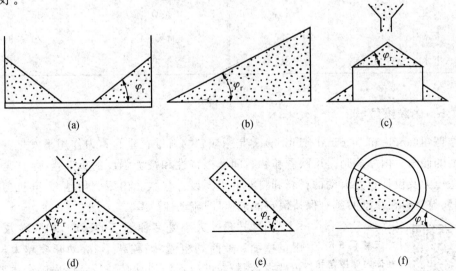

(a)、(b) 排出法;(c)、(d) 注入法;(e)、(f)倾斜法

图 5-20 休止角测定方法

休止角与粒径大小、形状、湿度、排列方向等有关。粒径越小,休止角越大,这是因为微细粒子间的黏附性较大。粒子越接近于球形,休止角越小。若对物料进行振动,则休止角将减小,流动性增加。粒子越接近球形,粒径越大,振动效果越明显。

物料的含水率增加时,休止角增加。这是因为湿度越大,粒子间黏附作用越强。表 5-11 是谷物含水率与休止角的关系。图 5-21 是小麦含水率对休止角和内摩擦角的影响。表 5-12 列举了几种主要作物种子的休止角的变化范围。应当指出的是,各种资料上列举的测定数据并不完全一致,这主要因为作物品种和测试条件不同。

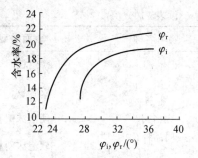

φ_i—内摩擦角;φ_r—休止角

图 5-21　小麦含水率对休止角和内摩擦角的影响

表 5-11　谷物含水率与休止角的关系

谷物种类	含水率/%	休止角/(°)	谷物种类	含水率/%	休止角/(°)
水稻	13.7	36.4	玉米	14.2	32.0
	18.5	44.3		20.1	35.7
小麦	12.5	31.0	大豆	11.2	23.3
	17.6	37.1		17.7	25.4

表 5-12　几种主要作物种子的休止角

作物种类	休止角/(°)	作物种类	休止角/(°)
稻谷	35~55	大豆	25~37
小麦	27~38	豌豆	21~31
大麦	31~45	蚕豆	35~43
玉米	29~35	油菜籽	20~28
小米	21~31	芝麻	24~31

5.4.5　内摩擦角

内摩擦角(angle of internal friction)φ_i 是指颗粒物料堆在垂直重力作用下发生剪切破坏时错动面的倾角。内摩擦角是反映颗粒物料间摩擦特性和抗剪强度的重要指标,它是确定贮料仓仓壁压力及设计重力流动的料仓和料斗的重要设计参数。内摩擦角越大,其抗剪强度越大,表明颗粒物料在流动时越难保持恒定的流速,即流动性越差。

二维码 5-6
粉体内摩擦角和黏聚力测定方法

内摩擦角的大小受多种因素的影响,如颗粒及其所接触的壁面。壁面越粗糙,颗粒越小,滑动摩擦越大,内摩擦角越大;颗粒粒度越不均匀,圆度越小,镶嵌啮合越明显,内摩擦角越大。其值可利用图 5-22 所示的剪切仪进行测定。将颗粒物料装进剪切环内,盖上盖板,在盖板上施加垂直压

力 N,加载杆上作用剪切力 T。假设剪切环内的颗粒物料被剪断时达到的最大剪切力为 T_s,颗粒粒子的剪切面积为 A,则颗粒粒子的抗剪应力 τ_s 等于内摩擦力与内聚力之和,即

$$\tau_s = f_i\sigma + C \tag{5-21}$$

式中:f_i 为散粒体的内摩擦系数,$f_i = \tan\varphi_i$;σ 为正应力;C 为单位内聚力,即发生在单位剪切面积上粒子间的引力。

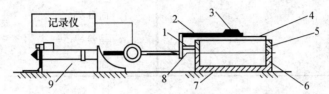

1.加载杆;2.悬架;3.静载荷;4.盖板;5.剪切环;6.框架;7.基座;8.剪切面;9.气功液压传动

图 5-22 直接剪切仪

试验时,先使载荷 N 不变,逐渐增大剪切力,测出剪切环移动时的剪切力 T_s;改变 N 值,测出不同载荷 N 时的剪切力 T_s,作 T_s-N 曲线,则该曲线与横坐标 N 的夹角为该物料的内摩擦角 φ_i。

对于缺乏黏结性的物料,其内聚力可忽略不计。这时,最大剪切力将全部用于克服散粒体的内摩擦力。

因为粒子间的啮合作用是产生切断阻力的主要原因,所以它受到粒子表面状态、附着水分和粒度分布等很多因素的影响。同一种物料的内摩擦角一般随孔隙率的增大而线性减小。

图 5-23 是一种测定马铃薯等大颗粒材料内摩擦系数的装置。利用它可以确定马铃薯脱皮所需的正压力大小。表 5-13 是部分颗粒食品的内摩擦角。

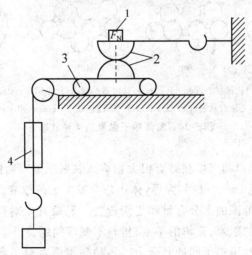

1.重物;2.半块马铃薯;3.滑轮;4.力传感器

图 5-23 马铃薯内摩擦系数测定装置

表 5-13　部分颗粒食品的内摩擦角

种类	内摩擦角/(°)	种类	内摩擦角/(°)
小麦	33	豌豆	25
大麦	35	蚕豆	38
稻谷	40	油菜籽	25
玉米	25	向日葵	45
大豆	31	马铃薯	35
高粱	34	面粉	50

5.4.6　黏聚性

许多颗粒食品,尤其食品粉末,粒子之间会互相结合形成二次粒子,甚至形成结块,这种现象称为黏聚(agglomeration)。黏聚现象虽然对分级、混合、粉碎、输送等单元操作不利,但对于集尘、沉降浓缩、过滤等操作而言,颗粒变大会带来好处。另外,在食品的造粒工程中也要利用这种现象。

粉末发生黏聚的主要原因有:液体黏结及毛细管吸引力;物质本身黏结(熔融、化学反应);黏结剂黏结;范德华力、静电荷引起的粒子间吸引力;外形引起的机械勾挂镶嵌。

在引起粉体黏聚方面,上述第一个原因最常见。食品粉体往往由亲水胶体喷雾而成,吸湿会引起黏聚的发生。粒子间存在水或其他液体时,有 4 种状态,如图 5-24 所示。潮湿粉体的黏聚一般为第一种状态,在这种状态下粒子之间结合力与液体厚度、张力及粒子形状、大小、相互距离等有关。

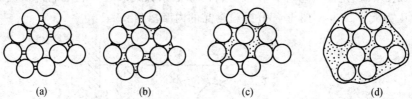

(a)铰接状态(pendular state);(b)索结状态(funicular state);

(c)毛细管状态(capillary state);(d)浸泡状态(immersed state)

图 5-24　粉体粒子黏聚的 4 种状态

黏聚现象对粒子的堆积和充填状态有很大影响。黏聚现象对粉体的摩擦特性也有较大影响。粉末食品以水分含量 10%～12% 为界,休止角会发生大的改变。也可以利用休止角的改变,判断粉末食品在这一范围的水分含量和受潮程度。黏聚现象对粉体流动和充填也有很大影响,它会引起粉体流动的阻塞、充填的架空、排料不畅等问题。

在造粒时,往往需要利用粒子间的黏聚力。各种黏聚力对粒子间吸引力的影响如图 5-25 所示。各种粉末食品的黏聚力及内摩擦角如表 5-14 所示。

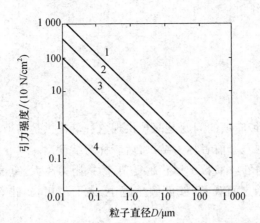

1.毛细管吸引力；2.液体黏结；3.粒子接触吸附液层存在时的范德华力；4.粒子相距 3 nm 时的范德华力

图 5-25　各种黏聚力对粒子间吸引力的影响

表 5-14　各种粉末食品的黏聚力及内摩擦角

粉体名	黏聚力/(N/cm²)	内摩擦角/(°)
100/200 目食盐(干燥)	0	40
100/200 目食盐(含水率 0～6%)	0.50	36
咖啡伴侣(干燥)	0.49	37
咖啡伴侣(含水率 7.0%)	0.32	38
育儿粉(干燥)	0.37	31
育儿粉(含水率 2.7%)	很大	很大
淀粉(干燥)	−0.06	33
淀粉(含水率 18.5%)	−0.13	30
80/120 目葱头粉(干燥)	0.05	—
80/120 目葱头粉(含水率 5.2%)	0.15	—
60/80 目蔗糖(干燥)	−0.10	39
60/80 目蔗糖(含水率 0.1%)	−0.14	37
脱脂乳粉	0	35
冰激凌预混粉	0.40	33
砂糖	0	31
全脂乳粉	0	30
小麦粉	0	24
α-乳糖	0	24
淀粉	0	22

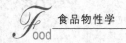

5.5 流动特性

5.5.1 流动模型

在存仓排料过程中,最麻烦的问题是落粒拱现象。落粒拱是指散粒体堵塞在排料口处,在排料口上方形成拱桥或洞穴。前者称为结拱,后者称为结管。

根据经验,物料的粒径越小,粒子形状越复杂,摩擦阻力越大,重度或密度越小,越潮湿,落粒拱现象越严重。从容器方面观察,壁面倾角越小,表面越粗糙,排料口越小,落粒拱现象越严重。

根据流动特点,散粒体分为自由流动物料和非自由流动物料两种。对于非自由流动物料,颗粒料层内的内力作用(黏聚性、潮湿性和静电力等造成)大于重力作用,在物料流动开始后,这种内力会逐渐扰乱原有的层面而导致形成落粒拱。由于颗粒粒子处于非平衡状态,落粒拱会周期性地塌方,接着又重新形成。

观察散粒体流动过程的常用方法是将物料涂上各种颜色,然后分层填满料仓,用高速摄影观察排料过程。图 5-26 是散粒体自由流出的发展过程,图中 1~5 指不同颜色物料层流动轨迹。

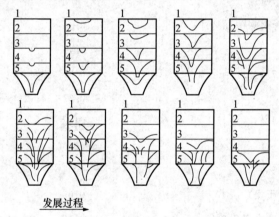

图 5-26 物料自由流出状态

散粒体的流动过程理论很多,最著名的是布朗-理查德理论和克瓦毕尔理论。如图 5-27 所示,布朗-理查德理论认为,排料口附近自由流动的物料可分成 5 个流动带。其中,D 带为自由降落带;C 带为颗粒垂直运动带;B 带是擦过 E 带向料仓中心方向缓慢滑动的带;A 带是擦过 B 带向料仓中心方向迅速滑动的带;E 带是没有运动的静止带。A 带在 B 带上滑动,A 带上的颗粒迅速滚动;B 带在 E 带上慢慢滑动,E 带处于静止状态;C 带迅速向下方运动,从 A、B 带以大于休止角的角度补充粒子;C 带的粒子供给 D 带排出。这一理论与物料从小孔排出的实验结果相符合。

克瓦毕尔理论认为存在流动椭圆体(图 5-28),二次流动椭圆体 E_N 和一次流动椭圆体 E_G 以几乎恒定的比率(1:15)连续发展,直到 E_N 到达表面为止。E_N 椭圆体产生两种运动,第一位的垂直运动和第二位的滚动运动。E_G 椭圆体以外没有运动。这种流动称为漏斗流动或中心流动。如果料仓的倾角大于物料与料仓壁面的摩擦角,就可把物料卸空。在 E_G 椭圆体边界线以内,产生的是整体流动。这个理论适用于流动性好的粉料从小孔中排出的情况。

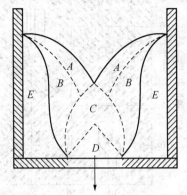

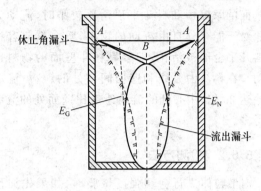

图 5-27　物料的排出(布朗-理查德理论)　　　　**图 5-28　物料的排出(克瓦毕尔理论)**

　　布拉道尔雅科诺夫认为,排料是由动态落粒拱的形成和塌方反复推进的。动态落粒拱的高度 h 与内摩擦系数 f_i 有关,即

$$h = \frac{d}{2f_i} \qquad (5\text{-}22)$$

式中:h 为高度,m;d 为排料口直径,m;f_i 为内摩擦系数。

　　卡尔宾科发现,散粒体的流动分 3 个区域:位于孔口上方的主流区,为中心运动粒柱所在区域;位于主流区周围的随流区,该区域的散粒体周期地流向主流区;位于随流区外围的惰动区。他多次观察种子流动后得出了下面的结论:

　　①主流区内的种子按长轴平行于圆筒排列,流动速度小于孔口平面处的速度;

　　②种子的流出量与种子层的高度无关;

　　③增加种子层上的压力和增加桶底厚度,流出减少或停止流出;

　　④当混有其他粒子时,首先流出的是小粒种子和光粒种子。

　　捷敏诺夫认为种子流出分为 5 个阶段。第一阶段是整个种子层表面均匀下降,此时许多种子都力求以长轴顺着运动的方向流动。种子流的排队从出口处向种子上层扩展,当达到动态落粒拱高度时开始形成动态落粒拱。第二阶段是种子流不断地从拱桥高度下落。第三阶段是种子的排队扩展到上层表面时,马上形成漏斗。第四阶段是动态落粒拱崩溃,流出过程减慢。第五阶段是种子沿容器底面滑动。

　　由于物料的物理性质不同,形成的流动过程也不一样。料仓内散粒体受重力作用的流动情况如图 5-29 所示,有两种流动状态,即漏斗流(又称中心流)和整体流。漏斗流只有中央部分的物料流出,上部物料由于崩溃也可能流出。漏斗流流动时,先进的料后流出去。整体流动时,先进的料先流出去,因而少有离析现象。为使料仓内的流动为整体流动型,可采用内插锥体法和流动判定图法。内插锥体法是指在料斗中插入锥体,内插锥体的位置很重要。当装有控制流动用的锥体和用来防止中间塌陷穿洞的锥体时,流动基本上可以变为整体流。

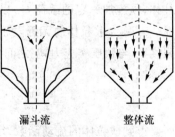

漏斗流　　　　整体流

图 5-29　流动状态

图 5-30 是散粒体流动类型的判定图。当物料与料斗壁面的摩擦角和料斗半顶角比较小时,流动为整体流。对于能充分自由流动的物料,整个料斗容积内的物料几乎全部被活化,即紧靠料斗壁面的物料也产生运动。在料斗中心线和壁面间各处的颗粒,流动速度相差达 20 倍,中心处的流动速度比壁面处的流动速度快得多。

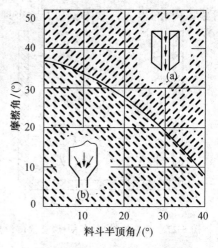

（a）中心流（漏斗流）；（b）整体流

图 5-30　散粒体流动模型判定

5.5.2　检测方法

对散粒体进行剪切强度试验时,如果先加预压实载荷 Q_1 于散粒体表面,然后将 Q_1 除去;再加小于 Q_1 的垂直载荷 N_1,测得剪断时的剪切力 T_1;加 N_2 测出 T_2;依次类推,就可得到一组屈服轨迹线。例如,设预压实载荷 $Q_1 = 100$ N,然后卸去 Q_1;再用 90 N 作为 N_1,测出 T_1;用 80 N 为 N_2,测出 T_2……这样,在预压实载荷下,可作出一条 τ_s-σ 屈服轨迹线。设第二个预压实载荷 $Q_2 = 80$ N,以同样的方法,测出 $N_1,N_2,\cdots$ 对应的 $T_1,T_2,\cdots$,得到第二条 τ_s-σ 屈服轨迹线。依次可以得到如图 5-31 所示的一组屈服轨迹线。

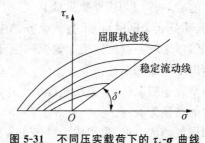

图 5-31　不同压实载荷下的 τ_s-σ 曲线

将屈服轨迹线各终点连接起来,可得到一条稳定流动线。稳定流动线的倾角 δ' 表示在不同预压实状态下散粒体的破坏条件。如果散粒体的应力状态在稳定流动线以下,散粒体不会产生剪切流。

假设在一个筒壁无摩擦的理想刚性圆筒内装入散粒体,以预压实载荷 Q_1 压实,散粒体的预压实应力为 σ_1,然后轻轻地取下圆筒,不加任何侧向支撑,即 $\sigma_s = 0$,这时散粒体可能出现如图 5-32 所示的两种情况。一为保持圆柱原形,二为崩溃后以休止角呈山形。对于保持原形的圆柱体,须施加一定的载荷 Q_c 以克服散粒体在一定预压实状态下的表面强度 σ_c,散粒体才会崩溃。σ_c 称为散粒体的无围限屈服强度。在图 5-32(c)的情况下,$\sigma_c = 0$。散粒体的无围限屈服强度 σ_c 与预压实应力 σ_1 之间的关系,称为流动函数 FF,用式 (5-23) 表示。

$$FF = \frac{\mathrm{d}\sigma_1}{\mathrm{d}\sigma_c} \tag{5-23}$$

要得到散粒体的流动函数,须用几种预压实载荷进行剪切试验,以得出 σ_1 和 σ_c 值,绘成曲线图(图 5-33)。

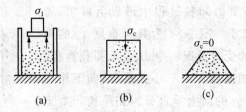

(a)散粒体预压实过程；(b)无围限屈服强度大于零的情况；(c)无围限屈服强度等于零的情况

图 5-32　散粒体的预压实及其表面强度

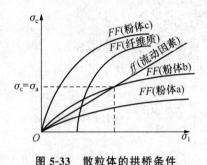

图 5-33　散粒体的拱桥条件

料斗本身的流动条件或流动性用流动因素 ff 表示：

$$ff = \frac{\sigma_1}{\sigma_a} \tag{5-24}$$

式中：σ_a 为散粒体结成稳定拱的最小拱内应力。

ff 值越小，料斗的流动条件越好。对于一定形状的料斗，存在一条流动因素临界线，如果散粒体的流动函数曲线在这条临界线下方，则散粒体的强度不足以支持成拱，不会产生流动中断，这条临界线称为料斗的临界流动因素。流动函数 FF 由散粒体本身的性质所决定，而流动因素 ff 则由散粒体性质和料斗的几何形状、壁面特性等因素确定。如果将具有某种流动性质的散粒体（以 FF 曲线表示）放入具有某一临界流动因素 ff 的料斗内，当存在 $\sigma_c = \sigma_a$ 时，则可获得 FF 与 ff 的交点。这个交点可以决定避免成拱的最小排料口尺寸。

对于不同形状的料斗，FF 线与 ff 线交点的位置不同，因而散粒体的流动状态也不同。干沙的无围限屈服强度等于零，并且不能被压实，所以干沙的流动函数与预压实应力的横坐标相重合。这说明干沙的流动性较好，但湿沙的情况就不同了。

表 5-15 列出了流动函数与流动性的关系。

表 5-15　流动函数与流动性的关系

流动函数值	流动性	流动函数值	流动性
$FF < 2$	非常黏结和不能流动的物料	$10 > FF \geqslant 4$	容易流动的物料
$4 > FF \geqslant 2$	黏结物料	$FF \geqslant 10$	自由流动的物料

为了避免散粒物料在重力卸料过程中形成落粒拱,需求出卸料口的临界孔口尺寸。图 5-34 为具有重度 γ_s 的物料流出孔口时,拱形物料的受力情况。令 B 表示圆孔直径,L 为槽宽的长,T 表示拱的厚度。对于小的拱形,向下作用的物料重力和拱内压缩力 p 的向上垂直分力相平衡。对于长槽孔,有:

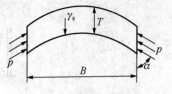

图 5-34 拱形物料受力图

$$BLT\gamma_s = 2pLT\cos\sigma\sin\sigma \qquad (5\text{-}25)$$

或

$$B = \frac{p}{\gamma_s}\sin2\sigma \qquad (5\text{-}26)$$

对于圆孔,则有:

$$\frac{\pi B^2 T\gamma_s}{4} = \pi BTp\cos\sigma\sin\sigma \qquad (5\text{-}27)$$

或

$$B = \frac{2p}{\gamma_s}\sin2\sigma \qquad (5\text{-}28)$$

在临界状态下,拱内压缩力 p 是散粒体能结成稳定拱的最小拱内应力 σ_a,它应等于无围限屈服强度 σ_c（FF 与 ff 的交点）。式(5-28)中,$\sin2\sigma$ 的最大值为 1,因此临界孔口尺寸为:

$$B \geqslant \frac{\sigma_c}{\gamma_s}（对于长槽孔） \qquad (5\text{-}29)$$

或

$$B \geqslant \frac{2\sigma_c}{\gamma_s}（对于圆孔） \qquad (5\text{-}30)$$

❓思考题

1. 颗粒食品有哪些力学特性?

2. 测定颗粒食品粒度的方法有哪些? 各有什么特点?

3. 如何分析颗粒食品的粒度分布曲线?

4. 测定颗粒食品真密度的方法有哪些? 各有什么特点?

5. 测定休止角的方法有哪些? 影响休止角的因素有哪些?

6. 什么是颗粒食品的黏聚现象? 研究黏聚现象有什么意义?

7. 学习颗粒食品流动特性有什么意义?

8. 举例说明食品生产过程中的颗粒力学特性的应用。

专业术语中英文对照表

中文名称	英文名称
颗粒食品	granular food
颗粒的尺寸	granular size
平均尺寸	average size
粒度特征性数	absolute size constant
颗粒直径分布	granular size distribution
比体积或表观比体积	apparent specific volume
孔隙率	porosity
孔隙比	void ratio
充填率	packing fraction or fractional solids content
真实密度	true density
表观密度	apparent density
颗粒密度	particle density
堆积密度	bulk density
滑动摩擦角	angle of sliding friction
滚动摩擦角	angle of rolling friction
休止角	angle of repose
内摩擦角	angle of internal friction
黏聚	agglomeration
铰接状态	pendular state
索结状态	funicular state
毛细管状态	capillary state
浸泡状态	immersed state

第 6 章
食品的热物性

本章学习目的及要求

掌握食品材料的基本热物理性质及其影响因素;了解食品量热仪的原理和使用方法;掌握食品热物性的测定方法及其在食品加工及品质控制中的应用。

6.1　概述

自从人类从"茹毛饮血"进化为以熟食为主以来,热处理成为食品加工的重要手段。尤其在现代化食品加工业中,为了提高食品的商品化和保藏流通功能,加热、冷却、冷冻等成为最基本的加工方法。因此,研究食品热物性便成为食品的生产管理、品质控制、加工和流通等工程的重要基础。

食品加工中经常涉及加热和冷却的问题,如罐头食品杀菌时的温度分布,牛乳浓缩时所需的热量,冻结或解冻时的传热方向等。当前深加工食品和新资源食品不断出现,掌握它们的热物性,对上述问题的解决是非常必要的。在工程上,研究这些问题的是传热传质学。本章重点论述食品材料基本热物理性质如比热容、焓、热导率等的测量方法,食品热物性估算方法、基本数据和检测技术,为解决食品热工程问题奠定基础。

6.2　食品的比热容

6.2.1　基本概念

比热容(specific heat)是指使单位质量物体温度改变 1 K(或 1℃)所需提供的热量(或冷量)。即加热一个质量为 m 的物体,使其从温度 T_1 变到终温 T_2 所需的热量为:

$$Q = mc(T_1 - T_2) \tag{6-1}$$

式中:c 为比热容,J/(kg·K);Q 为吸收或放出的热量,J;m 为物体的质量,kg;T_1、T_2 分别为初始温度和最终温度,K。

物质的比热容与所进行的过程有关。在工程应用上常用的有比定压热容 c_p、比定容热容 c_V 和比饱和热容 c_{sat} 三种。但实际使用时常用比定压热容。

比定压热容 c_p 是指单位质量的物质在压力不变的条件下,温度升高或下降 1 K(或 1℃)所吸收或放出的能量。

比定容热容 c_V 是指单位质量的物质在容积(体积)不变的条件下,温度升高或下降 1 K(或 1℃)所吸收或放出的能量。

比饱和热容 c_{sat} 是指单位质量的物质在某饱和状态时,温度升高或下降 1 K(或 1℃)所吸收或放出的热量。

6.2.2　比热容的影响因素

不同的物质有不同的比热容,比热容是物质的一种特性,因此,可以用比热容的不同来(粗略地)鉴别不同的物质。部分物质的比热容相当接近。

同一物质的比热容一般不随质量、形状的变化而变化。如一杯水与一桶水,它们的比热容相同。

对同一物质,比热容值与物质状态有关,同一物质在同一状态下的比热容是一定的(忽略温度对比热容的影响),但在不同的状态下,比热容是不相同的。例如水的比热容与冰的比热

容不同。

当温度改变时,比热容会有很小的变化,但一般情况下可以忽略。比热容表中所给的比热容数值是这些物质在常温下的平均值。

气体的比热容和气体的热膨胀有密切关系,故有比定容热容和比定压热容两个概念。但对固体和液体,二者差别很小,一般就不再加以区分。

食品作为一种混合物,它的比热容 $c[\text{J}/(\text{kg} \cdot \text{K})]$,可根据它的组成成分和各成分的比热容的总和算出。通常以物料干物质比热容 $c_干$ 与水的比热容 $c_水$ 之间的平均值[取水的比热容为 $4.184 \text{ kJ}/(\text{kg} \cdot \text{K})$]来表示。

对于低脂肪的食品,特别是水果、蔬菜一类的食品,可根据它的水分和干物质含量加以推算。一般食品干物质的比热容变化很小,为 $1.046 \sim 1.674 \text{ kJ}/(\text{kg} \cdot \text{K})$,如大麦芽的比热容为 $1.210 \text{ kJ}/(\text{kg} \cdot \text{K})$,马铃薯的比热容为 $1.420 \text{ kJ}/(\text{kg} \cdot \text{K})$,胡萝卜的比热容为 $1.300 \text{ kJ}/(\text{kg} \cdot \text{K})$,面包的比热容为 $1.550 \sim 1.670 \text{ kJ}/(\text{kg} \cdot \text{K})$,砂糖的比热容为 $1.040 \sim 1.170 \text{ kJ}/(\text{kg} \cdot \text{K})$。

所以,低脂肪食品的比热容可按下式进行计算:

$$c = c_水 w + c_干 (1-w) = 4.184w + 1.464(1-w) \tag{6-2}$$

式中:$c_水$ 为水的比热容,$4.184 \text{ kJ}/(\text{kg} \cdot \text{K})$;$c_干$ 为干物质的比热容,一般可取 $1.464 \text{ kJ}/(\text{kg} \cdot \text{K})$;$w$ 为食品的含水率,%。

一般情况下,食品湿物料的比热容与其含水率(w)之间具有线性关系。如 20℃时,天然淀粉的比热容为:

$$c_{淀粉} = 1.215 + 0.029\ 7w \tag{6-3}$$

糊化淀粉的比热容为:

$$c_{糊化淀粉} = 1.230 + 0.029\ 5w \tag{6-4}$$

随着温度的升高,食品湿物料的比热容一般也升高。如糖和马铃薯干物质的比热容与温度(T)的关系式为:

$$c_{干糖} = 1.160 + 0.003\ 56T \tag{6-5}$$

$$c_{干马铃薯} = 1.101 + 0.003\ 14T \tag{6-6}$$

需要特别注意,若食品未被冻结,食品的比定压热容一般很少会因温度变化而变化,但是含脂肪比较高的食品则不同,主要因为脂肪会因温度的变化而凝固或熔化,脂肪相变时有热效应,对食品的比定压热容有所影响。

对于脂肪含量比较高的食品,如肉和肉制品,其比定压热容计算公式如下:

$$c_肉 = 4.184 + 0.020\ 92w_蛋 + 0.418\ 4w_脂 + (0.003\ 138w_干 +$$
$$0.007\ 32w_脂)(T_初 - T_终) - 2.929w_干 \tag{6-7}$$

式中:$c_肉$ 为肉和肉制品的比定压热容,$\text{kJ}/(\text{kg} \cdot \text{K})$;$T_初$ 和 $T_终$ 为肉和肉制品的热力学温度,K;$w_干$、$w_蛋$、$w_脂$ 分别为肉和肉制品的干物质、蛋白质、脂肪的含量,%。

若食品的温度降低到冻结点以下,食品中的水分冻结成冰,冻结以后的食品的比定压热容可按下面公式计算:

$$c_T = c_冰 wW + c_干 (1-w) + c_水 w(1-W) \tag{6-8}$$

式中：c_T 为食品在冻结点以下的比定压热容，kJ/(kg·K)；$c_干$ 为食品中干物质的比定压热容
$[c_干=1.464+0.006\,7(T-273)$，$T$ 为冻结食品的平均温度$]$，kJ/(kg·K)；$c_冰$ 为冰的比定压
热容，2.092 kJ/(kg·K)；$c_水$ 为水的比定压热容，4.184 kJ/(kg·K)；w 为食品的含水率，%；
W 为食品的水分冻结率，%。

6.2.3　比热容的测定

食品比热容的测量是通过测量在恒温槽中使食品材料温度升高 1 K 所需的热量，而后通
过计算求得的。比较常用的是热混合法和护热板法。

1.热混合法

把已知质量 m_1 和温度 T_1 的样品投入盛有已知比热 c_2、温度 T_2 和质量 m_2 的液体量热
计中，在绝热状态下，测定混合物料的平衡温度 T_3（图 6-1）。由以上已知量计算试样的比热容
c_1。

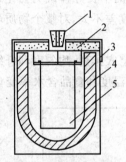

1.塞；2.隔热材料；3.盖；4.真空夹套；5.试样容器

图 6-1　热混合法测比热容

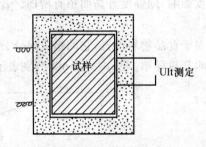

图 6-2　护热板法测比热容

2.护热板法

将质量为 m 的试样放入电热护热板框中，同时给护热板框和试样加热，使试样处在无热
损失的理想状态（图 6-2），即护热板和试样温度始终保持一致。设在 t 时间内，供给样品的能
量为 Q，试样温度升高 ΔT，I 为电流（A）；U 为电压（V）；m 为试样质量（kg）；ΔT 为温度变化
（K），则：

$$Q=0.24IUt=cm\Delta T \tag{6-9}$$
$$Q=0.24I^2R \tag{6-10}$$

试样的比热容为：

$$c=\frac{0.24IUt}{m\Delta T} \tag{6-11}$$

6.3　食品的热导率

6.3.1　基本概念

热导率又称导热系数（coefficient of thermal conductivity）。按照傅里叶律，其定义为

单位温度梯度(在 1 m 长度内温度降低 1 K)、单位时间内经单位导热面所传递的热量。热导率是物质导热能力的量度,符号为 λ。即在物体内部垂直于导热方向取两个相距 1 m、面积为 1 m^2 的平行平面,若两个平面的温度相差 1 K,则在 1 s 内从一个平面传导至另一个平面的热量就规定为该物质的热导率,其单位为 W/(m·K)。

如果没有热能损失,对于一个对边平行的块形材料,则有:

$$Q = \frac{A\lambda(T_1 - T_2)}{x} \tag{6-12}$$

式中:Q 为热量,J;A 为面积,m^2;λ 为热导率,W/(m·K);T_1、T_2 分别为初始和最终温度,K;x 为两个平面间距离,m。

6.3.2 热导率的影响因素

热导率很大的物体是优良的热导体,而热导率小的是热的不良导体或为热绝缘体。λ 值受温度影响,随温度升高而稍有增加。若物质各部分之间温度差不大,对整个物质可视 λ 为一常数。

对于食品物料而言,它的组成成分、孔隙度、形状、尺寸、空穴排列、均匀度和纤维取向等都会影响其热导率。图 6-3、图 6-4 分别表示了食品的热导率与温度和食品含水率变化的关系。

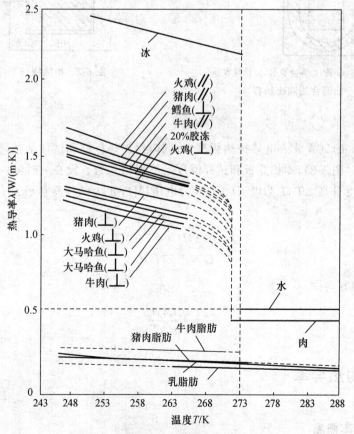

图 6-3　食品材料热导率和温度的关系

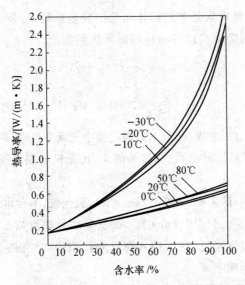

图 6-4　食品材料热导率和含水率的关系

食品物料中有蛋白质、糖类等成分,故可形成固体间架,但由于固体间架的孔隙中有水,这对固体间架的热导率有影响。此外,食品物料的热传递与物料内部水的直接迁移密切相关,所以热量可以通过食品内含气体和液体的孔隙以对流方式传递,也能依靠孔隙壁与壁间的辐射作用传递,故有导热系数和当量导热系数之分。

导热系数 λ 是傅里叶方程中的比例系数:

$$q = -\lambda \Delta T \tag{6-13}$$

式中:q 为各向同性固体中的热流密度,W/m^2;ΔT 为温度梯度,K/m。

当量导热系数,也称有效导热系数 $\lambda_\text{当}$,表示湿物料以上述各种方式传递热量的能力:

$$\lambda_\text{当} = \lambda_\text{固} + \lambda_\text{传} + \lambda_\text{对} + \lambda_\text{迁} + \lambda_\text{辐} \tag{6-14}$$

式中:$\lambda_\text{固}$ 为物料固体间架的导热系数,$W/(m \cdot K)$;$\lambda_\text{传}$ 为物料孔隙中稳定状态存在的液体和蒸汽混合物的热传导系数,$W/(m \cdot K)$;$\lambda_\text{对}$ 为靠物料内部空气对流的传热系数,$W/(m \cdot K)$;$\lambda_\text{迁}$ 为靠物料内部水分质量迁移产生的传热系数,$W/(m \cdot K)$;$\lambda_\text{辐}$ 为辐射导热系数,$W/(m \cdot K)$。

当量导热系数 $\lambda_\text{当}$ 直接受物料湿度、物料结合方式、物料孔隙直径 d 和孔隙率(或物料密度)等因素影响。当物料含水率 w 很小时,体系主要由空气孔和固体间架组成,随 w 的增加,$\lambda_\text{当}$ 直线增加,且颗粒越大,它的增长速度越快;当物料含水率 w 很大时,水充满所有物料颗粒中间孔隙,并使其饱和,$\lambda_\text{当}$ 的增加逐渐停止(对大颗粒),或者仍在直线增长(对中等分散物料),或者其速度明显增加(对小颗粒物料)。物料的密度越大,$\lambda_\text{当}$ 越大;孔隙越大,$\lambda_\text{当}$ 越大;组成粒状物料间架的颗粒越大,$\lambda_\text{当}$ 越大。

一般认为,当孔的直径 $d < 5$ mm 和温度梯度相当于 $10℃$ 时,对流热交换可忽略不计($\lambda_\text{对} \approx 0$);当孔隙的直径 $d < 0.5$ mm 时,辐射热交换与热传导相比也可忽略不计($\lambda_\text{辐} \approx 0$)。

实际上,影响物料 $\lambda_{当}$ 的主要因素是物料固体间架的导热系数 $\lambda_{固}$ 和水分的导热系数 $\lambda_{水}$ 以及物料的孔隙率 γ,可以用下列简单式计算物料当量导热系数 $\lambda_{当}$:

$$\lambda_{当} = (1-\gamma)\lambda_{固} + \gamma\lambda_{水} \tag{6-15}$$

式中:γ 为物料的孔隙率,%,$\gamma = \dfrac{V_{孔}}{V_{孔} + V_{固}} \times 100\%$,$V_{孔}$、$V_{固}$ 分别为孔隙和固体间架的体积,m^3;$\lambda_{水}$ 为水分的导热系数,0.58 W/(m·K),当孔隙中充满空气时,用 $\lambda_{空} = 0.023\,2$ W/(m·K) 代替 $\lambda_{水}$;$\lambda_{固}$ 为物料固体间架的导热系数,食品的 $\lambda_{固}$ 比无机材料小得多,例如面包固体间架的 $\lambda_{固}$ 为 0.116 W/(m·K)。

面包瓤(含水率为 45%)的 $\lambda = 0.248$ W/(m·K),面包皮(不含水)的 $\lambda = 0.056$ W/(m·K),小麦(含水率为 17%)的 $\lambda = 0.116$ W/(m·K),即食品的导热系数 λ 都小于水的导热系数。在干燥过程中,随着食品的湿度降低,空气进入物料的孔隙中,空气的热导率比液体的热导率小得多,故物料的热导率将不断下降。

湿物料的导热系数与温度的关系和干物料的一样:随着温度的升高,λ 值增加。气体的导热系数也会随压力增加而增加,故压力也会影响物料的导热系数。

6.3.3 热导率的测定

通常,物质的热导率可以通过理论推算和试验测定两种方式来获得。

理论上,从物质微观结构出发,以量子力学和统计学为基础,通过研究物质的导热机理,建立导热的物理模型,经过复杂的数学分析和计算可以获得热导率。但理论的适用性受到限制,而且随着新材料的不断出现,人们迄今尚未找到足够精确且适用范围广的理论方程,因此对热导率试验测试方法和技术的探索,仍具实际意义。

各种物质的热导率数值主要靠试验测得,其理论估算是近代物理和物理化学中一个活跃的课题。热导率一般与压力关系不大,但受温度的影响很大。纯金属和大多数液体的热导率随温度的升高而降低,但水例外;非金属和气体的热导率随温度的升高而增大。传热计算时通常取用物料平均温度下的数值。此外,固态物料的热导率还与它的湿度、结构和孔隙度有关,一般湿度大的物料热导率大。

测量食品材料热导率要比测量比热容困难得多,因为热导率不仅和食品材料的组分、颗粒大小等因素有关,还与材料的均匀性有关。一般用于测量工程材料的标准方法,如平板法、同心球法等稳态方法已不能很好地用于食品材料。因为这些方法需要很长的平衡时间,而在此期间,食品材料会产生水分的迁移而影响热导率。

目前认为测量食品材料热导率较好的方法是探针法。具体地,首先,被测食品材料处于某一均匀温度;其次,探针插进食品材料,加热丝提供一定的热量,使测量温度变化;最后,经一段过渡期后,温度和时间的对数出现线性关系。根据此直线的斜率可以求出食品材料的热导率。如图 6-5 所示,把线形热源棒插入样品,样品起初具有均匀温度;该样品以稳定速率被加热,线形热源棒附近的温度被记录下来;经过短暂的变化期后,时间自然对数对温度的作图将呈线性关系,其斜率为 $k = \dfrac{Q}{4\pi}$。热导率的计算式可以写成:

$$\lambda = Q\,\frac{\ln[(t_2-t_1)/(t_1-t_0)]}{4\pi(T_2-T_1)} \tag{6-16}$$

式中:λ 为样品的热导率,W/(m·K);Q 为探棒加热器产生的热量,W/m;t_1 为棒加热器供能开始后的时间,s;t_2 为棒加热器供能结束后的时间,s;t_0 为时间修正因子,s;T_1 为时间 t_1 时的棒温,K;T_2 为时间 t_2 时的棒温,K。

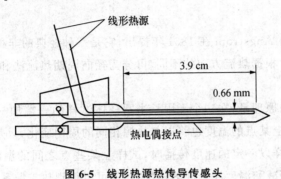

图 6-5 线形热源热传导传感头

该类仪器的特点是测定简易、快速,适用的样品尺寸较小,但它要求有较精密的数据采集手段。

6.4 食品的热扩散系数

6.4.1 基本概念

热扩散系数(coefficient of thermal diffusivity)又叫导温系数,是表征物料热惯性的主要热物性参数,也是研究和计算物料加热、冷却、干燥和吸湿等过程不可缺少的基础参数。

热扩散系数表示物体在加热或冷却过程中温度趋于均匀一致的能力,即物料传导热的能力对其贮热能力的比。具体为:在物体受热升温的非稳态导热过程中,进入物体的热量沿途不断地被吸收而使局部温度升高,持续到物体内部各点温度全部相同为止。

热扩散系数可以通过下式计算得到:

$$a = \frac{\lambda}{c_p\rho} \tag{6-17}$$

式中:a 为热扩散系数,m^2/s;λ 为热导率,W/(m·K);c_p 为比定压热容,kJ/(kg·K);ρ 为密度,kg/m^3。

热扩散系数 a 是 λ 与 $1/(c_p\rho)$ 两个因子的结合。a 越大,表示物体内部温度趋于一致的能力越大,即从温度的角度看,a 越大,材料中温度变化传播得越迅速。可见 a 也是表征材料传播温度变化能力大小的指标。

热扩散系数可由 λ、c_p、ρ 的值算出,或由试验获得。大多数食品物料(温度高于 0℃)的热导率在 0.2~0.6 W/(m·K),密度在 900~1 500 kg/m^3,比热容在 1.2~4.2 kJ/(kg·K),因

此,按照式(6-17),热扩散系数在$(0.02\sim0.6)\times10^{-6}\,\mathrm{m^2/s}$。大多数情况下,热扩散系数常为$(0.1\sim0.6)\times10^{-6}\,\mathrm{m^2/s}$。

6.4.2　热扩散系数的测定

热扩散系数的测试方法有周期热流法、热线法、热带法、热波法、热针法等。

1. 周期热流法

周期热流法最早由 Angstrom 在 1861 年提出,它是一种经典的非稳态传热过程的热扩散系数热物性测试方法。根据热流方向的不同,可分为径向周期热流法和纵向周期热流法,以后者的应用较多。

纵向周期热流法的原理是,在一个无限长半圆柱体试样的一端加一个温度呈周期性变化的热源,则圆柱体试样上某点的温度也将以与热源相同的周期变化,只是温度变化的幅值有所下降;当温度波沿着试样以一定的速度传播时,试样上某些点之间的温度波存在着相位差;通过测量温度波振幅的衰减和温度波之间的相位差,就可以得到热扩散系数。

对于径向周期热流法,温度波被加到长圆柱体试样的轴上或四周。温度波在试样径向振幅的衰减和传播速度都是试样导温系数的函数,当径向热损失足够小时,测出以上任何一个量即可求出热扩散系数。

周期热流法具有测试时间短、计算简单等优点。但是该法要求温度在试样中的传输呈正弦或余弦波,而在试验中要得到较标准的正弦或余弦温度波比较困难。其热扩散系数的测量误差在±5%。

2. 热线法

热线法也是一种非稳态测试方法,根据热线升温方法的不同,可分为平行热线法、交叉热线法和热电阻式热线法 3 种。热线法的原理是将一根均匀细长的金属丝(热线)放在待测试样中,测试时,在热线上施加一定的电流,热线就有热量产生,热量沿径向在试样中传导。测量并记录热线本身的温度随时间的变化或距热线某个距离处的温度随时间的变化,然后根据传热数学模型及温度变化的理论公式就可计算出被测试样的热扩散系数。热线法温度响应的理论公式为:

$$\Delta T_{(rt)}=\frac{q}{4\pi\lambda}\left[-E_{\mathrm{i}}\left(-\frac{r^2}{4\alpha t}\right)\right] \tag{6-18}$$

式中:$\Delta T_{(rt)}$ 为热线温度与系统初始平衡温度之差,K;E_{i} 为指数积分函数;q 为热线上单位长度的加热热流,W/m;λ 为热导率,W/(m·K);α 为热扩散系数,$\mathrm{cm^2/s}$。

该方法的优点是可以测量固体、粉末和液体的热扩散率,被测材料可以是各向同性的,也可以是各向异性的,既可以是均质的,也可以是非均质的;缺点是测量误差比较大。

3. 热带法

热带法的全称为瞬态热带法。如图 6-6 所示,其测量原理是将一条很薄的金属带夹持在被测量材料中间,在热带中施以恒定电功率以加热金属带,则与热带相邻的被测材料受到加热而温度升高,测量并记录,画出热带的温度响应曲线,根据温度变化的理论公式可以得到被测材料的热扩散系数和热导率。热带法温度变化的理论公式为:

$$\Delta T(t) = \frac{q}{2\sqrt{\pi}\lambda}\left\{\tau \cdot erf(\tau^{-1}) - \frac{\tau^2}{\sqrt{4\pi}}[1 - \exp(-\tau^{-2})] - \frac{1}{\sqrt{4\pi}}E_i(-\tau^{-2})\right\} \qquad (6\text{-}19)$$

式中:$\tau = \dfrac{\sqrt{4\alpha t}}{w_A}$,$w_A$ 为热带宽度,m;erf 为误差函数;q 为热带单位长度的加热热流,W/m;λ 为热导率,W/(m·K);α 为热扩散系数,cm²/s。

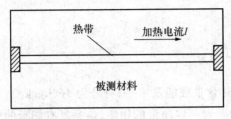

图 6-6　热带法示意图

热带法的特点是可以测量液体、松散材料、多孔介质及非金属固态材料,适用范围较广,装置易于实现,其测温范围为 77~1 000 K。热带法测量材料的热导率误差一般在±3%,热扩散系数的测量误差一般可以控制在±4%。

4. 热波法

热波法也叫激光闪光法,是由 Parker 等在 1961 年提出的,它是目前非稳态法中应用最广泛和最受欢迎的方法。激光闪光法的原理是,在一个四周绝热的薄圆片试样的正面,照射一个垂直于试样正面的均匀的激光脉冲,测出在一维热流条件下试样背面的升温曲线,进而求出热扩散系数。根据激光闪光法的物理模型得到热扩散系数的计算公式:

$$\alpha = \frac{1.37 \times L^2}{\pi^2 \sqrt{t}} \qquad (6\text{-}20)$$

式中:t 为试样背面温度达到最大值的一半时所需要的时间,s;L 为样品厚度,cm;α 为热扩散系数,cm²/s。

激光闪光法具有测量材料种类广泛,样品尺寸小、测试温度范围宽、测量误差小等优点。

5. 热针法

热针法是指在均匀、各向同性的无限大介质中放置一根长直热线,形成沿径向方向的一维圆柱面传热模型,如图 6-7 所示。热针法采用瞬态测量方法,可以在非稳态传热过程中直接测量材料的热扩散系数。测量过程不要求恒温环境,不需要达到热平衡的苛刻条件,受环境变化的影响小,因此该方法是一种绝对测量方法。

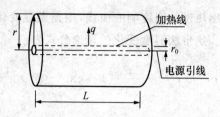

r.一维圆柱面传热半径；r_0.热线（热针）半径；q.传热过程所传递的热量；L.热线（热针）长度

图 6-7　热针法示意图

6.5　食品的焓值

6.5.1　基本概念

焓(enthalpy)是指物料热含量或能量水平,符号为 $H(\mathrm{kJ/kg})$。焓是热力学中表征物质系统能量的一个重要状态参量。对一定质量的物质,焓是具有能量的量纲,按定压可逆过程由一种状态变为另一种状态,焓的增量便等于在此过程中吸入的热量。焓定义为:

$$H=U+PV \tag{6-21}$$

式中:U 为物质的内能,P 为压力,V 为体积。单位质量物质的焓称为比焓,表示为:

$$h=u+P/\rho \tag{6-22}$$

式中:u 为单位质量物质的内能(称为比内能);ρ 为密度,$1/\rho$ 为单位质量物质的体积;P 为压力。通常规定一定温度(如 $-40\,^{\circ}\!\mathrm{C}$、$0\,^{\circ}\!\mathrm{C}$ 或另外的适当的温度)时焓值为零。

6.5.2　焓值的影响因素

焓值是相对值,过去的教材中多取 $-20\,^{\circ}\!\mathrm{C}$ 冻结态的焓值为其零点,近年来多取 $-40\,^{\circ}\!\mathrm{C}$ 的冻结态的焓值为其零点。物质的焓值一般按冻结潜热、冻结率和比热容的数据计算而得,直接测得的情况很少。食品的焓值通常由两部分组成,即食品固形物、未冻结水、冻结水的显热和食品水分凝固或熔解潜热。显热与食品的温度有关,而潜热则与食品水分中被冻结水的比例有关。由于食品水分中被冻结水的比例也与温度有关,食品的焓值是温度的函数。但对于食品材料,实际上很难确定在某一温度时被冻结的比例,不同的冻结率对应不同的焓值,因此,食品的焓值较难确定。一些食品的焓值如图 6-8 至图 6-10 所示。

冷冻食品的潜热和显热难以分开,冷冻食品中常常含有部分在非常低的温度下也不冻结的水分。例如,将质量为 m 的物料从温度 T_1 加热到 T_2 所需的热能量 Q,可以通过用两温度下对应的比焓值 h_1 和 h_2 计算得出:

$$Q=m(h_1-h_2) \tag{6-23}$$

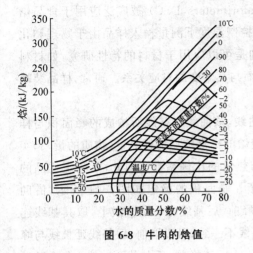

图 6-8 牛肉的焓值

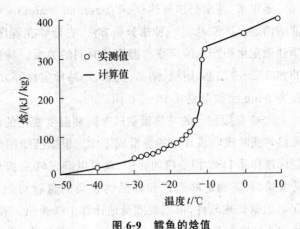

图 6-9 鳕鱼的焓值

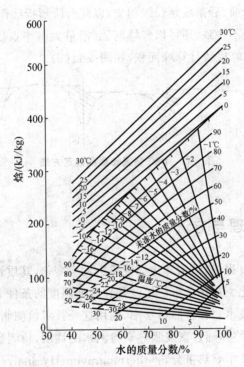

图 6-10 水果汁和蔬菜汁的焓值

6.5.3 焓值的测定

部分食品的焓与冷冻速率有关。例如,就食品的冷冻而言,即使是在"恒"温冻结阶段,焓也会改变,其原因是冻结过程中冷冻食品内非冻结水的比例发生了变化。此外,大多数工业化冻藏设施中温度实际上是有波动的,这就会导致冰晶结构的变化、传质,甚至引起非冻结水含量的改变。

近年来,差示扫描量热仪(differential scanning calorimeters,DSC)被广泛应用于食品熔值的测定。DSC法是一种热分析方法,它能够在程序控制温度下测量输入样品由于物理和化学性质变化而产生的熔变与温度或时间的关系。特别是可以应用于材料的特性研究,如材料的相转变、冷结晶、熔融、结晶、脱水、产品稳定性等方面与其熔变的对应关系。通常,样品装填量为 1 mg 至数毫克或 $10\sim70\ \mu L$。

DSC 直接记录的是热流量随时间和温度变化的曲线,该曲线与基线所构成的峰面积与样品热转变时吸收或放出的热量成正比。根据已知相变熔的标准物质的样品量(物质的量)和实测标准样品 DSC 相变峰的面积,就可以确定峰面积与热熔的比例系数。因此,要测定样品的转变熔,只需确定峰面积和样品的物质的量就可以了。峰面积的确定如图 6-11 所示,借助 DSC 数据处理软件,可以较准确地计算出峰面积。若峰前、后基线在一条直线上,取其基线连线作为峰底线计算峰面积,如图 6-11(a);若峰前、后基线不一致,可以取前、后基线延长线与峰前、后沿交点的连线作为峰底线计算峰面积,如图 6-11(b);若峰前、后基线不一致,也可以过峰顶作纵坐标平行线,与峰前、后基线延长线相交,以此台阶形折线作为峰底线计算峰面积,如图 6-11(c);若峰前、后基线不一致,还可以作峰前、后沿最大斜率点切线,分别交于前、后沿基线延长线,连接两交点组成峰底线计算峰面积,如图 6-11(d)。

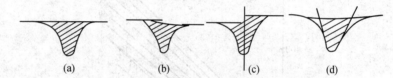

图 6-11　DSC 装置峰面积确定方法

6.6　量热仪测定原理与方法

物质在升温或降温的过程中,结构和化学性质会发生变化,其质量及光、电、磁、热、力等物理性质也会发生相应的变化。量热分析技术就是在改变温度的条件下测量物质材料的物理性质与温度变化关系的一类技术。在食品科学中,利用这一技术检测脂肪、水的结晶温度和融化温度以及结晶数量与融化数量,通过蒸发吸热来检测水的性质,检测蛋白质变性和淀粉凝胶等物理乃至化学变化。量热技术有热重分析(thermogravimetry analysis,TGA)、动态热力学分析(dynamic mechanical analysis,DMA)、热介电特性分析(dielectric thermal analysis,DEA)、差示热分析(differential thermal analysis,DTA)、差示扫描量热仪(differential scanning calorimeters,DSC)和温度分析 (thermal analysis,TA)等。近年来,食品工业中 DSC、DTA、DMA和 TGA 的应用较广泛,鉴于篇幅有限,着重介绍 DSC、DMA 和 TGA。

6.6.1　差示扫描量热仪(DSC)原理及应用

1. DSC 的组成结构

DSC 主要由温度程序控制系统,测量系统,数据记录、处理和显示系统,以及样品室组成。

温度程序控制的内容包括整个实验过程中温度变化的顺序、变温的起始温度和终止温度、变温速率、恒温温度及恒温时间等。测量系统将样品的某种物理量转换成电信号,进行放大,用来进一步处理和记录。数据记录、处理和显示系统把所测得的物理量随温度和时间的变化记录下来,并进行各种处理和计算,再显示和输出到相应设备。样品室除了提供样品本身放置的容器、样品容器的支撑装置、进样装置等外,还提供样品室内各种实验环境控制,包括环境温度控制、压力控制等。由计算机来控制测量、进样和环境条件,并记录、处理和显示数据。DSC 测定原理如图 6-12 所示。

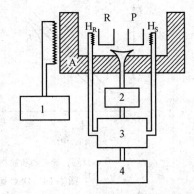

1.升温装置;2.放大器;3.热量补偿回路;4.记录仪
A.炉腔;P.试样容器;R.参照样容器;H_S、H_R.电热丝

图 6-12　DSC 测定原理

根据测量的方法不同,DSC 分为两种类型:温差测量型和功率补偿型。

(1)温差测量型 DSC 的原理　温差 ΔT 指的是参照物温度与样品温度之间的差值。由下列公式可见,热流量可随参照物与样品之间的温差 ΔT 的测定同时进行。

$$Q_{\text{OP}} = KA(T_{\text{O}} - T_{\text{P}}) \tag{6-24}$$

$$Q_{\text{OR}} = KA(T_{\text{O}} - T_{\text{R}}) \tag{6-25}$$

$$Q = Q_{\text{OP}} - Q_{\text{OR}} = KA[T_{\text{O}} - T_{\text{P}} - (T_{\text{O}} - T_{\text{R}})] = KA(T_{\text{R}} - T_{\text{P}}) \tag{6-26}$$

$$Q = KA\Delta T \tag{6-27}$$

$\Delta T = (T_{\text{R}} - T_{\text{P}})$,即参照物温度与样品温度之间的差值。

上述公式中:Q_{OP} 为加热腔体对样品传递的热量,W;Q_{OR} 为加热腔体对参照物传递的热量,W;Q 为参照物与样品之间的热流量,W;K 为总传热系数,W/(m²·K);A 为传热面积,m²;T_{O} 为加热腔体温度,K;T_{P} 为样品温度,K;T_{R} 为参照物温度,K;ΔT 为参照物与样品之间的温差,K。

温差测量型 DSC 结构及温度示意如图 6-13 所示。

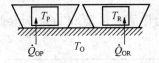

图 6-13　温差测量型 DSC 结构及温度示意

图 6-14(a)为 DSC 运行期间样品、参照物和加热腔体的温度变化曲线,图 6-14(b)为参照物与样品之间的温差曲线,由此温差可获得被测样品的热流量。

样品室有圆盘形和圆柱形两种形式。如图 6-15 所示,圆盘形即被测材料放置于圆盘上,用以测量温差的热电偶固定于圆盘上。圆柱形即热电偶的形状为圆柱形,如图 6-16 所示,此类型样品室可放置更多的被测材料。

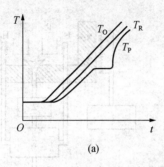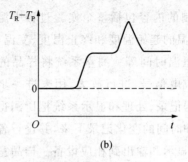

（a）样品、参照物和加热腔体的温度变化；（b）参照物与样品的温差

图 6-14　DSC 运行期间温度-时间（T-t）变化曲线

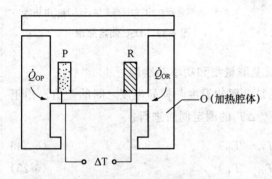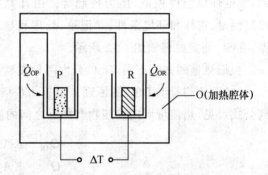

图 6-15　DSC 圆盘形样品室系统　　　　**图 6-16　DSC 圆柱形样品室系统**

（2）功率补偿型 DSC 的原理　图 6-17 为功率补偿型 DSC 的结构简图,其主要特点是分别用独立的加热器,它所测量的参数是两个加热器输入功率之差。整个仪器包含两个控制系统。一个用于控制温度,使样品和参照物在预定的速率下升温或降温。另一个用于补偿样品和参照物之间所产生的温差,以使样品温度与参照物的温度保持相同,这样就可以从补偿的功率直接求热流率,即

$$\Delta W = \frac{\mathrm{d}Q_S - \mathrm{d}Q_R}{\mathrm{d}t} = \frac{\mathrm{d}H}{\mathrm{d}t} \tag{6-28}$$

式中:ΔW 为补偿的功率,W;Q_S 为样品的热量,W;Q_R 为参照物的热量,W;$\dfrac{\mathrm{d}H}{\mathrm{d}t}$ 为单位时间内热量的变化量,J/s。

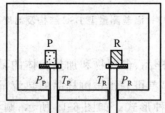

P. 样品；R. 参照物；T_P. 样品温度；P_P. 样品加热功率；T_R. 参照物温度；

P_R. 参照物加热功率

图 6-17　功率补偿型 DSC 结构简图

2.DSC 曲线分析与评价

图 6-18 为在加热过程中样品热流量变化的 DSC 曲线。在加热初始阶段,热流量没有变化,即比热容没有变化,表明在加热过程中物质结构并没有发生变化。当对该样品和参照物继续加热时,热流量曲线突然下降,样品从环境中吸热,表明其结构发生一定程度的变化。再继续加热,样品出现了放热峰,随后又出现了吸热峰。将结晶或熔解发生的起始温度连接起来作为基线,吸热或放热起始边的切线与基线的交叉点处的温度为起始温度 T_o。传热量的数值可通过热量增大的起始温度点与峰值热量曲线所围成的面积计算而得到,基线相当于 $\Delta T = 0$,试样无热效应发生。DSC 可追踪的过程包括结晶转变、玻璃转化、相变过程化学反应等。

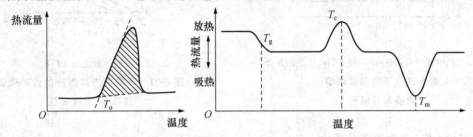

T_o.起始温度;T_g.玻璃化转变温度;T_c.结晶温度;T_m.熔解温度

图 6-18　加热中热流量变化的 DSC 曲线

在 DSC 试验中,样品温度的变化总是与时间相对应的,因此,样品吸热或放热过程的焓可通过分析与时间相对应的热流量变化而获得。

DSC 直接记录的是热流量随温度变化的曲线,该曲线与基线所构成的峰面积与样品转变时吸收或放出的热量成正比。在热量分析中,采用积分法从图 6-18 所示的包含峰值点在内的全部曲线所围成的面积中可获得热量或焓的转折点,例如蒸发或熔解。

图 6-19 所示为冰激凌混合物的焓-温度曲线。图中显示焓随温度降低而降低。由于焓值是相对值,为便于后续计算,有必要引入一个焓为零的参考点,这个参考点可选摄氏温度为零时的焓,即 $h(0℃) = 0$ kJ/kg;也可选择其他温度为参考点(参见 6.5.2 节)。分析一个热力系统中不同状态之间焓的变化往往需要结合热动力特性分析和热量传递的计算,因此,焓的零参考点的选择位置就不那么重要了。

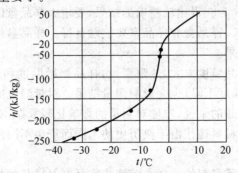

图 6-19　冰激凌混合物的焓-温度曲线

对于到达峰值点的曲线所围成的部分面积(图 6-20),采用部分积分法可按比例获得传热过程的热量或焓,比例系数 a 在 0～1 之间,此系数被称为峰值转换率。

图 6-21 所示为不同配方冰激凌的传热峰值转换率-温度曲线。根据已知转变焓的标准

物质的样品量(物质的量)和实测标准样品的 DSC 相变峰的面积,就可以确定峰面积与焓的比例系数。因此,要测定未知样品的转变焓,只需确定峰面积和样品的物质的量就可以了。

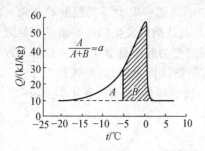

A.起始点到中间点的积分;B.中间点到峰值点的积分

图 6-20　不同温度峰值
转换率计算图

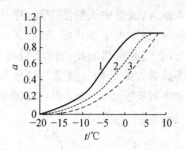

1、2、3 指冰激凌的 3 种配方.

图 6-21　不同配方冰激凌的传热峰值
转换率-温度曲线

3.影响 DSC 测量结果的因素

差示扫描量热法的影响因素与具体的仪器类型有关。一般来说,影响测量结果的主要因素大致有下列几方面。

(1)试验条件　如起始温度、终止温度、升温速率、恒温时间等。试验中常会遇到对于某种蛋白质溶液样品而言,升温速率快于某个值时,无法分辨某个热变性峰,而当升温速率慢于某个值后,就可以分辨出这个峰的情形。升温速率还可能影响峰温和峰形。因此,改变升温速率也是获得有关样品的某些重要参量的重要手段。

(2)样品特性　如样品用量,固态样品的粒度、装填情况,溶液样品的缓冲液类型、浓度及热历史等,参照物特性、参照物用量、参照物的热历史等。一般来说,样品量太少,仪器灵敏度不足以测出所得到的峰;而样品量过多,又会使样品内部传热变慢,使峰形展宽,分辨率下降。实践中发现样品用量对不同物质的影响也有差别。一般要求在得到足够强的信号的前提下,样品量要尽量少一点,且用量要恒定,保证结果的重复性。

(3)固态样品的几何形状　样品的几何形状如厚度及与样品盘的接触面积等会影响热阻,对测量结果也有明显影响。为获得比较精确的结果,要增大样品盘的接触面积,降低样品的厚度,并采用较慢的升温速率。样品盘和样品室要接触良好。样品盘或样品室不干净,或样品盘底不平整,也会影响测量结果。

(4)固态样品粒度　样品粒度太大,热阻变大,样品熔融温度和熔融焓偏低。但当粒度太小时,晶体结构被破坏,结晶度下降,也会影响测量结果。对带静电的粉末样品,静电引力使粉末聚集,也会影响熔融焓。总的来说,粒度对测量的影响比较复杂,有时难以得到合理解释。

(5)样品热历史　许多材料往往由于热历史的不同而产生不同的晶型和相态,对测定结果也会有较大的影响。

(6)溶液样品中溶剂或稀释剂的选择　溶液或稀释剂对样品的相变温度和焓也有影响,特别是蛋白质等样品在升温过程中有时会发生聚沉的现象,而聚沉产生的放热峰往往会与热变性吸热峰重叠,并使得一些热变性的可逆性无法被观察到,从而影响测定结果。选择适合的缓冲系统有可能避免聚沉。

4. DSC 在食品测定中的应用

(1)测定玻璃化转变温度　用 DSC 法直接测定含高浓度大分子物质的样品,如鱼肉、牛肉等,所得到的玻璃化转变温度 T_g 会偏高,并且随冷却速度、升温速度、保温时间、退化条件、样品尺寸的变化而不同,主要是因为这些因素会影响最大冻结浓缩溶液的提取。组分相容性的影响会导致出现一个或者多个 T_g 值,在含有两种互不相容组分的样品中出现两个以上 T_g 并不少见。

在 DSC 中,样品处在线性的程序温度控制下,流入样品的热流速率是被连续测定的。在食品材料中,玻璃化转变过程所对应的温度范围取决于相对分子质量,也与成分的个体数量和个体特性差异有关。可以想象,如果食品各成分的玻璃化转变温度差异较大,那么食品在传热过程中所表现出来的玻璃化转变温度也一定是非常分散的。一般研究文献在报道玻璃化转变温度时,都确切地给出材料检测前的热历史,升温或降温速率以及恒温时间等条件,否则数据失去价值。

(2)测定淀粉的糊化温度　以往测定淀粉糊化采用淀粉粉质仪法、透光法等,但存在一定限制条件。例如,淀粉粉质仪不能用于质量分数超过 10% 的高浓度悬浊液测定,透光法则需要在 0.5% 以下。塑性变形仪虽然可测定 40% 以上高浓度淀粉液,但试样要求量比较大。以上测定方法都是开放系统,不仅有测定中浓度变化带来的影响,而且在 100℃ 以上也无法观察。

DTA 和 DSC 较为相似,二者都是将样品与一种惰性参比物同时置于加热器的两个不同位置上,按一定程序恒速加热(或冷却)。所不同的是,DTA 是同步测量样品与参比物的温差,而 DSC 则是测量输入给样品和参比物的热量差,较之测量温差更精确。DTA 仍是一种测量精度比较高的方法。

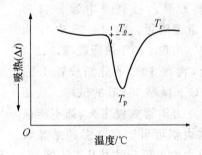

图 6-22　淀粉糊化的 DTA 测定结果

图 6-22 所示为采用 DTA 方法对淀粉糊化过程的热量变化的测定结果。采用 DTA 方法,是把淀粉浸泡于水中,取 10 mg 试样与水一起放入铝制密闭容器中并封闭,再用 DTA 装置测定其热平衡。淀粉在 60℃ 左右(T_0 为糊化开始温度)开始吸热,65℃ 时达到峰值(T_p 为糊化温度峰值),直到 80℃ (T_r 为糊化终了温度)曲线变为平坦。

在 DTA 升温速度为 2～15℃/min,试样量为 0.8～14.3 mg 和淀粉质量分数为 2.6%～50.6% 时,T_0 都可稳定在 60℃,测定偏差也很小。与其他方法相比,DTA 法具有测定迅速、试样用量少、适用范围宽、没有蒸发、精度高等优点。

(3)测定蛋白质的热变性　不同的蛋白质有不同的功能性质,而功能性质与蛋白质的结构有着密切的关系。蛋白质的变性程度将影响蛋白质的结构,从而进一步影响蛋白质的功能性质。在食品加工中蛋白质会变性,这对食品体系的某些性质有非常重要的作用。有关人员在采用 DSC 、DTA 方法研究肌肉蛋白质的变性的同时,可分析出肌肉中的蛋白质种类。研究者先用一整块肌肉测量其变性温度,然后分离出肌球蛋白、肌质蛋白、肌动蛋白的纯品进行单独试验。试验结果表明,前后两者的结果一致。例如,图 6-23 为大白兔肌肉热变性的 DSC 曲线,图中Ⅰ、Ⅱ、Ⅲ 3 个变性峰分别代表肌球蛋白、肌质蛋白、肌动蛋白在不同温度下的热变性。图 6-24 为胶原蛋白、卵清蛋白和牛血清血红蛋白 3 种蛋白的 DTA 曲线,曲线上的吸热开始点反映出上述 3 种蛋白的热变性温度分别约为 54℃、70℃和 52℃。用同样的方法也可测定大豆蛋白、畜肉蛋白的热变性。

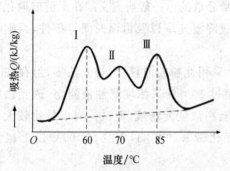

图 6-23　大白兔肌肉热变性的 DSC 曲线

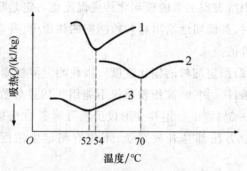

图 6-24　胶原蛋白(1)、卵清蛋白(2)及牛血清血红蛋白(3)的 DTA 曲线

(4)测定巧克力中可可脂　巧克力一旦软化,再放入冰箱中,即使凝固,也不能恢复原味。巧克力中通常含有30%～40%的可可脂,熔点在常温附近。如图 6-25 中,1 为刚购回的巧克力,在 28℃和 34℃出现了两个热吸收峰;2、3、4为加热到 50℃使巧克力熔化,再在 10℃下分别放置 1 h、48 h、600 h 的巧克力;5 为 30℃下保存 984 h 的试样。从图中可以看出,加热熔化后的巧克力不管放置多久,都不能恢复到刚购入巧克力的状态,这表明可可脂存在多种结晶状态。不同的冷热处理会使巧克力中可可脂结晶状态不同,引起吸热曲线的差异。因此,在保存过程中,巧克力的软化对品质有很大影响。

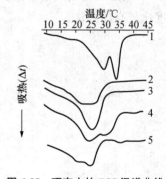

图 6-25　巧克力的 DSC 温谱曲线

(5)测定水分含量　可用 3 种方法表示食品中的水,即水分含量、水分活度和水的动态流动性。水分活度是用来表示食品中水与食品的结合程度的,可分为自由水与结合水。最新研究表明,用水的动态流动性来表示水与食品的相互作用更加合理。DSC 热分析技术可以测定食品体系中的自由水(可冻结水)含量,而总水分含量可根据 AOAC(美国分析化学家协会,Association of Official Analytical Chemists)标准方法在 103～105℃条件下测定,通过上述两种方法可把结合水的含量计算出来。

6.6.2 动态热力学分析(DMA)原理及应用

动态热力学分析(DMA)属于动态热机械分析技术的一种,是指在程序控制温度下,测量材料在振动载荷下的动态模量及力学损耗与温度关系的技术。

1.DMA 的测定原理

DMA 测定的动态机械特性参数主要有储能模量(E')、损耗模量(E'')及损耗因子($\tan\delta$)。E' 反映材料黏弹性中的弹性成分,表征材料的刚度;E'' 与材料在周期中以热的形式消耗的能量成正比,反映材料黏弹性中的黏性成分;$\tan\delta$ 是 E' 与 E''的比值,表征材料的阻尼性能。DMA 通过测定材料的动态力学性能(动态储能模量 E'、耗能模量 E''和损耗因子 $\tan\delta$ 随外界频率、温度或时间的变化),以明确材料的结构、性能及其相互关系,并给出应用范围和加工参数。

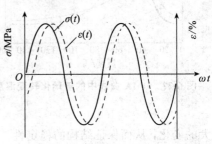

图 6-26 高分子材料在交变应力下的应力-应变关系

一般地,DMA 试验对高分子及其复合材料施加一个正弦交变应变(或应力),测定其应力(或应变)的变化。对于线性黏弹性行为,平衡时应力、应变都是按正弦形式变化的,如图 6-26 所示。若施加的是一个正弦应变,数学表达式为:$e = e_0 \sin\omega t$。

通常,对于高分子材料,其应力响应将超前于应变一个相位角 $\delta(0° < \delta < 90°)$,数学表达式为:

$$s = s_0 \sin(\omega t + \delta) \tag{6-29}$$

则材料的动态模量为:

$$E = \left(\frac{s_0}{e_0}\right)(\cos\delta + i\sin\delta) \tag{6-30}$$

储能模量为式(6-30)的实部:

$$E' = \left(\frac{s_0}{e_0}\right)\cos\delta \tag{6-31}$$

耗能模量为式(6-30)的虚部:

$$E'' = \left(\frac{s_0}{e_0}\right)i\sin\delta \tag{6-32}$$

在强迫非共振的动态测试中,由于应变变化落后于外应力一个相位角,在每一形变周期中,能量会以热的形式被消耗,其净值正比于动态力学性能上的耗能模量。从分子运动的观点出发,耗能模量的最大值以及对应的模量曲线上的拐点在测试频率 ω 等于高分子链段运动的平均频率或平均松弛时间的倒数时出现。

2.DMA 测定材料玻璃化转变温度

玻璃化转变温度(T_g)是度量高分子材料链段运动的特征温度,DMA 能模拟实际使用情况,而且它对材料的玻璃化转变温度、结晶、交联、相分离及分子链段各层次的运动都十分敏

感,所以它是研究高分子材料分子松弛运动行为常用的方法,目前已经成为研究高分子性能的重要方法之一。

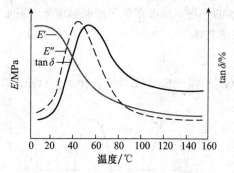

图 6-27　DMA 曲线中的玻璃化转变温度

高分子材料典型的 DMA 温度图谱如图 6-27所示。在 DMA 曲线中,有三种定义的方法:第一种是以 E' 曲线上 E' 下降的转折点对应的温度为 T_g,第二种是以 E'' 的峰值所对应的温度为 T_g,第三种是以 $\tan\delta$ 的峰值对应的温度为 T_g。从图中可以看出,依三种方法所测得的 T_g 依次升高。在 ISO标准中建议以 E'' 峰值所对应的温度为 T_g。在实际应用中,如果以 T_g 表征结构材料的最高使用温度,那么用第一种方法较为保险,因为只有这样才能保证结构材料在使用温度范围内模量不会出现大的变化,从而保证结构的稳定性。在研究阻尼材料性能时,通常以 $\tan\delta$ 峰值作为 T_g。

6.6.3　热重分析法(TGA)原理及应用

热重分析法是一种在特定的气氛和程序控温条件下,实时测量样品在加热、冷却或恒温过程中质量变化的技术,从而获得其发生脱水、分解、脱附、挥发等质量减少信息,或水合、氧化、吸附等质量增加信息。热重分析仪的心脏是天平,主要由天平、炉子、程序控温系统、记录系统等几个部分构成。

1.热重分析的测定原理

热重分析法最常用的测量原理有两种,即变位法和零位法。所谓变位法,是根据天平梁倾斜度与质量变化成比例的关系,用差动变压器等测知倾斜度,并自动记录。零位法是采用差动变压器法、光学法测定天平梁的倾斜度,然后调整安装在天平系统和磁场中线圈的电流,使线圈转动恢复天平梁的倾斜。由于线圈转动所施加的力与质量变化成比例关系,这个力又与线圈中的电流成比例关系,只需测量并记录电流的变化,便可得到质量变化的曲线。

二维码 6-1　热重分析及应用

热重法试验得到的曲线称为热重曲线(TG 曲线)。TG曲线以质量为纵坐标,从上向下表示质量减少;以温度(或时间)为横坐标,自左至右表示温度(或时间)增加。当被测物质在加热过程中发生升华、汽化,或分解出气体、失去结晶水时,被测物质的质量就会发生变化。这时热重曲线就不是直线而是有所下降。通过分析热重曲线,就可以知道被测物质在多少摄氏度时产生变化,并且根据质量减少量,可以计算失去了多少物质。通过 TG 试验有助于研究晶体性质的变化,如熔化、蒸发、升华和吸附等物理现象,也有助于研究物质的脱水、解离、氧化、还原等化学现象。

从热重法派生出的微商热重 DTG(derivative thermogravimetry)曲线是 TG 曲线对温度(或时间)的一阶导数。DTG 曲线上出现的各种峰对应着 TG 曲线的各质量变化阶段。T_m 为最大失重温度。DTG 曲线是一个热失重速率的峰形曲线。DTG 曲线的特点有:能精确反映出起始反应温度、最大反应速率温度和反应终止温度(相对来说,TG 曲线对此就迟钝得多);

能精确区分出相继发生的热重变化。在 TG 曲线上,对应于整个变化过程中各阶段的变化相互衔接而不易区分开,而同样的变化过程在 DTG 曲线上能呈现出明显的最大值,可以以峰的最大值为界把一个热失重反应分成两部分。故 DTG 能很好地区分出重叠反应,区分各反应阶段。TG 曲线与 DTG 曲线的关联见图 6-28。

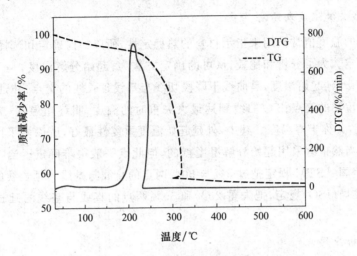

图 6-28　TG 曲线与 DTG 曲线的关联

2. 热重分析的影响因素

(1)试样量和试样皿　采用热重法测定时,试样量要少,一般为 2～5 mg。一方面是因为仪器天平灵敏度很高,可达 0.1 μg;另一方面试样量多,传质阻力大,试样内部温度梯度大,如果试样产生热效应,试样温度会偏离线性程序而升温,使 TG 曲线发生变化。此外,粒度越细越好,尽可能将试样铺平,因为粒度大会使分解反应移向高温。

试样皿的材质应耐高温,且对试样、中间产物、最终产物和气氛都是惰性的,即不应具有反应活性和催化活性。常用的试样皿采用铂金、陶瓷、石英、玻璃、铝等材料加工而成。特别要注意,不同的样品要采用适宜的试样皿。例如,碳酸钠在高温时与二氧化硅反应生成硅酸钠,所以像碳酸钠一类碱性样品,测试时不要用石英、玻璃、陶瓷等试样皿。铂金试样皿对有加氢或脱氢的有机物有活性,不适合用于含磷、硫和卤素的聚合物样品。

(2)升温速率　升温速率越快,温度滞后越严重。升温速率快,使曲线的分辨力下降,会丢失某些中间产物的信息。如对含水化合物慢升温,可以检出分步失水的一些中间物。

(3)气氛　影响反应性质、方向、速率和反应温度,也影响热重称量的结果。气体流速越大,表观增重越大。对样品进行热重分析时,须注明气氛条件。热重测试可在动态或静态气氛条件下进行。静态指气体稳定不流动,动态指气体以稳定流速流动。在静态气氛中,产物的分压对 TG 曲线有明显的影响,使反应向高温移动;而在动态气氛中,产物的分压对 TG 曲线影响较小。因此,在热重测试中,一般都使用动态气氛,气体流量为 20 mL/min。常用气氛有惰性气氛、氧化性气氛、还原性气氛,还有其他如 CO_2、Cl_2、F_2 等。

(4)挥发物冷凝　分解产物从样品中挥发出来,往往会在低温处再冷凝。如果冷凝在吊丝式试样皿上,会造成测得失重结果偏低;而当温度进一步升高,冷凝物再次挥发,会产生假失

重,使 TG 曲线变形。常用的解决的办法是加大气体流速,使挥发物立即离开试样皿。

(5)浮力 升温使样品周围的气体热膨胀,从而使相对密度下降,浮力减小,使样品表观增重。例如,300℃时浮力可降低到常温时的 1/2,900℃时可降低到约 1/4。实用校正方法是做空白试验(空载热重),消除表观增重。

3.TGA 曲线关键温度表示法

失重曲线上的温度值常被用来指示材料的热稳定性,所以如何确定和选择十分重要,至今还没有统一的规定。为了分析和比较,认可的确定方法为:起始分解温度,是 TG 曲线开始偏离基线点的温度;外延起始温度,是曲线下降段切线与基线延长线的交点;外延终止温度,是这条切线与最大失重线的交点;TG 曲线到达最大失重时的温度,叫终止温度;失重率为质量减少 50% 时的温度,又称半寿温度。其中,外延起始温度重复性最好,所以多采用此点温度表示材料的稳定性。当然也有采用起始分解温度点的,但此点一般很难确定。当 TG 曲线下降段切线不好画时,美国 ASTM 规定把过 5% 与 50% 两点的直线与基线的延长线的交点定义为分解温度;国际标准局(ISO)规定,把失重 20% 和 50% 两点的直线与基线的延长线的交点定义为分解温度。

4.热重法分析应用

热重法的重要特点是定量性强,能准确地测量物质的质量变化及变化的速率,可以说,只要物质受热时发生质量的变化,就可以用热重法来研究其变化过程。通常,热重分析与其他几种热分析方法联用,主要应用于地质、高分子材料、药物研究方面。近些年,热重分析与其他热分析方法的联用在食品行业的应用也逐渐广泛深入。例如,采用 TG/DSC 分析方法可提供与蛋白质热变性有关信息,如蛋白质空间构象变化、热稳定性、热变性动力学、热稳定性与生理活性关系。近几年的研究表明,TG 也可为油脂加工及储藏条件的控制、新型抗氧化剂研发等提供实验依据。

二维码 6-2 热物性与
食品产业创新发展

❓ 思考题

1. 什么是食品的热物性?学习食品的热物性有何意义?
2. 简述比热容的测定方法及应用。
3. 简述热导率的测定方法及应用。
4. 简述热扩散系数的测定方法及应用。
5. 简述各种量热仪的使用方法及量热测定曲线的解析。
6. 简述各种量热技术在食品工业中的应用。
7. 简述量热技术的使用现状和发展。

专业术语中英文对照表

中文名称	英文名称
热流量	heat flow rate
比定容热容	specific heat capacity(V＝constant)
比定压热容	specific heat capacity(p＝constant)
热流密度	heat flow density
导热系数	coefficient of thermal conductivity
热扩散系数	coefficient of thermal diffusivity
焓	enthalpy
比焓	specific enthalpy
内能	internal energy
孔隙率	void ratio
水分冻结率	water frozen ratio
总传热系数	total coefficient of thermal transition
水分活度	water activity
补偿的功率	power compensation
储能模量	storage modulus
损耗模量	viscous modulus
损耗因子	viscous coefficient
玻璃化转变温度	glass transition temperature
差示扫描量热技术	differential scanning calorimetry
热重分析	thermogravimetry analysis
动态热机械特性分析	dynamic mechanical analysis

第 7 章
食品的电特性

本章学习目的及要求

掌握食品导电特性和介电特性的概念及其影响因素；了解食品电特性的检测方法；掌握食品电特性在食品保鲜、加工及品质控制中的应用。

7.1　概述

按产生电的主被动关系,食品的电特性可分为两大类,一类是主动电特性,另一类是被动电特性。前者包括食品材料中存在某些能源而产生的电特性,这种存在于食品中的能源可产生一个电动势或电势差,在生物系统中表示为生物电势,近年来生物电的研究就属主动电特性的研究范畴。后者则指食品在直流电场中的导电性、在交流电场中的介电性以及由外力作用引起的压电效应、热电效应等,是由食品物料的化学成分和物理结构所决定的固有特性。食品物料的电特性,通常取决于其自身性质,还受到环境因素的影响。

按导电性质的不同,材料通常可分为导体和非导体(电介质)。导体可分为两类,一类是电子导体,如金属,它是由自由电子运动而导电的;另一类是离子导体,如电解质,它是依靠离子定向运动而导电的。电介质也称为绝缘体,电介质中的电子受到很大束缚力,电子不能自由移动,故电介质在一般情况下是不导电的。空气、玻璃、橡胶及很多有机物都是良好的电介质,许多食品物料也属于电介质。

随着科学技术的快速发展,关于食品电学性质的理论研究,已从初期仅研究食品的直流电、交流电基本特性,发展到探讨分子和化学结构等构造因子以及含水率、温度、频率等因素对食品电特性影响的机制。相应地,新型食品电处理和电加工技术层出不穷,成为改善食品生产环境、提升产品品质的重要手段。

食品电特性研究和应用的主要领域:①电磁场处理生鲜食品如水果、蔬菜、种子、肉等,可对其生理活动进行有效调控,成为具有发展潜力的保鲜处理手段。②食品加工中要求减少营养损失和生物活性物质活性的降低,电物理加工方法在此方面优势明显。③构成食品的分子或粒子大都具有某种荷电的性质,采用电场或电磁场可对构成食品的最小单位进行有效的加工处理。④运用电能加工食品具有能量利用率高、方便、卫生、易控制等特点,因此在加热、杀菌、干燥等高能耗领域具有很大的发展潜力。⑤依据食品的电物理特性,快速测定食品中的成分和物理品质,可为食品加工自动化以及在线品质控制提供重要手段。

7.2　基本概念

7.2.1　导电特性

通常,食品的导电性是指食品在直流或低频电场中的导电能力,主要与食品在电场作用下的离子和电子迁移有关。

1. 电阻率与电导率

电传导是物体的本性,材料的电阻与组成该导体的材料有关,评价材料导电性的指标通常有电阻率和电导率。

导体对电流的阻碍作用即导体的电阻(electrical resistance)。电阻 R 的计算式为:

$$R = \frac{U}{I} = \rho \frac{L}{S_c}$$

(7-1)

式中:R 为电阻,Ω;U 为电压,V;I 为电流,A;ρ 为电阻率,$\Omega \cdot m$;L 为导体的长度,m;S_c 为导体的截面积,m^2。

电阻率(electrical resistivity)是指单位截面积及单位长度均匀导线的电阻值,是材料的固有属性,电阻率越大则材料导电能力越弱。电阻率 ρ 的表达式为:

$$\rho = R\,\frac{S_c}{L} = \frac{U}{I} \cdot \frac{S_c}{L} \tag{7-2}$$

事实上,电阻 R 是与物料的形状或大小有关的物理常数,而电阻率 ρ 是物质常数,即它与组成物体的物质属性有关,与物体的大小或形状无关。

电导率(electrical conductivity)是电阻率的倒数,单位为 S/m,或 $\Omega^{-1} \cdot m^{-1}$。电导率越大,则说明材料导电能力越强。电导率 σ 的表达式为:

$$\sigma = \frac{1}{\rho} = \frac{L}{RS_c} = \frac{I}{U} \cdot \frac{L}{S_c} \tag{7-3}$$

按照电阻率或电导率的大小,所有材料可以划分为三类:导体、半导体和绝缘体(电介质)。导体是导电能力强的材料,电阻率范围一般在 $10^{-8} \sim 10^{-5}\ \Omega \cdot m$,如金属等;绝缘体的导电能力差,通常电阻率高于 $10^8\ \Omega \cdot m$ 的材料可以称为绝缘体,如大多数食品、陶瓷、橡胶、塑料等;导电能力介于导体和绝缘体之间的称为半导体。

2. 影响导电性的因素

(1)温度　对食品电导率的影响较大。随着温度的增加,电导率升高。电阻率与温度的关系为线性关系:

$$\sigma_t = \sigma_0 + m_t \sigma_0 (t - t_0) \tag{7-4}$$

式中:σ_t 为任意温度时的电导率,S/m;σ_0 为初始温度时的电导率,S/m;m_t 为温度补偿系数,$^\circ C^{-1}$;t 为温度,$^\circ C$;t_0 为初始温度,$^\circ C$。

一些水果、肉的电导率和温度补偿系数如表 7-1 所示。较高的温度能够增强离子的运动能力,升高温度可使导电性得到提高。

表 7-1　部分食品的电导率与温度关系模型参数表

食品名称	$\sigma_t/(S/m)$	$m_t/^\circ C^{-1}$	食品名称	$\sigma_t/(S/m)$	$m_t/^\circ C^{-1}$
苹果	0.079	0.057	草莓	0.234	0.041
桃	0.179	0.056	鸡肉(胸肉)	0.663	0.020
梨	0.124	0.041	猪肉(里脊)	0.564	0.018
菠萝	0.076	0.060	牛肉(臀肉)	0.504	0.019

注:初始温度为 25℃。

(2)电场强度　增加电场强度,可增大电荷的受力和运动能力,因此电导率增加。图 7-1 为不同电场强度下,番茄汁电导率与电场强度及温度变化的关系。

(3)含水率　干燥的食品是非常好的电绝缘材料,然而随着含水率的增加,电导率增大,电阻率减小。图 7-2 为不同浓度红豆汁电导率的变化情况。

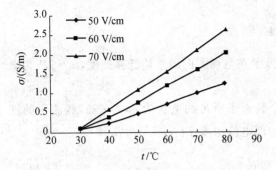

图 7-1　番茄汁电导率与温度、电场强度的关系

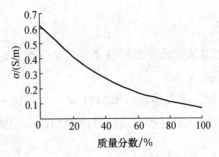

图 7-2　红豆汁浓度与电导率的关系

（4）化学组成　油脂本身不具有导电性，脂肪的导电性也很差。因此，在食品中增加油脂（或脂肪）将降低导电性。

图 7-3 表明，在脂肪中添加瘦肉，随着瘦肉比例的增加（脂肪含量的减少），电导率逐渐增大。当瘦肉比例大于 30％时，电导率呈非线性快速增大；至 90％以上时，电导率基本不再变化。

钠、钾离子等带电粒子可明显改善食品的导电性。从图 7-4 可以看出，经食盐腌制的牛肉的电导率较未腌制的明显增大，原因是钠离子具有良好的导电性。切碎牛肉的电导率较未切碎牛肉的电导率也有一定增加，是由于在斩切过程中肌纤维破碎，其中的水分和无机成分释出，增强了导电能力。

（5）结构取向　许多食品如瘦肉、芹菜等的纤维定向排列，结构取向度高，对电导率也有一定影响。如图 7-4 所示，无论是腌制还是未腌制的牛肉，沿着肌肉纤维方向（纵向）的电导率较垂直于纤维方向（横向）的电导率大，说明顺着纤维方向的电阻更小，导电性更好。

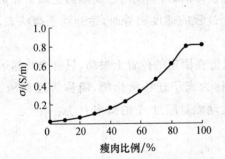

图 7-3　瘦肉添加量对电导率的影响

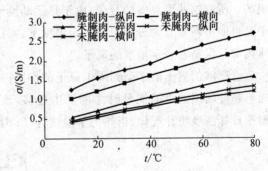

图 7-4　腌制、切碎及纤维取向对牛肉电导率的影响

3. 导电的机理

物体的导电特性，是由物体内部的各种载流子在电场作用下沿电场方向自由移动而形成的。多数食品是绝缘体，因此要了解食品的导电机理，必须从绝缘材料的导电机理入手。首先必须了解绝缘材料内部载流子的本质、载流子的数目以及载流子在电场方向的迁移率。

载流子的迁移率 χ 可用载流子在电场方向的平均迁移速度与电场强度之比来表示，即

$$\chi = \frac{v}{E}$$

式中：χ 为载流子的迁移率，$\text{m}^2/(\text{s} \cdot \text{V})$；$v$ 为载流子在电场方向的平均迁移速度，m/s；E 为电场强度，V/m。

设在单位体积（$1\ \text{m}^3$）内有 n 个载流子，每个载流子所带的电荷为 q（$\text{A} \cdot \text{s}$），载流子的迁移率为 χ，则每秒内通过单位面积（$1\ \text{m}^2$）的电量，即电流密度 J（A/m^2）为：

$$J = nqv = nq\chi E \tag{7-5}$$

因此电导率为：

$$\sigma = \frac{J}{E} = nq\chi \tag{7-6}$$

如果一种材料中存在多种载流子，则其电导率为各种载流子作用的总和，即

$$\sigma = \sum n_i q_i \chi_i \tag{7-7}$$

式中：n_i、q_i、χ_i 分别为第 i 种载流子的浓度、电荷量和迁移率。

（1）载流子的性质　过去认为绝缘材料中的载流子只有正离子和负离子，近年发现，除离子外还有电子和空穴。绝缘材料的电导率本来就很小，要区别离子电导和电子电导是很不容易的。一般认为离子电导占主要成分，在高温条件下尤其如此。当电场强度增大时，电子电导也增强。

（2）离子电导　绝缘材料中的离子，除了强极性原子的本征离解外，多数是由物质离解而成的。所有这些可离解的分子，由于热运动给予的能量而离解，但同时已离解的正离子和负离子又可能重新复合为分子。在一定温度下，当这两个过程的速度相等时，达到动平衡状态，物质内部就保持着一定浓度的离子。

已离解的离子由于受到周围原子的作用，一般只能在固定的位置上振动，只有当其热运动能量超过周围的束缚能量时才能发生迁移，该能量称为离子迁移活化能，简称为迁移能 A。根据玻耳兹曼统计规律，当热力学温度为 T_r 时，热运动能量超过 A 的概率 P 为：

$$P = \text{e}^{-\frac{A}{kT_r}} \tag{7-8}$$

式中：P 为热运动能量超过离子迁移活化能的概率；A 为离子迁移活化能，J；T_r 为热力学温度，K；k 为玻耳兹曼常数，$1.310 \times 10^{-23}\ \text{J/K}$。

在外加电场作用下，正离子顺电场方向的迁移率超过了反电场方向的迁移率，两者之差决定了正离子沿电场方向的迁移率。

（3）电子电导　食品中的分子排列一般是无定形和结晶二相共存的，在没有一定排列规则的体系内，电子运动就显得更加复杂。一般认为电子能量超过某一临界能量时，在分子内部也可能形成能带电导，而在分子之间电子迁移最大的可能是靠跳跃。因此，当分子间间隙较小时发生这种跳跃的可能性就增大，说明当材料被压缩时电子电导就会增大。

7.2.2　介电特性

方向和强度按某一频率周期性变化的电流称为交流电。交流电按其频率的高低,大致可分为低频和射频。食品的交流电性质是指食品在各种频率的交流电场作用下所呈现的各种特性,主要涉及食品的介电特性(dielectric properties)参数(介电常数、损耗角正切、介质损耗因数等)的变化规律及影响因素。

(1)低频交流电作用下食品的电热效应　在交流电的低频区域,食品的电学性质在很多方面与直流电情况下呈现同样特性。例如,在绝干状态下食品电阻极高,随着含水率的增加电阻显著减小,这种变化直到含水率增大到一定值后又趋于平缓。

在低频交流电场中,欧姆定律对食品介质也成立,产生的焦耳热和直流电作用下相同。然而,在交流电情况下电压的大小是用有效值(最大电压的 0.707 倍)来表示的。利用食品在交流电作用下产生的焦耳热对食品进行低频加热时,电压过高,有放电的危险,而干燥食品的电阻非常高,导致电流强度显著减小。要提高发热量,需要控制电压在一定限度内,食品应具有较高的含水率。

(2)射频(高频)交流电场下食品的极化和介电性　射频(radio frequency,RF)是一种高频交流变化的电磁波(广义频率则指无线电频率),频率范围从 100 kHz 至 300 GHz。在高频交流电场中,食品的介电性才能得以较充分的体现。所谓介电性,是指物质受到电场作用时,构成物质的带电粒子只能产生微观上的位移而不能进行宏观上的迁移的性质。表现出介电性的物质称为介电体。

图 7-5 比较了直流电场中导体和介电体中带电粒子的举动。图 7-5(a)所示为金属等良导体在直流电场中通过电子的迁移产生了电流,图 7-5(b)则表示介电体中的带电微粒在外电场的作用下排列发生变化,即发生了极化现象。

绝干食品以及较低含水率的食品是电介质。随着含水率的上升,食品中离子的迁移率增大,因此高含水率的食品表现出明显的导电性,而介电性不明显。

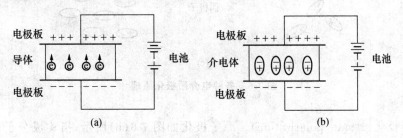

图 7-5　直流电场中导体和介电体中带电粒子的举动

1.电介质的极化

从物理学知识可知,当在电容器中插入电介质时,可增大电容。将电介质插入电场中后,由于同号电荷相斥、异号电荷相吸,介质表面会出现与各自贴近极板电荷相反的电荷分布。这种现象称为电介质的极化(polarization)。表面上出现的电荷称作极化电荷(polarized charge)。

任何物质的分子或原子(以下统称分子),都是由带负电的电子和带正电的原子核组成的。

整个分子中电荷的代数和为 0。正负电荷在分子中并不都是集中于一点的,但分子中全部负电荷的影响和一个单独的负点电荷等效,这个等效点电荷的位置称为这个分子的负电荷"重心"。同样,每个分子的正电荷也有一个正电荷"重心"。在无外电场时,可按正负电荷的"重心"重合与否把电介质分为两类:正负电荷"重心"重合的电介质称为无极分子,不重合的就称为有极分子。有极分子的正负电荷"重心"互相错开,形成一个电偶极矩,称为分子的固有电矩。

电场中电介质的极化主要有以下 3 种情况。

(1)电子位移极化(electronic polarization) 如图 7-6(a)所示,当无极分子处于外电场中时,在场力作用下,本来处于重合中心的电子(负)电荷"重心"发生了偏离,形成了一个电偶极子。分子电偶极矩的方向沿外电场方向。对于一个电介质整体,如果介质中每一分子形成了电偶极子,沿电场排列,那么在电介质与外电场垂直的端面,也会形成极化电荷。这种极化就是电子位移极化。

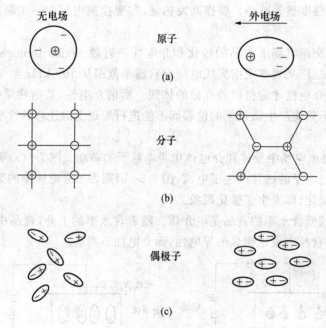

图 7-6 各种电介质极化原理

(2)原子极化(atomic polarization) 原子极化如图 7-6(b)所示,指构成分子的各原子或原子团在外电场作用下发生了偏移而产生极化的现象。各原子的偏移是在像弹性振动那样的振动下进行的。

(3)取向极化(orientation polarization) 如图 7-6(c)所示,对于由两个以上原子结合的偶极子分子,即使没有电场作用,它们也有一定的固有电矩,因而是极性分子。水分子是最典型的极性分子。虽然它们具有固有电矩,但由于分子不规则地运动,没有外界电场作用时,所有分子的固有电矩矢量互相抵消。但当处于电场中时,分子电矩就会转向外电场方向,虽然分子热运动会使这种转向不很完全,但总体排列会使介质在垂直于电场方向的两端面产生极化电荷。这样的极化称作取向极化,也称为偶极子极化。

2. 介电常数

典型电容器的结构如图 7-7 所示。电容器的静电量是在电极施加 1 V 电压时电容器蓄积的电荷量。

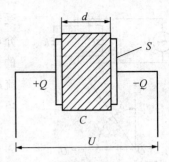

$$C = \frac{Q}{U} = \varepsilon_r' \frac{\varepsilon_0 A}{d} \qquad (7-9)$$

图 7-7　物体的电容与介电常数

式中:C 为电容器的电容量,F;Q 为电容器蓄积的电量,C;U 为两极板间的电压,V;A 为电极板面积,m^2;d 为两极板之间距离,m;ε_0 为真空介电常数;ε_r' 为物料的相对介电常数。

物料的相对介电常数 ε_r' 是物料在实际介质中时电容器的电容量 C 与在真空介质中时电容器的电容量 C_0 的比值,即 $\varepsilon_r' = \dfrac{C}{C_0}$。

将电介质放在电场中,极性分子会产生定向极化,非极性分子也会由于原子核偏离而极化。电介质的极化产生相反电场,因而会减小电场中两电荷间的作用力,减小电容器带电极板的电位差,使电容量增大。电介质都具有固定的介电常数(电容率)。

电介质的实际介电常数 ε 可表示为相对介电常数 ε_r' 和真空介电常数 ε_0 的乘积:

$$\varepsilon = \varepsilon_r' \varepsilon_0 \qquad (7-10)$$

一般情况下,$\varepsilon_r' \gg \varepsilon_0$。空气的相对介电常数为 1.000 6,水的相对介电常数为 81.57,食品物料的介电常数通常介于两者之间。

3. 介电损耗

处于交变电场中的电介质,其内部偶极子将进行回转取向运动,从而引起偶极子极化。偶极子在回转时受到内摩擦阻力的作用,往往使其滞后于外加电场的变化,二者之间表现出一个相位差 δ。而在每个周期中也将有一部分电能被用于克服内摩擦阻力而转化为热能被消耗,这种现象称为介电损耗(dielectric loss)。

介电损耗常用损耗角正切 $\tan\delta$ 来表示,其定义为:电介质在交流电场作用下每个周期消耗的热量与充放电所用能量之比。

除了损耗角正切之外,还有一个用于表征介电损耗的重要物理量,称为介电损耗因数(dielectric loss factor)。它是与能量损失成正比的量,用 ε_r'' 表示,在数值上等于介电常数与损耗角正切的乘积。由于食品中偶极子的极化受到内摩擦阻力的作用,有一部分电能转化为热能被消耗,其真实的介电常数为复数形式,用复数相对介电常数 ε_r^* 表示,如下式:

$$\varepsilon_r^* = \varepsilon_r' - i\varepsilon_r'' \qquad (7-11)$$

式中:ε_r^* 为复数相对介电常数;$i = \sqrt{-1}$(下同);ε_r' 为相对介电常数;ε_r'' 为相对介电损耗因数。

$\tan\delta$ 为介电损耗角正切,$\tan\delta = \dfrac{\varepsilon_r''}{\varepsilon_r'}$;$\delta$ 为介电损耗角。

相对介电常数 ε_r' 是表示物料可能贮存的电场能量的物理量,它反映该物料提高电容器电容量的能力。相对介电损耗因数 ε_r'' 是表示物料可能损耗的能量的物理量,其值越大表明物料

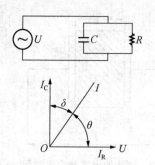

图7-8 电路中有电容器时的损耗角和相位角

受热越快。介电损耗角正切 $\tan\delta$ 也是反映能量的损耗的物理量。介电损耗角 δ 是交流电的总电流 I 与电容器中的电容电流 I_C 之间的夹角,如图7-8所示。充满理想电介质的电容器无能量损耗,电流超前电压90°。由于有了损耗,相位角减小,损耗角增加。损耗角 δ 和相位角 θ 之间的关系如下:

$$\delta = 90° - \theta$$

在任何给定频率下,电介质可用理想电容器和电阻组成的并联电路表示。当将正弦变化的电压施加到该电介质上时,产生电容电流 I_C 并超前外加电压90°;同时产生损耗电流 I_R,它与外加电压相位一致。总电流 I 与外加电压之间的角度 θ 称为相位角。$\cos\theta$ 称为功率因数,记作 PF。在低损耗电介质中 δ 角很小,可用 $\tan\delta$ 代替 $\cos\theta$。在高损耗电介质中有:

$$PF = \frac{\tan\delta}{(1 + \tan^2\theta)^{\frac{1}{2}}}$$

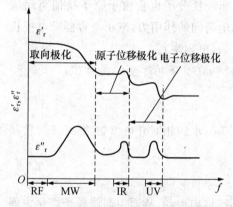

图7-9 介电常数与频率和各种极化的关系

如图7-9所示,电子极化的特征频率为紫外线(UV)域,原子极化的特征频率为红外(IR)、远红外域;偶极子取向极化主要发生在高频波(RF)和微波(MW)域。因此,由各种极化引起的热损耗与电场频率有很大关系。

4.影响介电性能的因素

食品的种类很多,所含的成分存在很大差别,组织结构也有很大不同,这些决定了食品复杂的介电性质。就食品成分种类而言,通常油脂的介电性能最差,水的介电性能最好,多糖、蛋白质、纤维素等的介电性能较差。部分食品的介电常数和介电损耗因数见图7-10和图7-11。

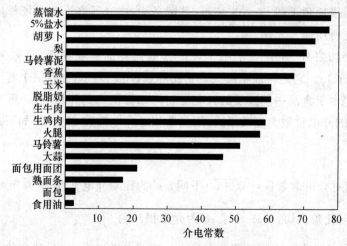

图7-10 部分食品的介电常数

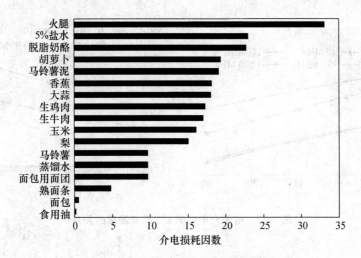

图 7-11　部分食品的介电损耗因数

对大多数食品而言,食品的含水率及所处电场条件与介电性质之间存在一定的规律性。

(1)频率　电场频率对介电性能有较大的影响。对水果类而言,随着电场频率的增加,介电常数 ε'_r 逐渐减小,介电损耗因数 ε''_r 也减小,ε''_r 值在低频区(27～40 MHz)较在高频区(915～1 800 MHz)时大得多。图 7-12 是橘子在不同频率电场中的介电性能变化规律。小麦、豆类等食品的介电性能也表现出相似的变化趋势,由于原料成分和结构存在较大的差别,介电性能参数也有很大的区别。

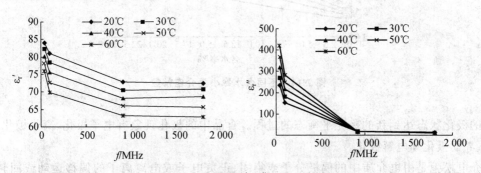

图 7-12　橘子介电参数 ε'_r、ε''_r 与电场频率的关系

(2)温度　0 ℃以上,随着温度的增加,介电常数 ε'_r 相应减小,介电损耗因数 ε''_r 增大,说明高温条件下介电性能有所降低。较高温度下食品中分子热运动增强,偶极子的定向排列度降低,因此介电常数减小。较高温度有利于降低食品的黏度,分子运动或偶极子转动阻力减小,因此介电损耗因数增大。图 7-13 是橘子在不同温度下的介电性能变化规律。

(3)含水率　根据水分子的偶极性可知,食品含水率高,其介电常数和介电损耗因数均会增加。图 7-14 是不同含水率小麦介电常数的变化情况。由图中可见,在相对较低的含水率范围内,介电常数随水分含量的增加而呈线性增加。

5.介电松弛

介电松弛(dielectric relaxation)又称介电弛豫,是电介质在经外电场作用(或移去)后,从

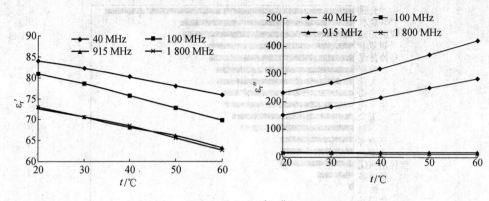

图 7-13　橘子介电参数 ε_r'、ε_r'' 与温度的关系

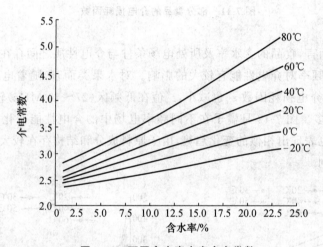

图 7-14　不同含水率小麦介电常数

建立的极化状态达到新的极化平衡态的过程。食品中的极化现象有电子极化、离子极化、偶极极化、界面极化和电解极化。

　　介电松弛是由电介质中的偶极分子或集团、正负电子或电离离子的偏移运动或回转运动引起的。电介质极化趋于稳态的时间称为松弛时间。松弛时间与极化机制密切相关,是电介质材料存在介质损耗的原因之一。

　　如图 7-15(a)所示,假设细胞规则地排列,由于细胞膜(壁)的电阻和电容量很大,在低频情况下,电流只在细胞外液流过,所以电阻非常大;而在高频情况下,细胞膜(壁)间的电容量大,细胞液中也有电流流过,此时电阻明显减少。这种变化起因于组织的不均匀,所以称之为构造损耗(β 损耗)。在生物组织中,除了 β 损耗之外,还存在着 α 损耗、γ 损耗[图 7-15(b)]。α 损耗起因于细胞膜(壁)在低频条件下的变化,γ 损耗则起因于高频条件下的变化,构造损耗就位于中间频率。

　　通过研究电介质的介电松弛,不仅可以获得其松弛时间,而且更有利于在实际测量中测量介电谱(dielectric spectra)。通过对介电质加一电场,在宽范围的温度和频率内描述介电常数和介质损耗因数变化的曲线,即复数介电常数的实数部分 ε_r' 频谱和虚数部分 ε_r'' 频谱,称为介

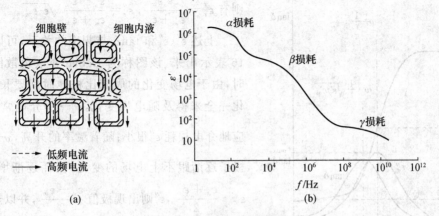

图 7-15 细胞组织的损耗

电谱,也称作介电色散曲线。测量介电谱对研究材料的频率特性及相变特性有重要意义,通过数学处理后还可以获得分子间相互作用的状态。

德拜(Debye)松弛方程可以用来表示交变电场作用一偶极子的取向运动,其公式为:

$$\varepsilon_r^* = \varepsilon_\infty + \frac{\varepsilon_s - \varepsilon_\infty}{1 + i\omega\tau} \tag{7-12}$$

式中:ε_r^* 为复介电常数;ε_s 为静介电常数,是食品在极低频率时($\omega \to 0$)的介电常数;ε_∞ 为光介电常数,是食品在极高频率时($\omega \to \infty$)的介电常数;ω 为电场的角频率;τ 为松弛时间(s)。$\varepsilon_s - \varepsilon_\infty$ 为松弛强度,它反映了食品中偶极子参与介电松弛过程中的数量。

将式(7-12)分解可以得到复介电常数的实部 ε_r'、虚部 ε_r'' 和介电损耗角正切 $\tan\delta$,分别如下:

$$\varepsilon_r' = \varepsilon_\infty + \frac{\varepsilon_s - \varepsilon_\infty}{1 + \omega^2\tau^2} \tag{7-13}$$

$$\varepsilon_r'' = \frac{(\varepsilon_s - \varepsilon_\infty)\omega\tau}{1 + \omega^2\tau^2} \tag{7-14}$$

$$\tan\delta = \frac{(\varepsilon_s - \varepsilon_\infty)\omega\tau}{\varepsilon_s + \omega^2\tau^2\varepsilon_\infty} \tag{7-15}$$

将式(7-14)中的 ε_r'' 对 ω 求导,由 $d\varepsilon_r'' = 0$,可以得到当 $\omega\tau = 1$ 即 $\omega = \frac{1}{\tau}$ 时,ε_r'' 有最大值:

$$\varepsilon_{r\max}'' = \frac{\varepsilon_s - \varepsilon_\infty}{2} \tag{7-16}$$

此时有 $\varepsilon_r' = \frac{\varepsilon_s + \varepsilon_\infty}{2}$,$\tan\delta = \frac{\varepsilon_s - \varepsilon_\infty}{\varepsilon_s + \varepsilon_\infty}$。

同理,将式(7-15)中 $\tan\delta$ 对 ω 求导,可得到当 $\omega = \frac{1}{\tau}\frac{\varepsilon_s}{\varepsilon_\infty}$ 时,$\tan\delta$ 有最大值:

$$\tan\delta_{\max} = \frac{\varepsilon_s - \varepsilon_\infty}{2}\sqrt{\frac{1}{\varepsilon_s\varepsilon_\infty}} \tag{7-17}$$

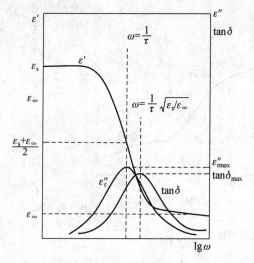

图 7-16 Debye 介电色散图

则有 $\varepsilon_r' = \dfrac{2\varepsilon_s \varepsilon_\infty}{\varepsilon_s + \varepsilon_\infty}$，$\varepsilon_r'' = \dfrac{\varepsilon_s - \varepsilon_\infty}{\varepsilon_s + \varepsilon_\infty} \sqrt{\varepsilon_s \varepsilon_\infty}$。

上述 ε_r'、ε_r'' 和 $\tan\delta$ 与频率的关系，可以用图 7-16 表示出来，该图称为 Debye 介电色散图。低频时，由于电场变化的周期比松弛时间要长得多，极化完全来得及随电场变化，$\varepsilon_r' \to$ 静介电常数 ε_s，相应地介电损耗 ε_r'' 很小；随着频率的升高，$\omega \to \dfrac{1}{\tau}$，偶极子逐渐跟不上电场的变化，损耗逐渐增大，$\varepsilon_r'$ 从 $\varepsilon_s \to \dfrac{\varepsilon_s + \varepsilon_\infty}{2}$，$\varepsilon_r''$ 则出现极值 $\dfrac{\varepsilon_s - \varepsilon_\infty}{2}$，并以热的形式散发；而在高频下，电场变化很快，取向极化完全跟不上电场变化，只有瞬时极化发生，$\varepsilon_r' \to$ 光介电常数 ε_∞，$\varepsilon_r' \to 0$。

联立式（7-13）和式（7-14），消去 $\omega\tau$ 可得

$$\left(\varepsilon_r' - \frac{\varepsilon_s + \varepsilon_\infty}{2}\right)^2 + \varepsilon_r''^2 = \left(\frac{\varepsilon_s - \varepsilon_\infty}{2}\right)^2 \tag{7-18}$$

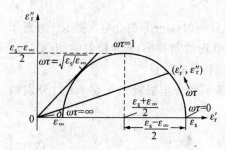

图 7-17 Cole-Cole 圆弧则

式（7-18）为一个圆的方程。如果以 ε_r' 和 ε_r'' 作图，可以得到一个如图 7-17 所示的半圆图。该图称为 Cole-Cole 圆弧则，可以反映 ε_r'、ε_r'' 和 $\tan\delta$ 随 $\omega\tau$ 变化的关系。

Cole-Cole 圆弧则的应用方法：在不同频率下，测量得到复介电常数的实部 ε_r' 和虚部 ε_r''，将测量点标在复平面上，如果这些测量点能组成一个半圆弧，则属于德拜型弛豫，即弛豫时间单一类型的弛豫。但是，食品由于构造复杂和组成成分多样，其弛豫时间具有一定的分布。对于这样的情况，介电性质在 ε_r'-ε_r'' 图上不再是一个半圆，而是一段圆心位于横坐标轴以下的圆弧。为了描述这段圆弧，需要将 Debye 公式修正如下：

$$\varepsilon_r^* = \varepsilon_\infty + \frac{\varepsilon_s - \varepsilon_\infty}{1 + (i\omega\tau)^\beta} \tag{7-19}$$

式中：β 为表示松弛时间分布宽窄的参数，$0 < \beta \leqslant 1$。当 $\beta = 1$ 时，式（7-19）成为 Debye 公式。例如，对于水而言，由于只有偶极子，只有单一的松弛结构，所以只有一个松弛时间，符合 Debye 方程。β 越接近 0，松弛时间分布越宽。前面已经叙述过的拥有细胞组织的生物材料在低频范围内的结构耗散，大多数被认为遵从式（7-19）Cole-Cole 圆弧则。

不同材料构成的分散系，如果分散相为球粒子，介电常数可以由 Maxwell 公式求出：

$$\varepsilon = \varepsilon_1 + \varepsilon_1 p \frac{\varepsilon_2 - \varepsilon_1}{\varepsilon_2 - 2\varepsilon_1} \tag{7-20}$$

式中：ε 为分散系统的介电常数；ε_1 为分散介质的介电常数；ε_2 为分散相的介电常数；p 为分散粒子所占体积分率，范围为 $p < 1$。

7.2.3 静电特性

静电（static）并不是静止的电，而是宏观上暂时停留在某处的电。所谓静电，就是一种处于静止状态的电荷或者说不流动的电荷。当电荷聚集在某个物体上或表面时就形成了静电。当正电荷聚集在某个物体上时就形成了正静电，当负电荷聚集在某个物体上时就形成了负静电。

任何物质都是由原子组合而成的。在正常状况下，一个原子的质子数与电子数相同，正负电平衡，所以对外表现出不带电的现象。但是外界作用如摩擦，或以各种能量如动能、位能、热能、化学能等的形式作用会使原子的正负电不平衡。材料的绝缘性越好，越容易产生静电。

静电现象是由点电荷彼此相互作用的静电力产生的。对静电特性的研究是以库仑定律为基础的。按此定律，相距为 r 的两个点电荷 q_1 和 q_2 之间的相互作用力为：

$$F = K \frac{q_1 q_2}{r^2} \tag{7-21}$$

式中：F 为作用力，N；K 为静电力常量，$K = \dfrac{1}{4\pi\varepsilon_0} = 9 \times 10^9 \text{ N} \cdot \text{m}^2/\text{C}^2$，其中 ε_0 为真空介电常数；q_1、q_2 分别为两个点电荷的电荷量，C；r 为两个点电荷之间的距离，m。

在静电场中，单位点电荷所受的力是表征该电场中给定点的电场性质的物理量，称为电场强度。

$$E = \frac{F}{q} \tag{7-22}$$

物料表面保持电荷能力的不同是其在静电场中受力大小的基础。在静电分离中，应用平行金属电容器，将需要分离的物料置于平板之间，这时在任一平板上电荷量 q 就是该电容器 C 与平板间电位差 U 的乘积，即

$$q = CU \tag{7-23}$$

若平行板装有电介质则电容器电容为：

$$C = \varepsilon_0 \varepsilon_r' \left(\frac{A}{d}\right) \tag{7-24}$$

式中：A 为每个平板的面积，m^2；d 为两平板之间的距离，m。由于板间的电场强度是均匀的，可得：

$$U = Ed = \frac{Fd}{q}$$

故

$$F = \frac{Uq}{d} \tag{7-25}$$

7.2.4 生物电

生物体的组织和细胞所进行的生命活动都伴随电现象，产生一定的电位变化，通常把这种

生物体内的电现象称为生物电（bioelectricity）。它反映了生命活动中的一些物理化学变化,与生物体的新陈代谢有关。一旦生命停止,生物电也即消失。

植物损伤电位差是一种基本的生物电现象,植物损伤后损伤部位与完整部位之间存在电位差,其数值大小随损伤组织的情况而变化。损伤电位一般随着组织损伤时间的延长而逐渐降低,这表明损伤电位是活组织的一种生物学特性,反映活组织浆膜的一种固有的电学性质。损伤电位的大小随损伤点的距离增大而减小。当植物体受机械的、化学的或热的刺激时,均会产生电位差。受刺激部位一般是负电位,电反应的幅度取决于刺激强度。图 7-18 所示为植物组织对弯曲刺激的电反应。

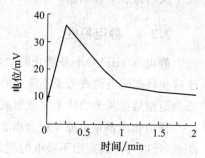

图 7-18　植物组织对弯曲刺激的电反应

目前,动植物胚胎的电反应研究已得到实际应用。例如,采用与电位计相连的两极针刺鸡蛋的两点时,如存在电位差则为受精卵。实验表明,电位差为 15～20 mV 是雄性,为 3～7 mV 是雌性。根据电位差异可把孵化初期的未受精卵及时挑选出来。此外,种子发芽期间胚芽部和其他部位间也存在电位差,细胞分裂较活跃的和生长旺盛的部位电位较高,可把这种发芽电流看作检测发芽势的重要标志。

随着研究的不断深入,生物电在食品保鲜与加工等领域呈现出很好的发展前景。

7.3　食品电特性的测定

7.3.1　溶液电导率的测定

食盐水等溶液是导体,因为溶液中的带电离子在电场作用下发生定向移动,从而产生电流,所以是离子导体。

溶液电导率的测量与金属电导率的测量不同,它不适宜选用直流电源,否则就会产生极化现象,严重影响测量精度。极化现象是由电极电解作用发生化学变化或电极附近电解液浓度与主体浓度的差异而引起的。前者为化学极化,后者为浓度差极化。

测量溶液电导率的方法有电极法和电磁法。电极法可分为两电极法、三电极法和四电极法,其中两电极法使用最广泛,但测量过程复杂。目前测量溶液电导率所用的电导率池是三电极电导率池,其通过测量输出电压以及电导率池的池常数得出电导率值。三电极法较之两电极法,池常数测量与空气介电常数有关,只需进行一次空池电容量的测量而不需要溶液,因此测量比较简便、精度较高。三电极法电导率池的结构如图 7-19 所示。其中空气中的电容量 C_a 为:

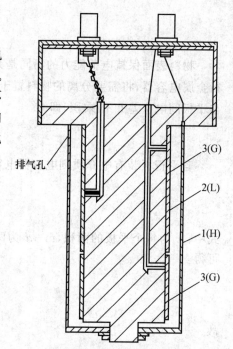

排气孔

3(G)

2(L)

1(H)

3(G)

1(H). 高压电极;2(L). 低压电极;
3(G). 保护电极

图 7-19　三电极电导率池结构简图

$$C_a = \frac{2\pi\varepsilon_0\varepsilon_a l}{\ln\dfrac{D_2}{D_1}} \tag{7-26}$$

电导率测量公式为：

$$\sigma = \frac{\ln\dfrac{D_1}{D_2}}{2\pi l} \cdot G = \frac{\varepsilon_0\varepsilon_a}{C_a} \cdot G \tag{7-27}$$

式中：ε_0 为真空的介电常数，$\varepsilon_0 = 8.854\,18\times10^{-12}$ F/m；ε_a 为空气相对介电常数，$\varepsilon_a = 1.000\,585$；$D_1$ 为低压(内)电极外径，m；D_2 为高压(外)电极外径，m；l 为低压(内)电极长度，m；G 为电导，S。

7.3.2　电阻的测定

　　果蔬、肉等食品物料电阻的测量多采用套针式点电阻传感器进行测量。套针式点电阻传感器的结构如图 7-20 所示。不锈钢针或漆包线(正极)被细塑料管或环氧树脂包裹绝缘，装在不锈钢套针中(负极)，再用环氧树脂牢固地锚嵌在尼龙手柄中，接出正负两根导线，与电阻表连接构成通路，测量出针尖点的电阻值。

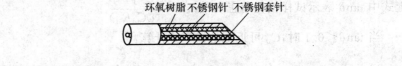

环氧树脂 不锈钢针 不锈钢套针

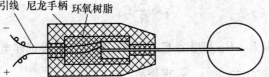

引线 尼龙手柄　环氧树脂

图 7-20　套针式点电阻传感器结构

7.3.3　介电特性的测定

1.电桥电路法

　　电桥电路法是在低频下测量物料介电常数和介质损耗角正切的主要方法，其是利用各种形式的惠斯顿电桥电路来测定的。通常在 $1\sim10$ MHz 的电磁波频率下进行测定，在这种情况下电极不会产生极化现象。

　　如图 7-21 所示，C_d、R_d 分别为被测试样的等值并联电容和电阻；R_3 和 R_4 表示电阻比例臂；C_N 为平衡试样电容 C_d 的标准电容器；C_4 为平衡试样损耗角正切的可变电容。根据交流电桥平衡原理，当

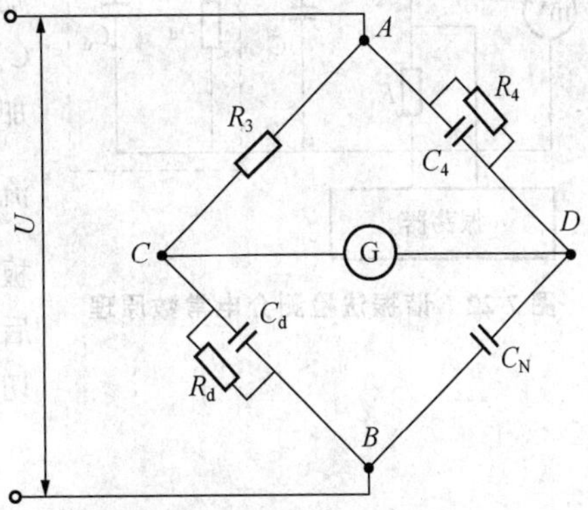

图 7-21　电容电桥平衡原理

$$Z_d Z_4 = Z_N Z_3 \tag{7-28}$$

时,电桥即达到平衡。式中,Z_d 为试样阻抗;Z_N 为标准电容器阻抗;Z_3、Z_4 分别为桥臂 3 和 4 的阻抗。

由图 7-21 可得:

$$
\left.\begin{aligned}
\frac{1}{Z_d} &= \frac{1}{R_d} + \mathrm{j}\omega C_d \\
Z_N &= \frac{1}{\mathrm{j}\omega C_N} \\
Z_3 &= R_3 \\
\frac{1}{Z_4} &= \frac{1}{R_4} + \mathrm{j}\omega C_4
\end{aligned}\right\}
\tag{7-29}
$$

把式(7-29)代入式(7-28)中,再把实部和虚部分别列成等式,然后解所得方程式,得:

$$
C_d = \left(-\frac{R_4}{R_3}\right)\frac{C_N}{1 + \tan^2\delta}
\tag{7-30}
$$

$$
\tan\delta = \omega C_4 R_4
\tag{7-31}
$$

上式中 $\tan\delta$ 表示试样损耗角正切,$\tan\delta = \dfrac{1}{(\omega C_d R_d)}$。

当 $\tan\delta < 0.1$ 时,C_d 可近似地按下式计算:

$$
C_d = \frac{R_4}{R_3}C_N
\tag{7-32}
$$

因此,当已知桥臂电阻 R_3、R_4 和电容 C_N、C_4 时,就可以求得试样电容和损耗角正切。

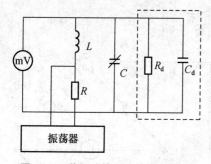

图 7-22　谐振法检测介电常数原理

2.谐振法

采用谐振法检测介电常数是通过可调频率的振荡器激励 RLC 谐振电路加以实现的。如图 7-22 所示,L 为电感,C_d、R_d 分别为被测试样的等值并联电容和电阻。当给回路加上电压 U 时,调节 C 使电路达到谐振(在某个频率下电流最大)$I_{\max} = \dfrac{U}{R'}$,记录下此时的 Q_1、C_1;接入被测物料平板电容,调整电路以达到谐振,同时记录此时的 Q_2、C_2。然后根据下面的计算公式计算出相对介电常数和损耗角的正切值。

$$
\varepsilon'_r = \frac{C_s d}{\varepsilon_0 A}
\tag{7-33}
$$

$$
\tan\delta = \frac{C_1}{C_1 - C_2} \times \left(\frac{1}{Q_1} - \frac{1}{Q_2}\right)
\tag{7-34}
$$

式中:Q_1、Q_2 为电容器的电量,C;C_1 为加物料前的电容值,F;C_2 为加物料后的电容值,F;C_s 为电容器的电容值,$C_s = C_2 - C_1$,F;d 为电极之间距离,m;A 为电容器平板面积,m^2;ε_0 为真空的介电常数。

采用谐振法检测介电常数简单易行,但较难准确地检测出各种谐振频率下的介电常数。上述两种方法都存在物料不能充满极板,介电常数和极板间电容值不成正比关系及计算复杂的不足之处。

7.4 食品电特性的应用

7.4.1 含水率的测定

含水率是食品保鲜和加工过程中重要的控制因素。根据检测原理,含水率的检测可分为电阻法、电容法、中子法、微波法、红外法、核磁共振法等,其中对电阻法检测含水率的研究最多,其在粮食含水率测量等方面有着广泛应用,因此以电阻式水分快速测定为例进行说明。

谷物的电特性主要包括电阻特性和电容特性,其主要与含水率、品种和测试频率等因素有关。干燥状态下的谷物像电介质一样,其电阻值高达 $10^8\Omega$ 以上,而潮湿时,却像导体或半导体一样。因此,这就决定了谷物既有电阻特性又有电容特性。

采用交流电测定法测定谷物的电阻率和介电常数,其原理如图 7-23 所示。首先由信号发生器将交流信号输入 AC 端,并用频率计测量输入信号的频率,再用毫伏表同时测量出输入端电压 U_{AC} 和标准电阻 R_H 上的电压降 U_{BC},再用相位计测量出 U_{AC} 与 U_{BC} 的相位差 θ。由电学和矢量知识可得:

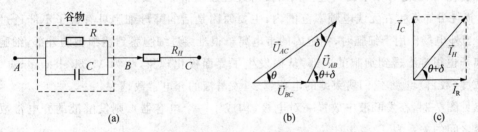

(a)等效电路;(b)电压矢量;(c)电流矢量

图 7-23 谷物的交流电检测原理

$$\vec{U}_{AC}=\vec{U}AB+\vec{U}_{BC}, \vec{I}_H=\vec{I}_R+\vec{I}_C$$

$$R=\frac{R_H\sqrt{U_{AC}^2+U_{BC}^2-2U_{AC}U_{BC}\cos\theta}}{U_{BC}\cos(\theta+\delta)} \tag{7-35}$$

$$C=\frac{U_{BC}\sin(\theta+\delta)}{2\pi fR_H\sqrt{U_{AC}^2+U_{BC}^2-2U_{AC}U_{BC}\cos\theta}} \tag{7-36}$$

$$\delta=\arcsin\frac{U_{BC}\sin\theta}{\sqrt{U_{AC}^2+U_{BC}^2-2U_{AC}U_{BC}\cos\theta}} \tag{7-37}$$

式中:R 为谷物的电阻,Ω;C 为谷物的电容,F;δ 为谷物的介电损耗角;f 为测试频率,Hz。经转换,式(7-35)、式(7-36)、式(7-37)分别变为:

$$\rho = R\frac{S}{d} \qquad (7\text{-}38)$$

$$\varepsilon = \frac{Cd}{\varepsilon_0 S} \qquad (7\text{-}39)$$

$$\tan\delta = \frac{1}{2\pi\varepsilon_0 f\varepsilon\rho} \qquad (7\text{-}40)$$

式中：ρ 为电阻率，$\Omega\cdot m$；ε 为介电常数，F/m；$\tan\delta$ 为介电损耗角正切；S 为电极面积，m^2；d 为电极之间距离，m；ε_0 为真空的介电常数。

谷物的电阻率主要与其含水率和测试频率有关。电阻率与其含水率的关系如下：

$$\ln\rho = -a\omega_m + b \qquad (7\text{-}41)$$

式中：ω_m 为谷物含水率；a，b 分别为实验常数，由被测谷物的品种、容重、测试频率等因素决定，其值通过实验确定。

7.4.2 酵母浓度的测定

发酵是食品生产过程和生物技术领域中常用的单元操作之一。例如，酿酒（葡萄酒、啤酒等）和制作调味品（食醋、酱油等）的主要生产工序是发酵。酵母浓度是生产过程最重要的工艺参数之一，酵母浓度与发酵的得率密切相关。然而，在生物反应器中，酵母的数目每时每刻都在发生变化，因此酵母浓度的快速检测对发酵过程控制非常重要。

β 损耗分布发生在无线电频率范围内，主要原因是活的酵母细胞具有粒子不能透过的细胞膜。当外电场作用于细胞时，细胞内的带电离子很难穿过细胞膜到达细胞的外部，细胞外的带电离子也很难渗透到细胞的内部，从而发生了界面极化现象，称为 Maxwell-wagner 效应。酵母浓度（数目）越大，它们所束缚的电荷越多，发酵液的介电常数越大。

参见图 7-24，在发酵液中放置一对电极（构成了一个电容器），则发酵液的介电常数与电极电容之间的关系为：

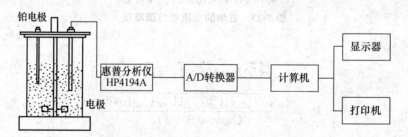

图 7-24 发酵液介电常数的检测系统

$$\varepsilon = \frac{Cd}{\varepsilon_0 S} \qquad (7\text{-}42)$$

式中：ε 为介电常数，F/m；C 为电极间的电容量，F；S 为电极面积，m^2；d 为电极之间距离，m；ε_0 为真空的介电常数。

式(7-42)中,$\dfrac{d}{S}$ 定义为电极常数,其和电极的形状、尺寸有关。ε 经过标定之后,即可用来指示酵母浓度。

7.4.3　静电场处理

1.静电熏制

气体离子化后,在电场内移动并向物质的散体微粒(尘埃、熏烟等)传递电荷,散体粒子带电后,受电场作用从一极向另一极进行定向移动,达到加工所需目的。

气体的离子化通常采用两种方法:被激电离法和自激电离法。被激电离法是利用电极间的电离剂(X 射线、短波辐射、紫外线辐射和高温等)进行离子化的方法。当去掉外部电离剂时,离子化便会停止,产生的相反荷电离子又会重新结合。自激电离是使电路内电压达到一定值,在静电场中使荷电离子加速并与中性气体分子碰撞而产生电离的离子化过程。这种不依靠外界作用,在电场作用下能够维持导电状态的放电也称为气体的自持放电。自持放电因条件不同而采取不同的形式。电晕放电是自持放电的一种主要形式。

电晕放电的形成机制因尖端电极的极性不同而有区别,这主要是电晕放电时空间电荷的积累和分布状况不同所造成的。在直流电压作用下,负极性电晕或正极性电晕均在尖端电极附近聚集起空间电荷。在负极性电晕中,当电子引起碰撞电离后,电子被驱往远离尖端电极的空间,并形成负离子,在靠近电极表面则聚集起正离子。当电场继续加强时,正离子被吸进电极,此时出现一脉冲电晕电流,负离子则扩散到间隙空间。此后又重复开始下一个电离及带电离子运动过程。如此循环,以致出现许多脉冲形式的电晕电流。

电晕放电区内产生的离子按与电场强度成正比的速度在电场内移动,即

$$v = \mu E \tag{7-43}$$

式中:v 为离子漂移速度,m/s;μ 为离子淌度,$m^2/(V \cdot s)$;E 为电场强度,V/m。

电场中正、负离子淌度并不相等,负离子淌度为 $1.87 \times 10^{-2} m^2/(V \cdot s)$,正离子淌度为 $1.35 \times 10^{-2} m^2/(V \cdot s)$。

在气体中电离,产生正、负两种离子,决定电场中正、负离子密度的因素包括:①电离不断产生的正、负电子对;②正、负离子对相遇时,又会重新结合成中性分子;③在外电场作用下,离子迁移到电极上,与那里的异号电荷中和。

静电熏制加工的特点是效率高,在中等烟密度条件下,熏制速度非常迅速(2~5 min)。电熏制有 3 种方式(图 7-25)。如图 7-25(a)所示,为了使自持放电离子化稳定,利用导线电极和平板电极所产生的非匀强电场。在电晕电极(能动极)与正的极板之间,存在一个与制品大小无关的非匀强电场。在能动极附近,由于电场强度最大,产生电晕放电,于是从下方送来的熏烟成分在这里发生离子化。负离子的淌度较正离子的淌度大,所以电晕极采用负极。在电晕域内形成的离子被烟粒子吸附,并使烟粒子荷电。荷电的烟粒在电场中定向运动,与肉制品碰撞而沉积于它的表面。对于图 7-25(b)所示电熏烟方式,由于制品本身成了受动电极,电晕极放在两侧,很难保证稳定的非匀强电场,制品锐角突出部分可能沉积过量的烟物质,形成黑白

壳并引起反电晕发生。图 7-25(c)所示方法是先将烟在离子化网格内离子化,然后飘向制品而沉积。此法的缺点是在距离子化网格较近的地方,制品容易烟熏过度。

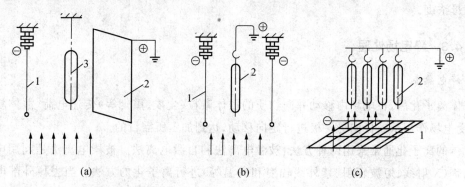

(a)制品为非受动电极;(b)制品为受动电极;(c)网格内离子化烟粒子

1. 电晕电极;2. 受动电极;3. 制品

图 7-25　静电熏制的原理与主要方式

2. 静电分离

(1)静电分离原理　静电分离(electrostatic separation)是根据散粒体(包括尘埃)的成分、几何形状不同,而在静电场中所表现出荷电性质的不同而进行分离的。通过电晕放电可使离子吸附到粒子表面,使粒子带电。另外,与电极接触或摩擦也可以使粒子带电。荷电粒子在电场中移动,由于各自电荷的不同,在电场作用下,运动的轨迹也不同,据此就可以将各种成分分离。

以水平电场(与重力垂直的电场)为例,分析粒子在电场中的运动轨迹。假设粒子为球体,其半径为 $r(\mathrm{m})$、密度为 $\rho(\mathrm{kg/m^3})$、质量为 $m(\mathrm{kg})$、所带电荷量为 $q(\mathrm{C})$,则粒子受到的力有惯性力 F_N、重力 F_τ、电场力 F_K 和介质阻力 F_C,据达朗伯原理有:

$$F_N + F_\tau + F_K + F_C = 0 \tag{7-44}$$

根据斯托克斯定律,介质对粒子的阻力为:$F_C = -6\pi\mu r(v_x \mathbf{i} + v_y \mathbf{j})$。其中,$v_x$、$v_y$ 分别为粒子速度在 x、y 轴方向上的分速度;μ 为介质流体黏度。则有:

$$\left.\begin{aligned} -m\frac{\mathrm{d}v_x}{\mathrm{d}t} + 0 + Eq - 6\pi\mu r v_x &= 0 \\ -m\frac{\mathrm{d}v_y}{\mathrm{d}t} + mg + 0 - 6\pi\mu r v_y &= 0 \end{aligned}\right\} \tag{7-45}$$

令 $\gamma = \dfrac{9\mu}{2r^2\rho}$,$A = \dfrac{3Eg}{4\pi r^3\rho}$,则式(7-45)可简化为:

$$\left.\begin{aligned} \frac{\mathrm{d}v_x}{\mathrm{d}t} + \gamma v_x - A &= 0 \\ \frac{\mathrm{d}v_y}{\mathrm{d}t} + \gamma v_y - g &= 0 \end{aligned}\right\} \tag{7-46}$$

当粒子从 O 点的初速度为 0,所处位置为 (x_0, y_0) 时,方程组的解为:

$$x = Af(t) + x_0 \atop y = gf(t) + y_0 \Big\} \qquad (7\text{-}47)$$

式中：$f(t) = \dfrac{(\gamma t + d^{-\gamma t} - 1)}{\gamma^2}$。

此方程组即为粒子在与重力垂直的恒电场中的运动轨迹方程组。该方程组为线性方程组，表明粒子的运动轨迹为斜直线。

各种肉、骨粉材料的计算轨迹和实际测定轨迹如图 7-26 所示。所用肉、骨粉材料是平均粒径为 $(1\,600 \pm 1\,000)\mu m$ 的畜肉结缔组织、脂肪组织、肌肉组织、软骨组织、骨组织和海绵组织，电场强度为 $E = 1.8 \times 10^5$ V/m。从图中可以看出，不同粒子的运动轨迹不同，主要是因为所带的电荷量不同。各种粒子的实际运动轨迹是计算轨迹线周围的较宽分布域，这说明这些粒子的实际大小呈一定粒度分布。另外，在移动过程中相互黏附，以及粒子的形状，对轨迹分布也有一定的影响。从实际轨迹分布可以看出，荷电性质差异大的粒子可以很好地分离，而荷电性质差异不大的粒子分离效果差一些。

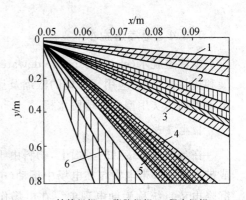

1. 结缔组织；2. 脂肪组织；3. 肌肉组织；
4. 软骨组织；5. 海绵组织；6. 骨组织

图 7-26　粒子在静电场中的运动轨迹

（2）静电分离装置　按结构不同，静电分离装置可分为室型、转鼓型、传送带型和锥筒型，其中以前两种最为常用。室型静电分离装置原理如图 7-27 所示，长方形室内有两列电极，负极 1 由电晕电极和静电电极组成。食品混合物从料口 2 进入电极空间，电晕放电使物料粒子荷电，然后在重力、静电电极 3 形成的电场中下降，各种不同成分粒子便因轨迹不同而落入下部不同的料斗 4 中，达到分离的目的。室型分离装置的电离放电方式除电晕方式外，还有摩擦生电方式。

转鼓型静电分离装置的类型和原理如图 7-28 所示，其基本原理相同，只是分离能力有所差别。电晕电极放电使从料斗落下的食品粒子带电，静电分离靠的是转鼓上的沉淀极（正极）和静电极（负极）形成的静电场。由于各种粒子导电性质不同，带电粒子与转鼓的依附力也不同，所以粒子落下的位置产生差异，以此实现分离。

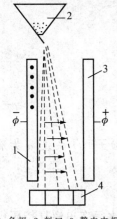

1. 负极；2. 料口；3. 静电电极；
4. 料斗

图 7-27　室型静电分离装置

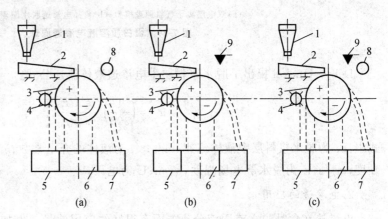

（a）静电型；（b）电晕放电型；（c）电晕静电复合型
1. 料斗；2. 供料器；3. 沉淀电极；4. 刷；5、6、7. 接料斗；8. 电晕电极；9. 电晕电极

图 7-28　转鼓型静电分离装置

7.4.4 电渗透脱水

电渗透脱水(electroosmotic dewatering，EOD)技术作为新兴的固液分离技术逐渐被发展和应用。目前,应用于牛奶的浓缩及豆渣、薯渣脱水后做成饲料等生产中。在日本,已开发出一系列的实用型电渗透脱水机。

1. 电渗透原理

在与极性水接触的界面上,物料由于发生电离、离子吸附或溶解等作用,其表面带有正电,或带有负电。带电颗粒在电场中运动(电泳和电渗透),或带电颗粒运动产生电场(流动电势和沉降电势),统称为动电现象。在电场作用下,带电颗粒在分散介质中作定向移动,称为电泳(electrophoresis)。电泳主要用于蛋白的分离和悬浊液中颗粒的沉降。在电场作用下,分散相固定,分散介质通过多孔性固体作定向移动,称为电渗透(electroosmosis)。电渗透可以用于物料的脱水。

以蛋白质水溶液为例,由于存在 ξ 电位和周围的离子气氛,在外电场作用下,带电荷的液体作定向移动(图 7-29)。水在蛋白质颗粒间的流动相当于毛细管流动。由于毛细管壁固体的 ξ 电位的作用,管内液体带有与毛细管壁等量而符号相反的过剩电荷。当沿毛细管方向有静电场时,毛细管内的液体受自身所带电荷影响,将对管壁产生相对运动。

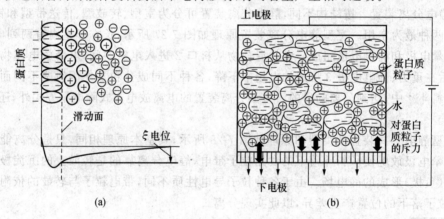

(a)双电层离子气氛原理模型；(b)食品电渗透脱水原理模型

图 7-29　蛋白质溶液电渗透原理

Debye-Huckel 提出了脱水浆料层中电渗透液体流速公式：

$$u_\varepsilon = \left(\frac{1}{300}\right)^2 \frac{\varepsilon_r' UE}{k_r \pi \mu} \tag{7-48}$$

式中:u_ε 为脱水浆料层中液体流速,m/s;ε_r' 为液体的介电常数;k_r 为粒子形状系数;μ 为液体黏度,m^2/s;E 为脱水层电场强度,V/m;U 为电压,V。

2. 电渗透的应用

电渗透在食品脱水或固液分离方面有很好的应用前景。例如,铃木等在单螺杆挤压机上使用电渗透处理方法进行鱼肉脱水,鱼肉含水率由 75% 降至 38%。在静电场下对大豆蛋白、玉米蛋白进行脱水试验,结果如图 7-30 所示。当只压榨不加电压时,滤饼的最终水分为 60%

左右,且滤饼上、下部的水分基本一致。然而加电压后,电渗透不仅使脱水过程加快,而且随电压的加大,滤饼的含水率降低,且滤饼下部的水分大于上部水分。当电渗电压为 80 V 时,滤饼的含水率可降低至 30% 以下。

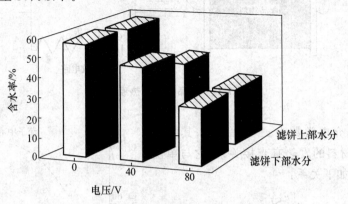

图 7-30 电渗透脱水滤饼水分示意图

电渗透脱水最大的问题在于当脱水达到一定程度后,由于含水率太低,固态物料不再导电,电流就不能通过,因此电渗透脱水技术的应用有一定的局限性。

7.4.5 欧姆加热

欧姆加热(ohmic heating)也称为电抗加热(resistance heating)、焦耳加热(Joule heating)。该加热技术在食品的解冻、加热和杀菌等方面,特别是在含颗粒流体食品的无菌加工、大块固态食品的加热与解冻方面具有较大的发展空间。

欧姆加热分为直流欧姆加热和交流欧姆加热两大类。利用直流电不仅会引起食品成分的电解变质,还会使电极易发生电解腐蚀,食品被金属离子污染。因此,交流欧姆加热技术越来越受到关注。通常,交流欧姆加热所采用的电场为低频电场,频率一般在 50 Hz 至 15 kHz,其中以商用交流电 50 Hz、60 Hz 最为常用。

1. 交流欧姆加热原理

如图 7-31 所示,当电流通过物体时,由于阻抗损失、介电损耗等,电能转化为热能。产生能量的速率与电场强度的二次方和电导率成正比:

$$Q = |\nabla U|^2 \sigma \tag{7-49}$$

式中:Q 为加热速率;∇U 为电场强度;σ 为电导率,是温度、材料和加热方法的函数。

一般食品或食品原料都含有较多的水分,而且在这些分散体系中同时含有各种电解质,所以电导率都比较大。在电导率低的介质中,有些食品在通电加热时温度上升比介质液体还要快。对泡在食盐水中的茄子片(直径 6 cm,厚 1 cm)通电加热时,茄子片中心和盐水温度的上升情况见图 7-32。

对于电导率大的食品,无论是用商用电流频率(50 Hz、60 Hz)还是用直流,都可达到上述加热目的。然而对有细胞结构的食品材料,由于它们的导电性较差,应用低频电流就比较困难。虽然一般可以选择使阻抗最小的交流频率进行加热处理,但还应考虑其他因素。如前文

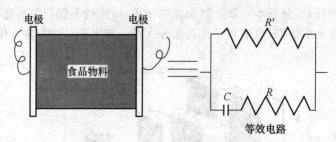

图 7-31　食品通电加热原理

所述,该电路的复介电常数为 $\varepsilon^* = \varepsilon'_r + \varepsilon''_r$,其中介电损耗因数 ε''_r 与材料的发热有直接关系,它与单位时间发热量 Q 有如下关系:

$$Q = \frac{1}{2}\ \frac{\omega \varepsilon''_r S U^2}{d} \qquad (7\text{-}50)$$

式中:ω 为电流频率,Hz;ε''_r 为介电损耗因数;S 为电极面积,m^2;d 为电极间距离,m;U 为电压,V。

频率与 ε'_r 和 ε''_r 有一定的对应关系,存在着一个通电时发热最大的电流频率。也就是说,仅使阻抗为最小值还不够,只有使用使 ε''_r 为最大的电流频率才能达到最佳发热效率。

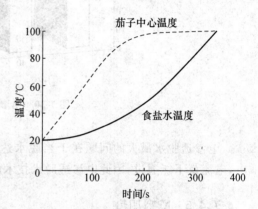

图 7-32　通电加热试样中心温度的变化

2.交流欧姆加热的应用

图 7-33(a)所示装置主要用来对液态食品进行加工。图 7-33(b)所示装置主要适用于黏弹性体食品材料。鱼糕、肉糜等经通电加热处理后,其黏弹性和口感比烘烤加热处理的有明显提高。

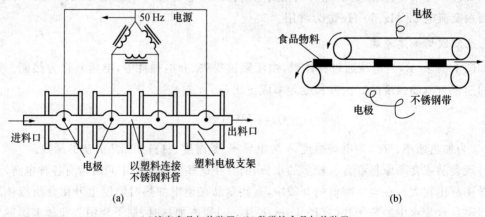

(a)液态食品加热装置;(b)黏弹性食品加热装置

图 7-33　实用化通电加热装置示意图

在实际应用中,电流频率多选用 $8 \sim 15\ \text{kHz}$。从目前使用情况看,通电加热主要有 3 个方面优点:a.加热均匀,克服了烘烤等加热方式导致的外表升温快、内部升温慢的缺点;b.加热能量只在被加热物料处发热,因此热损失少,节约能源;c.可实现对较大形状物料的快速、均匀加热。

7.4.6 射频加热

射频辐射是非电离辐射的一部分,指频率在 100 kHz 至 300 GHz 的电磁辐射,包括高频电磁场和微波,是能量较小、波长较长的频段,波长范围为 1 mm 至 3 000 m。高频是频率为 100 kHz 至 300 MHz 的电磁波,微波是频率为 300 MHz 至 300 GHz 的电磁波。采用射频辐射对电介质加热非常有效,其中微波加热技术相对比较成熟,已获得广泛应用。尽管相对于微波加热,高频有许多明显优势,例如较深的穿透性、较简单的设备配置要求以及较高的电-电磁能量转换率,但在食品科学和加工领域,对其认识依然非常有限。

国际规定的高频工作频率为 13.56 MHz、27.12 MHz 和 40.68 MHz,微波工作频率为 915 MHz 和 2 450 MHz。理论上,电导率和不同的极化机制(包括偶极子、电子、离子以及多层介质极化的 Maxwell-Wagner 效应)会影响介电加热常用频率范围内的介电损耗因数(图 7-34)。对于含水的食品,离子导电性在频率低于 200 MHz 时起主要作用,而在微波频率范围内时则是离子导电和偶极子旋转两种效应一起起作用。

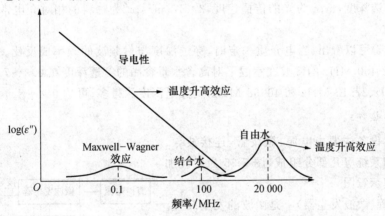

图 7-34 室温下高含水率食品中引起介电损耗的因素

考虑到电介质的电导率 σ 时,介电损耗因数 ε'' 就应该由实效介电损耗因数 ε''_e 代替:

$$\varepsilon''_e = \frac{\sigma}{2\pi f} + \varepsilon'' \tag{7-51}$$

等式右边第二项表示偶极子的介电损耗;第一项表示电导率引起的损耗,这部分损耗在图 7-34 中是一条斜线,表示与频率成反比。当频率很高时,这部分损耗接近于零,在高频波作用下,加热主要来自这一项。当食品含有盐时,这两部分效果相加,会产生更多的热。

Maxwell-Wagner 极化效应发生在各向异性的不同组分电荷集聚的界面上。Maxwell-Wagner 极化效应在大约 0.1 MHz 下达到最大,相对于离子传导其影响通常较小。对于低含水率的食品,在 20~30 000 MHz 的范围内进行介电加热时,结合水起主要的作用。

在 ISM 认定的 RF 波段中,离子传导和偶极子旋转是主要的介电损耗因素,可由下式表示:

$$\varepsilon'' = \varepsilon''_d + \varepsilon''_\sigma = \varepsilon''_d + \frac{\sigma}{\varepsilon_0 \omega} \tag{7-52}$$

式中:下标 d 和 σ 分别代表由偶极子旋转和离子传导引起的效应;$\omega = 2\pi f$,代表射频波的角频率。由此可知,用射频波加热的介电损耗较用高频加热的介电损耗小得多。

单位体积物料损耗功率为:

$$P = 5.56 \times 10^{-11} f \varepsilon''_r E^2 \tag{7-53}$$

式中:P 为物料单位体积消耗功率,W/m^3;f 为电场频率,Hz;ε''_r 为相对介电损耗因数;E 为电场强度,V/m。

在介电材料中,电场强度随着距离表面的深度的增加逐渐衰减。穿透深度可定义为当电磁波衰减到原来功率的 $1/e$ 时距离物料表面的距离,其表达式为:

$$d_p = \frac{c}{2\sqrt{2}\pi f \left(\varepsilon'_r \sqrt{1 + \left(\dfrac{\varepsilon''_r}{\varepsilon'_r} \right)} \right)^{\frac{1}{2}}} \tag{7-54}$$

式中:d_p 为穿透深度,m;c 为光的传播速度,3×10^8 m/s;ε'_r 为物料的相对介电常数,F/m;ε''_r 为介电损耗因数。

从式(7-54)可以看出,当电介质一定时,穿透深度与射频波的频率成反比。有研究表明,915 MHz 和 2 450 MHz 的微波在室温下对高含水量食品的穿透深度在 0.3~7.0 cm,而高频波(13.56 MHz、27.12 MHz 和 40.68 MHz)的穿透深度深得多,可达 0.4~8.4 m。

1. 微波加热方式

微波加热设备主要由电源、微波管、连接波导、加热器及冷却系统等几部分组成,图 7-35 为微波加热体系的原理示意图。

(1)磁控管(微波发生器) 是微波的发生装置。它由电源提供直流高压电流并使输入能量转换成微波能量。磁控管有线型束管和交叉场型管等多种,食品加热中多采用交叉场型管。产生的微波能量最终由能量输出器——波导管引出。

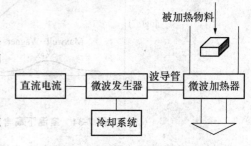

图 7-35 微波加热体系原理示意图

(2)波导 用来完成微波传送、耦合以及改向等传输任务。空心波导将电磁场限制在波导的空间中以避免辐射损耗。波导按形状和功能分为直波导、曲波导、弯波导和扭波导,后 3 种用来改变传输方向。微波加热常采用矩形截面波导,其形式为矩形截面的长空心金属管。

(3)谐振腔 谐振腔就是加热器体,是完成微波能量与介质相互作用的器件。谐振腔可分为箱型、波导型、辐射型和表面波导型等种类。家用微波炉为批量式箱型,而大输出功率的多为隧道式箱型。

在谐振腔内,空间各点的能量是以某种模式的场分布的,故各点受热并不均匀。因此,在谐振腔体上常用多口耦合馈能来改善其均匀性。另一种改善均匀性的方法称为模式互补法,有两种方式:一种是使箱内同时存在多种模式,利用其空间分布的强弱不同而相互弥补叠加;另一种是将叶片搅拌器安装在波导馈能耦合口附近,以一定转速转动,利用金属叶片的反射和扰动作用激励多种模式,实现模式互补,这一方式常见于家用微波炉中。

(4)漏能抑制器　设在隧道式加热器的物料输入、输出处,功能是防止谐振腔中电磁波外泄而危及人员安全。

2.高频加热方式

高频加热装置也称为涂布器,商业规模的高频系统主要有以下 3 种配置。

(1)直通场涂布器　是最简单的形式。如图 7-36(a)所示,高频电场穿过两个平板电极,形成一个平行的平板电容器,两个电极之间的电磁场相对均匀,这种涂布器经常被用来加热厚的物料。

(2)边缘场涂布器　也可称为漂移场电极。如图 7-36(b)所示,由一系列棒状或窄盘状电极组成,交替连接在高频发生器上面。这种装置可对薄物料产生高能量密度,适用于加热干燥薄层物料。

(3)交错直通场涂布器　如图 7-36(c)所示,由棒状或管状电极组成,交错连接在传送带上。这种装置可对传送带上的物料传输很高的功率,一般可达 $30 \sim 100$ kW/m²,常用来加热中等厚度的物料。

高频发生器的能量转换率是 $55\% \sim 70\%$,整个高频系统的效率为 $50\% \sim 60\%$。

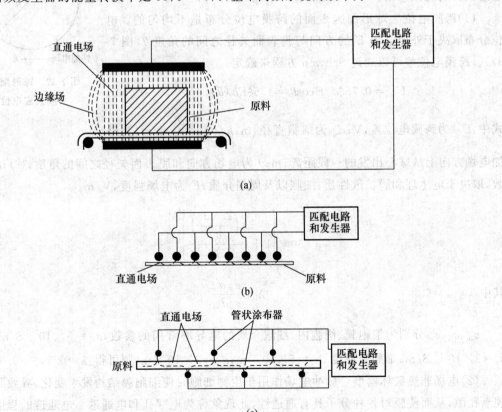

(a)直通场;(b)边缘场;(c)交错直通场

图 7-36　高频涂布器的电极配置

7.4.7 脉冲电场技术

高强度脉冲电场(pulsed electric field,PEF)技术是一种非热加工技术。与欧姆加热法不同,微秒级的 PEF 处理对细胞结构的作用主要表现为非热作用。从 20 世纪 80 年代开始,人们对 PEF 的研究变得频繁起来,涉及分子生物学和植物基因转移、细胞融合、细胞膜蛋白质电场嵌入等领域。在食品领域,从 20 世纪 90 年代初逐步开始了液态食品杀菌与保藏的研究,近年来在植物有效成分提取方面的研究取得了长足发展。脉冲电场是最有发展潜力的食品加工新技术之一。

1. 微生物损伤机理

无论是液态食品杀菌还是植物有效成分的提取,关键在于细胞的破碎,使细胞失活,促进细胞内成分的释放。

细胞的破坏与生物膜的选择性破坏有关。细胞膜的电导率 σ 非常低,报道的数值范围为 $10^{-6} \sim 10^{-7}$ S/m。因此,在高强度脉冲电场作用下,细胞膜上产生高的电位差,使得细胞膜穿孔,而生物组织温度的升高可以忽略。

(1)跨膜电位 球形细胞表面的跨膜电位分布是不均匀的。电位分布取决于外加电场 E 的方向与膜表面矢径之间的角度 θ(图 7-37)。跨膜电位差可以通过 Schwan 方程来确定:

$$U_m = 0.75\xi d_c E\cos\theta = 1.5\xi Eh(\theta) \tag{7-55}$$

式中:U_m 为跨膜电位差,V;d_c 为细胞直径,m;$h(\theta) = \dfrac{d_c}{2}\cos\theta$,为外加电场方向上从球心出发的一段距离,m;$\theta$ 为电场方向和膜表面矢径之间的角度,(°);ξ 为系数,取决于电生理和膜扩散性质、细胞以及周围介质;E 为电场强度,V/m。

$$\xi \approx \left[1 + \frac{\lambda\left(\dfrac{2+\sigma_c}{\sigma_e}\right)}{4}\right]^{-1} \tag{7-56}$$

其中

$$\lambda = \frac{\sigma_m d_c}{\sigma_c d_m}$$

σ_m、σ_c、σ_e 分别为细胞膜、细胞内、细胞介质的电导率常用的参数,$\sigma_m \approx 5\times10^{-7}$S/m、$\sigma_c \approx \sigma_e \approx 2\times10^{-7}$ S/m;细胞膜厚度 $d_m \approx 5\times10^{-9}$m,$d_c \approx 2\times10^{-4}$m,则可得:$\lambda = 0.1$,$\xi = 0.93$。

(2)电场非热破坏模型 脉冲电场作用于生物细胞时使细胞膜结构发生变化,导致膜上出现新孔隙,从而使膜对各种分子具有通透性,此现象称为电穿孔和电通透。电通透的程度取决于脉冲数目、频率和持续时间。在高强度电场中,可产生不可逆的破坏。然而,人们对电穿孔的形成机制还不完全清楚,实验结果和理论有冲突,部分原因是生物膜高度复杂。

比较公认的理论是基于膜电穿孔概念的。该理论假设电穿孔是膜缺陷所致,热力变化越大越易发生穿孔。外加电场刺激膜穿孔形成和扩大。电场 E 使膜极化,引起水-脂两层界面的表面发生变化,形成 Maxwell 应力,该应力与电场呈二次方关系。由于穿孔周围极性电荷的排斥作用,孔径 r 随之扩大(图 7-38)。

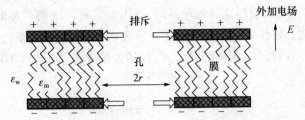

图 7-38　外加电场下非热膜损坏的电穿孔模型

施加跨膜电位 U_m,形成穿孔所消耗的能量 W 为:

$$W = -\pi\gamma^* r^2 + 2\pi\omega r \tag{7-57}$$

式中:$\gamma^* = \gamma\left[1+\left(\dfrac{U_m}{U_0}\right)^2\right]$,为膜在电场中的有效表面张力;$\gamma$ 和 ω 分别为膜的表面张力和线性张力;$U_0 = \sqrt{\dfrac{2\gamma}{\left[C_m\left(\dfrac{\varepsilon_w}{\varepsilon_m}-1\right)\right]}}$,为电压参数(电位差就是电压);$C_m$ 为膜的比电容;$\varepsilon_w,\varepsilon_m$ 分别为液相和膜的介电常数。

表面张力能量是负值,而线性张力能量是正值。γ^* 值与跨膜电位 U_m^2 呈正比关系,两者增大将引起孔半径 r 的增大。要使膜彻底损坏,孔半径 r 要超过某个关键值 $r_c = \dfrac{\omega}{\gamma}$。$r_c$ 由最大孔所消耗能量的条件来确定:$\left(\dfrac{\partial W}{\partial r}\right)_{r=r_c} = 0$。对于膜穿孔必需的激活能量 W_a 和膜上孔的饱和数目 P,可分别作如下估算:

$$W_a = \frac{\pi\omega^2}{\gamma^*} \tag{7-58}$$

$$P_p \approx \exp\left(\frac{-W_a}{kT_r}\right) \tag{7-59}$$

式中:W_a 为膜穿孔必需的激活能量,J;k 为波茨曼常数,1.310×10^{-23} J/K;P_p 为膜上孔的饱和数目,个;T_r 为热力学温度,K。

当 $T = 298$ K 时,脂膜典型参数值为:$\gamma = 2\times10^{-3}$ N/m,$\omega \approx 1.69\times10^{-11}$ N,$\varepsilon_w \approx 80$,$\varepsilon_m \approx 2$,$C_m \approx 3.5\times10^{-3}$ F/m^2。当 $U_m = 0$ V 时,可以估算以下数值:$U_0 \approx 0.17$ V,$r_c \approx 10^{-8}$ m = 10 nm,$P_p \approx 4.6\times10^{-48}$ 个。相应地,不加外电场,临界孔径 r_c 足够大,膜上孔的数目相对来说极少,这时不可能发生膜的损坏。但是当电压 $U_m \approx 1$ V,临界半径变小,$r_c \approx 0.28$ nm,孔密度显著增大,$P_p \approx 4.6\times10^{-2}$ 个,因此膜遭到破坏。一般认为,微生物细胞内 1 V 的跨膜电压可产生电破坏。

2. 处理器

处理器是 PEF 系统的主要元件。将处理器产生的高电压脉冲运用到一对电极上,就会在

放置了待处理样品的两个电极之间产生高强度的脉冲电场。

对处理器最简单的分类是分为批式处理器和连续处理器。平行板电极处理器是最常见的批式处理器[图 7-39(a)],当使用这种处理器时,每当加工新一批的产品时必须装上和卸下处理器,多用于实验研究。连续式处理器包含了一条流动的通道,可供泵送液态和半液态食品。典型的连续处理器有平行板式、同轴圆柱体式、同场连续式等[图 7-39(b)至(d)],连续处理器适用于工业领域。

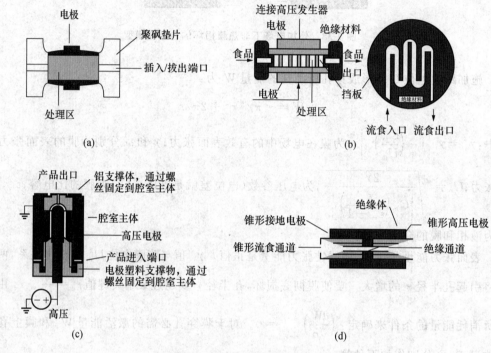

(a)平行板批式处理器;(b)平行板连续处理器;
(c)同轴圆柱体连续处理器;(d)同场连续处理器

图 7-39　PEF 处理器示意图

? **思考题**

1. 什么是食品的电特性?学习食品的电特性有何意义?

2. 食品导电的机理是什么?影响食品导电性的因素主要有哪些?

3. 电介质极化的主要形式有哪些?不同的极化类型对应的特征频率是什么?

4. 影响食品介电性质的因素主要有哪些?

5. 什么是介电松弛?研究食品的介电松弛有何意义?

6. 什么是食品的静电特性?主要有哪些应用?

7. 如何检测典型食品的电学特性?

8. 食品的电特性主要有哪些应用?说明其原理。

专业术语中英文对照表

中文名称	英文名称
电阻	electrical resistance
电阻率	electrical resistivity
电导率	electrical conductivity
介电特性	dielectric properties
射频	radio frequency
极化	polarization
极化电荷	polarized charge
电子位移极化	electronic polarization
原子极化	atomic polarization
取向极化	orientation polarization
介电损耗	dielectric loss
介电损耗因数	dielectric loss factor
介电松弛	dielectric relaxation
静电	static
生物电	bioelectricity
静电分离	electrostatic separation
电渗透脱水	electroosmotic dewatering
电泳	electrophoresis
电渗透	electroosmosis
欧姆加热	ohmic heating
射频辐射	radio frequency radiation
脉冲电场	pulsed electric field

第 8 章
食品的光特性

本章学习目的及要求

掌握食品光学特性的概念及其测定原理;掌握食品颜色测定原理、颜色色度系统和色度计算方法;掌握食品光学特性在食品加工及品质控制中的应用;了解食品光学特性的检测方法;了解食品颜色测定方法和相关应用。

　　在现代食品工业中,食品光学方面的物理性质越来越多地被用于食品品质的检测和分级,其中紫外光谱法、可见光谱法、近红外光谱法、拉曼光谱法等已成为食品品质无损检测的有效方法。这些方法都是利用食品对光的反射、吸收、散射及透射等特性,造成不同食品物料呈现颜色差异或与光产生不同的相互作用,进而确定食品的外表品质或内部品质的,可以广泛用于谷物、果蔬、肉制品等各类产品的化学成分分析、物理学品质分析、色度学品质分析等方面。

　　测定食品物理性质的光学方法有两种原理:一是利用光在传播过程中表现出的性质来测定食品的品质,二是利用食品分子的特殊结构对光传播产生的影响来测定食品的结构。

二维码 8-1　食品工业"4.0"——人工智能
　　　　　　与机器视觉的应用

8.1　光在食品中的传播及其相互作用

8.1.1　光的基本特征

　　光是电磁波,我们所说的光通常指可见光(visible light),它是电磁辐射频谱的一部分,即波长在 380～780 nm 的一段电磁辐射。从广泛意义上讲,光还应该包括红外线(infrared light,IR)和紫外线(ultraviolet light,UV)。它们在波谱中的范围如图 8-1 所示。在可见光范围内,不同波长的光引起不同的颜色感觉。

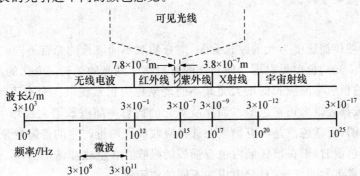

图 8-1　光的电磁波谱

　　从物理本质看,光是电场与磁场相关的物理量在空间的分布,这些物理量包括电场强度、磁感应强度等矢量,而且它们随时间变化。光就是交变的电磁场,所以,光与物质的相互作用,可以用电磁场理论来描述。

8.1.2　光与物质的相互作用

　　光在介质中的传播过程,就是光与介质相互作用的过程。在真空或同一种均匀介质中,光沿直线传播。光遇到两种介质的分界面时,将发生反射和折射。光通过介质时,一部分光在介质表面被反射,进入介质的光一部分被介质吸收,另一部分被介质散射,余下部分则按一定折

射方向继续前进,称为透射光。从微观机制上看,这种相互作用是入射的电磁波与介质中的带电粒子之间的相互作用。

1. 光的吸收

光通过介质时,一部分能量被介质吸收而转化为热能或内能,从而使光的强度随传播距离增大而减小,这种现象称为介质对光的吸收。在自然界,对任何波长的光完全不吸收的绝对透明的介质是不存在的。任何介质对各种波长的光都会或多或少地吸收,透明的介质对光的反射和吸收较少,大部分光通过折射和散射而透过。因此,吸收光辐射或光能量是物质的普遍性质。

介质对光的吸收与光的波长之间存在函数关系,根据吸收程度随波长变化的规律不同,可以将吸收分为普通吸收和选择吸收。如果某种介质对某一波段的光具有几乎相同的吸收程度,即在该波段内吸收几乎与光波长无关,这种吸收称为普通吸收,如稠密介质的吸收。反之,如果介质对某些特定波段的光具有强烈的吸收,则称为选择吸收,如稀薄气体的吸收。从整个电磁波谱的角度考虑,普通吸收的介质是不存在的。各种物质呈现不同的颜色,就是不同介质材料进行选择吸收的结果。

从微观上讲,物质吸收任何波长的光,取决于组成该物质的粒子(原子、分子)的能级结构。当某种波长的电磁波恰好能使粒子从某一较低能级跃向某一较高能级时,该波长的入射光将被此物质强烈吸收。每一种原子都有自己独有的能级结构,相应地也有自己特异的吸收谱线,被称为该元素的特征谱线或标识谱线,如同人的指纹一样各不相同。利用这些特征谱线,我们可以根据物质的光谱来检测其元素组成,这种方法称为光谱分析。目前,光谱分析已成为研究物质结构的一种重要手段。

2. 光的色散

光在介质中的传播速度与光的波长有关,即介质对不同波长的光有不同的折射率,这种现象称为光的色散。光的色散可以用介质对光的折射率 η 随光的波长 λ 变化的函数来表示。通常情况下,介质的折射率随波长的增大而减小的现象称为正常色散。所有不带颜色的透明介质,在可见光区域都表现为正常色散。而介质对光的折射率随波长增大而增大的现象称为反常色散。研究证明,反常色散是所有物质在选择吸收波段附近产生的普遍现象,即一种物质在某一波段有反常色散时,则在该区域内也有强烈的吸收。在电磁波谱范围内,每一种物质都具有正常色散和反常色散的性质,只是表现在不同的波段内。

3. 光的散射

当光束通过不均匀的介质时,会导致光的传播偏离原来的方向,分散到各个方向,这就是光的散射现象,光的散射也会造成光强度随传播距离的增加而减小。光散射的基本过程是光与介质中分子(原子)或其他粒子作用而改变其光强度的空间分布、偏振态或频率的过程。当光的强度不是很大时,光与介质之间的相互作用是线性的,即介质中粒子被光电场极化的强度与入射光的电场分量之间是线性关系;如果入射光强度较大,则表现为非线性关系。线性散射在日常生活中最为常见,而非线性散射现象与构成介质的微观粒子的量子能级有关,在研究物质成分、分子结构和分子动力学方面具有非常重要的应用价值。

食品物料的组成相当复杂,主要由不同的化学成分包括碳水化合物、蛋白质、脂类等大分子以及水分、矿质元素等其他分子组成,是典型的非均匀介质。食品物料对光的反射、吸收、透过等的特性,称为食品的光物性。利用食品物料的不同的光物性特点,进行食品成分和品质的定性、定量分析和检测,已成为目前常用的可靠检测手段之一。

8.2　食品的光物性

除色彩外,食品的光物性还包括对可见光和不可见光波的吸收、反射、透过特性。这些特性往往也是反映食品品质的指标。反射光提供了食品表面特征的信息,如颜色、表面缺陷、病变和损伤等,而光的吸收和透射则是食品内部结构组成、内部颜色和缺陷等信息的载体。对这些量的分析可以判断食品物料的不同颜色、区分质量优劣、指示成熟与否,从而可以对食品进行分选和质量分析。对食品光学性质的测定,是目前比较常用和可靠的方法,其最大优点就是可以实现对食品快速、无破坏、无损伤检测。

当一束光照到物体上时,部分入射光被表面反射,其余的光进入物体中。进入物体中的光有一部分被物体吸收,有一部分被反射回表面,只有少部分光透过物料。被物体吸收的光有一部分可能转变成另一种形式的射线,如荧光和延迟发光等,这些射线能量的大小与物体的特性及入射能大小有关,测定物体的这些光学特性即可了解物体的其他特性。

8.2.1　光的透过特性

1.光透过特性基本概念

(1)光透过度　当光波通过介质时,光的强度也随着下降,主要原因是介质材料对光能的吸收、反射、散射等。如图 8-2 所示,设光波穿过介质的路程为 b,则介质透过度 T(也称透光率,transmittance)为:

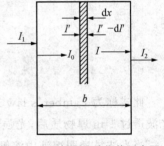

$$T = \frac{I_2}{I_1} \tag{8-1}$$

图 8-2　光直线透过物体示意图

式中:I_1 为到达试样表面的光强度;I_2 为光穿过试样后从试样中透过的光强度。

物质内部光透过度(internal transmittance)$T_1 = \dfrac{I}{I_0}$,I 为穿过试样到达第二表面的光强度,I_0 为进入试样的光强度。T_1 的负对数值称为吸光率或吸光度(absorbance),则有:

$$A_\lambda = -\lg T_1 = -\lg\left(\frac{I}{I_0}\right) \tag{8-2}$$

(2)光密度　在实际使用中,物质的透光性往往用光密度(optical density)单位来表示。其定义式为:

$$D_\lambda = \lg\left(\frac{1}{T}\right) \tag{8-3}$$

即光密度 D_λ 为透光率倒数的对数。A_λ 就是在特定情况下的光密度。一般用光透过法测定食品物料中吸光物质(如叶绿素等)的量,可先作吸光量与吸光物质的量的关系直线(光密度的

数值越小,则物质吸收量越小,透光率越大),然后通过吸光量推算吸光物质浓度。但是,对于非透明食品物料,由于入射光向各方向散射,吸光量与吸光物质的量不成比例,这一点就与透明试样有所不同。

2.光透过特性测定原理

光波透过一定厚度的介质材料后,其光强减弱程度与光在介质中经历的路程和介质的特性有关。取厚度为 $\mathrm{d}x$ 的一层介质,当光通过这层介质时,如图 8-2 所示,强度由 I' 减少为 $I' - \mathrm{d}I'$。实验表明,在相当广阔的光强范围内,光强的减少与光强及介质厚度成正比,即

$$- \mathrm{d}I' = a_\lambda I' \mathrm{d}x \tag{8-4}$$

式中:a_λ 为与光强无关的比例系数,也称吸光系数或消光系数(absorption coefficient)。

整理式(8-4)可得:

$$\frac{\mathrm{d}I'}{I'} = -a_\lambda \mathrm{d}x \tag{8-5}$$

此式积分:

$$\int_{I_1}^{I_2} \frac{1}{I'} \mathrm{d}I' = \int_0^b (a_\lambda) \mathrm{d}x \tag{8-6}$$

得:

$$\ln\left(\frac{I_2}{I_1}\right) = -a_\lambda b \text{ 或 } I_2 = I_1 \mathrm{e}^{-a_\lambda b} \tag{8-7}$$

此式称为 Lamber's law 式(朗伯定律式)。吸光系数 a_λ 的单位为 m^{-1},$a_\lambda = 1 \ \mathrm{m}^{-1}$ 表示光波透过 1 m 厚物质后,光强衰弱到原来光强的 $1/\mathrm{e}$。

当光波被透明溶液中溶解的物质吸收时,吸光系数 a_λ 与溶液浓度 c 成正比,即

$$a_\lambda = k_i c \tag{8-8}$$

式中:k_i 是一个与波长有关而与浓度无关的常数。式(8-7)可变为:

$$I_2 = I_1 \mathrm{e}^{-k_i cb} \tag{8-9}$$

这一关系式称为 Beer's law 式(比尔定律式)。比尔定律表明被吸收的光能与光路中吸光的分子数成正比。比尔定律就是通过测定吸光系数 a_λ 推算透明液体食品浓度的根据。然而,要使比尔定律成立,要求光路中吸收光的每个分子对光的吸取不受周围分子的影响。即当溶液浓度大到足以使分子间的相互作用影响吸光能力时,比尔定律所表现的关系就会出现误差。以上便是吸收光谱分析原理。

实际测定时,常使用光密度(D)作为测定指标。根据比尔定律,溶液的某特定波长的光密度正比于吸光物质浓度和它在该波长时的吸收常数。

$$D = \lg\left(\frac{I_1}{I_2}\right) = \frac{a_\lambda b}{2.303} = \frac{k_\lambda cb}{2.303} \tag{8-10}$$

如果光程单位用 cm，吸光物质浓度单位用 mol/cm^3，则吸收常数的单位为 cm^2/mol。当采用 cm^2/mol 为单位时，k_λ 为摩尔吸收常数。当液体中有一个以上的吸光成分时，式(8-10)也可写为：

$$D = \sum \frac{k_{\lambda_i} c_i b}{2.303} \tag{8-11}$$

式中：c_i 为第 i 个成分的浓度；k_{λ_i} 为波长为 λ 时的第 i 个成分的吸收常数。

以光密度 D 为纵坐标，波长为 λ 横坐标，绘制的曲线称为摩尔吸收光谱曲线。

对食品品质实际测定利用 D 值并不方便。应用较多的是，用两个波长的光密度差 ΔD（或 ΔA_λ）来确定食品的光透过特性。

设 $A_{\lambda 1}$ 和 $A_{\lambda 2}$ 是试样在两个波长分别为 λ_1 和 λ_2 时的 D 值。$A_{\lambda 1s}$ 和 $A_{\lambda 2s}$ 分别为样品中某待测成分对应于波长 λ_1 和 λ_2 的 D 值。$A_{\lambda 1R}$ 和 $A_{\lambda 2R}$ 分别为样品中其他成分相应的 D 值。则：

$$A_{\lambda 1} = A_{\lambda 1s} + A_{\lambda 1R}, A_{\lambda 2} = A_{\lambda 2s} + A_{\lambda 2R} \tag{8-12}$$

$$\Delta A = \Delta D = (A_{\lambda 1s} - A_{\lambda 2s}) + (A_{\lambda 1R} - A_{\lambda 2R}) \tag{8-13}$$

当选择合适波长 λ_1 和 λ_2，使 $A_{\lambda 1R} = A_{\lambda 2R}$ 时，则：

$$\Delta D = A_{\lambda 1s} - A_{\lambda 2s} = \frac{(k_{\lambda 1} - k_{\lambda 2})cb}{2.303} \tag{8-14}$$

显然，这时避免了其他成分引起的测量误差。分光光度计(spectrophotometer)就是以光透过度为测量基础的光谱分析仪器。

8.2.2 光的反射特性

1. 光反射特性基本概念

当一束平行单色光照射到食品物料上时，如果入射光强度为 I_0，反射光强度为 I_a，则光的反射率 R 定义为物体反射光强度 I_a 与入射光强度 I_0 的比值，用百分数表示，见式(8-15)。

$$R = \frac{I_a}{I_0} \times 100\% \tag{8-15}$$

式中：R 为光的反射率；I_a 为反射光强度；I_0 为入射光强度。

由于反射出来的光线没有方向限制，这种反射为全反射。对光波来讲，入射角越大，食品物料表面越光洁，光的吸收越小，反射率越大。完全光洁平面的反射，称为镜面反射（正反射）。食品物质很少有镜面反射。凹凸不平面的反射，称为扩散反射，表面粗糙物料的反射属于此类反射。散射出来的光称为弥散光。不同物料的光反射率 R 不同，同一物料在不同发育阶段 R 也不一样。

2. 光反射特性测定原理

反射光特性的测定与透射光的测定类似，也利用反射光密度差来进行测定。两个特定波长的反射光密度差 ΔD_r 为：

$$\Delta D_r = \lg\left(\frac{1}{R_2}\right) - \lg\left(\frac{1}{R_1}\right) \qquad (8\text{-}16)$$

式中：R_1 和 R_2 分别为两个特定波长的光对物体表面的反射率。如果选定两个波长入射光的强度近似相等，则反射光密度差为：

$$\Delta D_r = \lg I_{r2} - \lg I_{r1} \qquad (8\text{-}17)$$

8.2.3　延迟发光特性

当光照射到食品上时，除了产生透过过程的扩散现象、反射现象外，还有一种现象称为延迟发光(delayed-light-emission，DLE)现象。它是指用一种光波照射物体，在照射停止后，所激发的光仍能在物体表面继续反射一段时间的现象，这种光诱导的发光称作延迟发光。

20 世纪 50 年代，Strehler 和 Amold 从受光照后的绿色植物中观测到光子辐射现象，且这种发光远强于生物体自身的发光，首次发现绿色植物延迟发光现象。绿色的含有叶绿素的农产品如茶叶、番茄、柿子等都有这种现象。因此，延迟发光这种现象一般与食品中含有的叶绿素有关。随着光探测灵敏度的提高，人们发现，延迟发光是所有活的生物都具有的共性，如小麦籽粒、豆芽、鸡蛋等活的生命体也具有延迟发光特性。延迟发光比其他生物的自发发光在强度上高很多，便于探测，测定延迟发光特性已经成为研究许多生命、生理过程的重要手段。

8.3　食品光特性的测定

食品与农产品物料的光学特性，指物料对投射到其表面上的光产生反射、吸收、透射、漫射或受光照后激发出其他波长的光等的性质。光学特性检测常用的有反射方式、透射方式和延迟发光，其中，反射和透射这两种模式是光谱测量的基本手段。

反射光谱检测是把待测样品置于光源和探测器的同一侧，探测器所检测的是被测样品以各种方式反射回来的光，其检测装置简易图如图 8-3(a)所示。其中，漫反射仅适用于果皮较薄和内部品质较为均匀的水果，如桃、梨、苹果、甜瓜等果实的糖酸度的检测。

透射光谱检测是把待测样品置于光源和探测器之间，探测器所检测的是透过样品的光。透过光式又分为全透射方式和漫透射方式，其检测装置简图如图 8-3(b)和 8-3(c)所示。全透射式和漫透射式的特点是不受水果表面特性的影响，接受的光信息反映了水果内部组织信息，适宜如苹果内部水心、褐腐病，鸭梨内部褐变等的检测。

一个完整的光学特性检测系统主要由光源(辐射源部分)、光学光路、光电检测单元、电子电路、数据采集单元、数模转换单元、数据处理单元、计算机控制、数据输出和存储单元等组成。不管是常规的光谱检测仪器，还是应用于生产实际的专用光学特性检测仪器，光源(主要包括热辐射光源、气体放电光源、固体发光光源和激发器)、分光器件(主要将复合光分解成单色光)和探测器(将光信号转变成其他形式，主要是电信号)都是不可缺少的三个最主要的单元。

光学特性可以反映食品与农产品物料的表面颜色、内部颜色、内部组成结构以及某种特定物质的含量，进而反映食品与农产品物料的某些重要的品质指标。目前，发达国家已把光特性检测和分选技术应用于食品与农产品的物料质量评定和质量管理的许多方面。

光特性检测和分选技术克服了手工分选的缺点，具有以下明显的优越性：

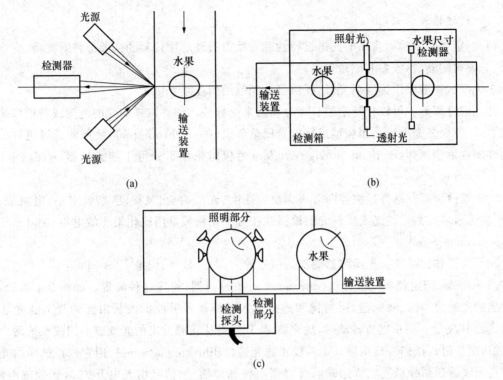

（a）反射方式；（b）全透射方式；（c）漫透射方式

图 8-3　三种不同实时检测方法

①既能检测表面品质，又能检测内部品质，而且检测和分选均为非接触性的，因而是非破坏性的，经过检测和分选的产品可以直接出售或进行后续工序的处理；

②排除了主观因素的影响，对产品进行 100% 检测，保证了分选的精确性和可靠性；

③劳动强度低，自动化程度高，生产费用降低；

④机械的适应能力强，通过调节背景光或比色板即可处理不同的物料，而且生产能力大，适应了日益发展的商品市场的需要和工厂化加工的要求。

应用光特性检测技术测定食品与农产品物料品质的最终目的是进行自动化分级、分类和分选。例如：剔除缺陷品，如损伤个体、霉变个体；按某成分含量分类，如按叶绿素含量分茶叶的新鲜度；按成熟度分类，以便分别贮藏和销售。经过自动分类的合格产品可以获得总体质量等级的提高。

8.3.1　光透过特性的测定与应用

透光测定法是食品无损检测的一种常用方法，比较典型的应用有果蔬成熟度的检测、谷类水分含量测定、玉米霉变损伤检测、碎米程度、食品颜色、鸡蛋内血丝混入的检测等。应用这种方法的前提是，食品中与光透过有关的物质或色素必须和食品的品质项目有很好的相关性。例如，测定果实的成熟度就是利用了果实中含有的叶绿素量与成熟度明显相关这一规律。另外，有关的物质还有花青素苷类、胡萝卜素等。

1. 光透过特性的测定

（1）测定装置　检测食品的光透过特性或光反射特性所用仪器的主要部件有光源、光谱分离器、光波检测器、示波器和记录仪等。

①光源。一般采用标准白光源，提供可见光范围的连续光谱。

②光谱分离器。可以把特定波长光分离出来的部件。到达试样的光的纯度或特性取决于分光手段，一般分光手段采用棱镜或衍射光栅单色仪（monochromator），使用滤光镜也可以达到同样的效果。例如，Birth 和 Norris 在开发单色仪时采用了光劈干涉滤光器（wedge interference filter）。

③光波检测器。选择检测器时要考虑反应速度、光谱响应、灵敏度、杂波水平、电阻抗、尺寸、价格等因素。测定透光或反射光的检测器在可见光领域常用硫化铅光敏电阻（lead sulfide photoconductive cell）。

④示波器和记录仪。把检测器感知的信号放大，并且显示、记录。

以一种 Δn 测定仪——差分仪（difference meter）为例，简述这种装置。如图 8-4 所示，光源发出的光通过缝隙、滤光盘、反射镜和透镜射入试样。入射波的波长由滤光盘上滤光器 A 和滤光器 B 决定。同步电机转动时，滤光器 A、B 使得从光源发出的光变成不同波长的两个特定光波，交替射入试样。校正屏 9 也叫校正滤光镜（calibrating screens），用它校正试样的光密度。当光线通过试样被光电管感知后可得到两种脉冲信号，信号由光电开关 3（光控继电器）控制，分别送入记忆电容中。记忆电容按照光电管传来的电信号强弱产生相应电压。这两者电压的差可以通过图 8-4 中的电压计刻度盘读取，再经过换算就可以得到光密度差 ΔD。

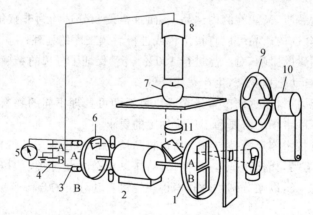

1. 滤光盘；2. 同步电机；3. 光电开关；4. 记忆电容；5. 电压计；6. 同步开口；7. 试样；
8. 光电管；9. 校正屏；10. 同步电机；11. 透镜；A、B. 滤光器

图 8-4　差分仪的构造及测定示意图

（2）光密度差法　为了提高测定精度，常常选用光密度差法，因为许多变量如样品的尺寸、光源、检测器等因素的变化都会影响到光密度的测量值，所以在测定光密度差（ΔD）时要选择两种特定波长的光。一种波长应该是对待测成分的变化十分敏感的；另一种波长则相反，应是对待测成分变化几乎没有反应的。后一种波长就作为参照波长，用来抵消以上因素的影响。例如，根据温州蜜橘颜色选果时，所使用的两种波长分别为 681.5 nm 和 700.0 nm，ΔD

与叶绿素含量有着很好的相关关系[图 8-5（a）]。如图 8-5（b）所示，虽然橘果的大小有差异，但对 ΔD 几乎没有影响。也就是说，使用这两种波长光进行测定时，即使果实的尺寸大小不齐，也可以完成颜色选果。

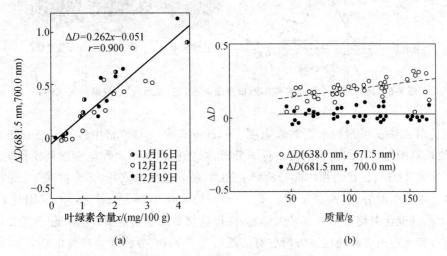

（a）叶绿素含量与 ΔD 的关系；（b）蜜橘质量与 ΔD 的关系

图 8-5 温州蜜橘光密度差测定结果

（3）利用光密度比测定 当测定厚度不同的果实时，为了消除果实尺寸的影响，可以利用两个不同波长的光密度比进行测定。其原理如下：

根据朗伯定律，$I_2 = I_1 e^{-a_\lambda b}$，$a_\lambda$ 为吸光系数，b 为试样厚度。$D = \lg\left(\dfrac{I_1}{I_2}\right) = \dfrac{a_\lambda b}{2.303}$，当分别用波长为 λ_1 和 λ_2 的单色光测定同一试样的 D 时，$\dfrac{D(\lambda_1)}{D(\lambda_2)} = \dfrac{a_{\lambda 1}}{a_{\lambda 2}}$，即在关系式中不会出现厚度。

2. 光透过特性在食品品质评价上的应用

果实内部的空洞、褐变、病变等可以通过透光法测定。早在 1964 年，Gerald 等利用光密度差法开展了苹果水心病的近红外波谱分析（near-infrared spectropy，NIRS）无损检测研究，用白炽灯从苹果萼部照射到心部，其分类检测精确度为 91%；其中轻微到中等发病的水心病检测的精确率可达 95%。1965 年，Francis 等用透射光检测元帅苹果水心病和内部崩溃，采用光密度差法能正确分离 91% 的褐变苹果。Han 等（2013）利用光学透射原理，采用短波近红外透射光谱快速无损检测的方法，研制了苹果水心病、鸭梨黑心病的检测仪器，该仪器可实现对水心病苹果、内部褐变苹果、黑心鸭梨等的快速判断。

马铃薯黑心病会影响其食用及工业用途。黑心病为马铃薯的内部病变，常用的反射高光谱成像技术难以实现其准确检测，特别是轻微黑心病马铃薯更难准确检测，而采用透射高光谱成像技术（由于其强的穿透性）可以实现内部品质的检测。马铃薯黑心和正常样本透射光谱曲线如图 8-6 所示。总体识别准确率可达到 96.49%，其中对黑心样本的识别准确率为 97.30%，对正常样本的识别准确率为 95.00%。

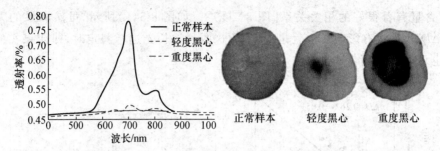

图 8-6　马铃薯黑心和正常样本透射光谱曲线(左)及照片(右)(高海龙,2014)

采用透射光法还可判断果蔬的成熟度。Carlomagno(2004)利用透射光谱方法在 730～900 nm 波长范围内对不同地域的桃进行了分析,根据桃的含糖量和坚实度判断桃的成熟度,准确率可达到 82.5%。严衍禄(2005)的研究表明,随着花生的成熟,光密度减少;成熟花生油的透光性比生花生油好,其差异出现在 524 nm、455 nm 和 480 nm。另外,采用透射法测量时,果实大小的变化对测定结果有较大影响,在设计仪器或建立模型时应考虑这些因素。

光透过特性在肉类品质检测方面也有广泛应用。Yoon 等(2008)搭建的透射高光谱成像系统(400～1 000 nm),消除了鸡肉组织的光学散射特性影响,对检测鸡胸肉中的碎骨识别率达到 100%。

利用光透过特性测定食品水分含量的也较多,如以水的光谱吸收曲线为基础的水分计的开发。水的吸收光谱中有 5 个吸收带,波长分别为 760 nm、970 nm、1 190 nm、1 450 nm 和 1 940 nm。

8.3.2　光反射特性的测定与应用

不同种类的物料有不同的光反射特性,可以利用这种特性来研究农产品的物理性质。由于农产品表面颜色和表面特征的不同,反射光的强度不一样。因此,用特定波长的光(其他电磁波也是同样原理)照射农产品表面后,测得的反射光强度可被用来判别表面颜色或成熟度、表面状态或表面损伤程度。在实际使用中,光反射特性常用于检测物料表层品质,如水果成熟度、颜色分选、清理杂质等。

1. 光反射特性的测定

图 8-7 表示测定光的反射率时光源、物料(试样)和检测器的配置方法,阴影部分表示测定光近似通过的区域。测定反射率时,一般是将一束光同时照射到物料样品和一个标准的白色参照表面(一层氧化镁)上,然后比较它们的反射光强度,以确定反射率,如图8-8 所示。由光源 A 发出的光经三棱镜 B 色散,并被 C 分隔成一个狭窄的波长范围。通过狭缝的光束被涂银

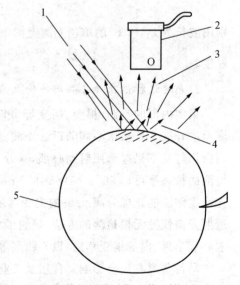

1.入射光;2.检测器;3.体反射;
4.常规反射;5.试样

图 8-7　测定物体反射率时光源、
试样及检测器的相互位置

的镜片 D 分成两束相同强度的光束。通过镜片 D 的光束投射到一个标准的白色氧化镁表面上,而由镜片 D 反射的光束被镜片 E 再反射到试样表面。

一般地,试样表面的反射率比白色表面低,投射到标准白色表面上的光强度可通过光量调节器 F 来减弱,直至标准表面和试样表面具有相等的反射光强度。例如,如果投射到标准白色表面上的光减弱到 70% 时才能和试样表面反射的光强度保持一致,则物料在该波长的反射率为 70%。在实际应用中,测定物料各个波长时的反射率,以波长 λ 为横坐标,以反射率 R 为纵坐标,绘制出物料反射率光谱特性曲线。

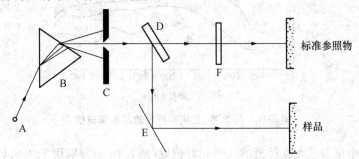

A. 光源;B. 三棱镜;C. 狭缝板;D、E. 镜片;F. 光量调节器

图 8-8　用于测定反射率的分光光度法原理

2. 光反射特性在食品品质评价上的应用

前文所述的食品色彩测定,实质上大多是对食品光反射特性的测定。除了可对色彩进行定量测定外,在食品品质判断上,基于光反射特性的检测手段也得到了广泛应用。光反射特性应用之一就是对水果表皮的颜色或伤疤的检测,还可以利用它来研究农产品的物理性质。

果皮色分选装置如图 8-9 所示,为检箱式分选器。当果实依次下落,在通过色检箱的过程中受到垂直方向光线的照射。对于不同的物料,为获得适宜波长的光,可更换背景板 3。从果实表皮反射的光,借箱内相隔 120° 配置的反光镜 1 反射入三个透镜 5,通过集光器 4 混合,然后分成两路,分别通过带有不同波长滤光器的光学系统,得到不同波长下的反射率,从而判别果实的颜色。

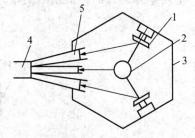

1. 反光镜;2. 果实;3. 背景板;
4. 集光器;5. 透镜

图 8-9　色检箱

图 8-10 为马铃薯、土块和石块的反射率曲线。用不同波长的光照射马铃薯、土块和石块,发现马铃薯在波长 600～1 300 nm 时的反射率 $R_{λ1}$ 比土块和石块大,而马铃薯在波长 1 500～2 400 nm 时的反射率 $R_{λ2}$ 比土块和石块小。因此,在该波长范围内马铃薯的 $R_{λ1}/R_{λ2}$ 的值始终比土块和石块的大。利用这个特性即有可能从土块和石块中把马铃薯分离出来。

刘燕德和应义斌(2004)应用近红外漫反射技术探讨了水果糖分含量检测方法,并建立了其光谱漫反射测量系统。苹果的近红外漫反射光谱测量系统(图 8-11)主要包括宽波段的光源(50 W 石英卤素灯)、反射光纤附件和水果样品支架。光源发出的光线通过入射光纤进入苹果并在果肉中漫射,从内部漫射出来的光从接收光纤射出,进入 FT-IR 光谱仪。该光谱仪的光谱范围为 12 500～4 000 cm^{-1}(800～2 500 nm),采样间隔为 2.0 cm^{-1}。图 8-12 为该测量

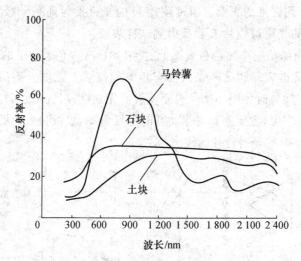

图 8-10　马铃薯、土块和石块的反射率曲线

系统测得的同一个苹果最大直径处的 4 个相对位置(图 8-12 中分别用 1,2,3,4 表示)的原始反射吸收光谱。从图 8-12 可知,同一个水果由于其内部组织有所差异,其光谱图稍有不同,但其光谱形状具有相似性,且其吸收峰位置的差异性不明显。这些图谱在 11 000～4 250 cm^{-1} (909～235 3 nm)范围内较为明显。在 5 162.0 cm^{-1}(1 937 nm)、6 888.60 cm^{-1}(1 452 nm)、8 313.76 cm^{-1}(1 203 nm)和 10 195.97 cm^{-1}(980 nm)处 4 个波数峰值随着内部糖含量的不同,波峰强度有较明显的变化。利用主成分回归校正技术,建立在 0 mm 测量距离处的红富士苹果样品糖分含量的预测数学模型,其样品预测值和实测值之间的相关系数为 0.844,标准校正误差为 0.729,标准预测误差为 0.864,偏差为 0.318。

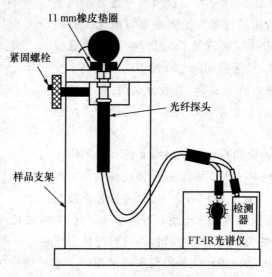

图 8-11　苹果近红外漫反射测量系统

(刘燕德和应义斌,2004)

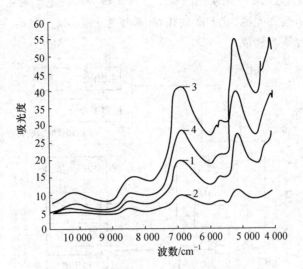

图 8-12　同一个苹果不同位置的近红外漫反射光谱

（刘燕德和应义斌，2004）

高光谱成像（hyperspectral imaging，HSI）技术近些年发展较为迅速。HSI 是将光谱技术、成像技术和辐射测量技术相结合而建立起来的一种先进的无损检测技术，既可以通过成像检测物体的外部品质，又可以像光谱技术一样检测物体的内部品质和品质安全，具有无损、实时和快速检测、鉴别、分级等优点。众多应用研究表明，HSI 技术已在肉类、水果和蔬菜的品质检测及安全评估中得到了广泛应用。Cheng 等（2016）利用 HSI 技术快速、无损地测定猪肉中的生物胺指数（biogenic amine index，BAI）并用它来评价肉类新鲜度，建立 400～1 000 nm 波长范围的 PLSR 模型，取得了良好的结果。Yang 等（2017）基于高光谱成像系统（HSI），在400～1 000 nm 光谱范围内，利用回归系数选取了 9 个特征波长，建立快速、无损监测腌肉干燥过程中挥发性盐基氮（TVB-N）含量的简化模型，研究结果为利用多光谱成像技术在线监测腌肉干燥过程中的 TVB-N 含量提供了可能。Li 等（2018）选取 550 个樱桃果实，采用近红外高光谱成像技术研究了樱桃果实不同成熟期可溶性固形物含量（SSC）与 pH 的关系，在 874～1 734 nm 区域捕获 11 张高光谱图像，并与用标准方法测定的 SSC 和 pH 进行比较，证实了用近红外高光谱成像技术检测樱桃果实质量是可行的。蓝莓花芽组织对冷冻非常敏感，并可能在早春冷冻期间受损，这种损害会给商业蓝莓生产者带来巨大的损失。Gao 等（2019）基于高光谱成像技术识别出选定的正常和受损蓝莓芽样品常见的波长并构建模型，证明了使用 HSI 技术检测早春冷冻期间损伤的蓝莓芽的可行性。

8.3.3　延迟发光的测定与应用

延迟发光具有暗期恢复（dark recovery）、光饱和以及感温性等特点，常用于含叶绿素的果蔬类食品检测。利用延迟发光特性对果蔬进行分选或进行其他生物体无损检测，具有适应性广、测量速度快、对光源和探测器要求不高、分级误差小、便于实现机械化等优点。

由光诱导的超弱发光称为延迟发光，由于它比自发的超弱发光强很多，便于探测，现已成为许多生命过程研究的重要手段。

图 8-13 是延迟发光 DLE 检测系统原理图。该系统为以光电倍增管(PMT)为主的单光子计数探测系统,主要由激发光源、光源驱动模块、温度控制器、快门驱动模块、光探测器、数据采集与处理器、暗室和计算机构成。

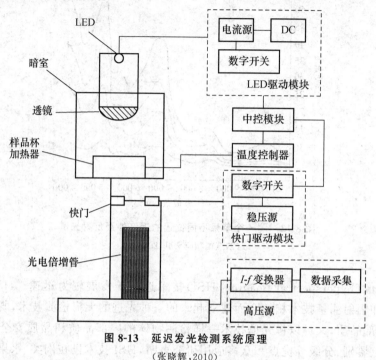

图 8-13　延迟发光检测系统原理

(张晓辉,2010)

在该系统中,单只白光大功率超高亮度 LED 发出的光经过透镜均匀照射到样品上,中控模块的单片机精确控制光强和辐照时间,温度控制器保持样品处于恒温状态,快门驱动模块按照预设程序控制电子快门的开闭,PMT 进行延迟发光的采集。

系统的测量过程包括两部分:本底值的测量和生物延迟发光信号的测量。本底值的测量目的是测出系统的噪声信号,得出当前条件下噪声信号的平均光子计数。延迟发光信号的测量则是在激发光作用后,采集包括延迟发光和本底噪声的叠加信号。测量本底值时,关闭激发光源和快门,在 PC 端设置 PMT 的负高压和电流-频率变换器的积分时间,在 PC 端采集到当前本底噪声。采集延迟发光信号时,将待测样品放入样品室,在单片机上设置好激发光源的强度值和辐照时间,PMT 的负高压和积分时间保持不变。系统启动后,快门保持关闭状态,LED点亮,计时器开始倒计时;计时时间到达预设时间后,单片机输出一个控制信号使 LED 光源熄灭,同时由单片机发出控制信号使快门打开,PC 端软件采集和处理 PMT 接收的样品延迟发光信号。

图 8-14 是利用物料不同的延迟发光特性设计出的一种自动分选装置。物料延迟发光强度和它的叶绿素含量有关,叶绿素含量高,延迟发光强度大,则成熟度低。利用这个原理可将物料按成熟度自动分选为成熟的合格产品和不成熟的不合格产品。当果实经光源 3 照射一定时间后,由输送带 2 送入暗室 1,遮光几分钟后,果实表面的微弱发光经光电管 8 转换为电信号并送至控制回路,根据 DLE 值的高低将不同表皮颜色的果实分别从出口 6 或 7 排出。

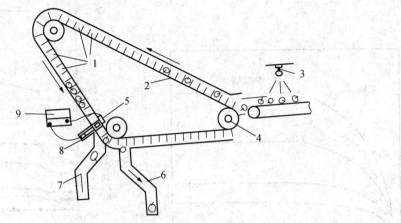

1.暗室;2.样品输送带;3.光源;4.恒速滚轮;5.换向线圈和换向器;6.合格产品出口;

7.不合格产品出口;8.光电管;9.电源和控制电路

图 8-14 延迟发光分选装置

延迟发光强度受多种因素的影响。图 8-15 表示光照激发时间对番茄延迟发光强度的影响。当光照激发时间延长时,延迟发光强度随之增加到最大值,之后,随着光照时间的继续增加,延迟发光强度反而缓慢下降,最后达到一个稳定值,即达到饱和状态。对番茄试验表明,当光照激发强度为 5 500 lx 时,激发时间为 3～6 s,延迟发光强度达到最大值。

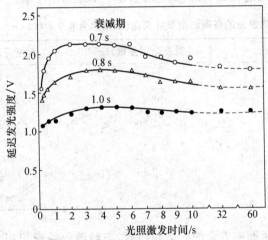

图 8-15 光照激发时间对番茄延迟发光强度的影响

图 8-16 表示激发光强度对番茄延迟发光强度的影响。激发光强度越高,达到延迟发光饱和状态所需时间越短。为保证延迟发光达到饱和状态,激发光强度应尽可能高。当延迟发光达到饱和水平后,增加光照激发时间或强度对增加延迟发光强度已经起不到多大影响。由于在饱和状态下激发光强度变化不再影响延迟发光强度,延迟发光强度检测应在延迟发光饱和状态下进行。在用光照激发农产品之前,首先要将物料放置在暗室中一段时间,该段时间称作暗期。图 8-17 表示暗期对番茄延迟发光强度的影响。暗期短使延迟发光强度减弱,暗期长可使延迟发光达到饱和状态。

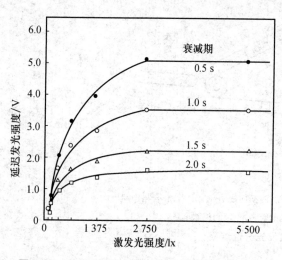

图 8-16　激发光强度对番茄延迟发光强度的影响

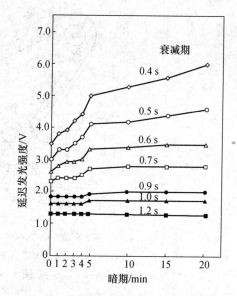

图 8-17　暗期对番茄延迟发光强度的影响

样品温度对延迟发光也有一定的影响。对番茄和柿子测定表明,当温度低于 13～17 ℃时,延迟发光强度随温度增加而稍有增加,随着温度继续增加,延迟发光强度反而下降。为得到一些农产品的高强度延迟发光,各项测定参数组合如表 8-1 所示。

表 8-1　高强度延迟发光的各项测定参数组合(衰减期为 0.7 s)(Chuma and Nakaji,1979)

农产品	暗期/min	激发光照强度/lx	激发时间/s	温度/℃
番茄	10	5 500	3～6	13～17
无核柑橘	>20	2 750	4～7	—
柿子	15	2 800	1～3	21～32
日本杏	>20	>5 500	1	23～28
香蕉	>10	2 750	1～2	18～25
木瓜		>5 500	2～4	15～22

果蔬的成熟度及颜色影响着它的贮运和销售,与经济效益密切相关。利用植物受光辐射后存在短暂、微弱的延迟发光特性,可对果蔬按成熟度及颜色等内、外品质进行无损检测和分级。例如,在延迟发光测定条件为衰减期 0.7 s、激发时间 4 s、光照强度 5 500 lx、在番茄上的照射面积 9.07 cm² 、暗期 10 min、温度 13 ℃时,番茄外观颜色分级的准确性如表 8-2 所示。

任何生命系统都会产生超弱光子辐射,这种超弱光子辐射与许多基本生命过程都有极为密切的联系,并且对生命系统内部的细微变化和外界环境的影响高度敏感,是生命系统重要的信息源。

表 8-2　依靠延迟发光对番茄外观颜色分级的准确性(Chuma and Nakaji，1976)

皮色等级	外观颜色	DLE 强度范围/V	分级精度/%	误差/%
1	绿色至微黄	$\geqslant 1.50$	100	—
2	青黄至粉	0.68～1.50	94	6(应归至等级 1)
3	橙色至淡红	0.23～0.68	70	5(应归至等级 2) 25(应归至等级 4)
4	红,深红	$\leqslant 0.2$	75	25(应归至等级 3)

　　禽蛋是生物体,新鲜度不同的禽蛋内部的生命活动存在差异,这种差异会通过超弱光子辐射反映出来。因此,可以利用蛋的延迟发光特性来检测其新鲜度。如图 8-18 所示,鸡蛋在 25℃ 的储存温度下,延迟发光初始光强缓慢降低;在 40℃ 高温下延迟发光初始光强迅速下降。

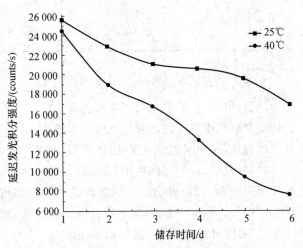

图 8-18　鸡蛋延迟发光积分强度随储存时间的变化

(习岗等,2012)

8.4　食品的颜色特性

　　食物的色彩与新鲜度和品质之间存在着直接的关系,食品的色泽是食品感官品质评价的重要依据,直接反映食品的新鲜程度或食品的品质。食品的颜色主要来源于食品中的色素和光与食品相互作用后呈现的颜色。食品的颜色特性是在食品光物性和颜色光学基础上建立起来的,可用于食品品质无损检测和评价。近年来,对食品色彩的认识、评价和测量成为食品物性学领域一个重要的学科。随着视觉生理、色度学、颜色心理学、色光测试技术,以及人工智能(artificial intelligence, AI)与计算机图像处理技术等的不断进步,食品颜色特性研究与应用技术获得了快速发展。

8.4.1　颜色的光学基础

　　物质的颜色是通过人眼视觉观察到的,由大脑对投射在视网膜上的不同性质光线进行辨认。光谱是颜色的基础,光源本身发出的颜色称作光源色,我们通常观察到的物体颜色称作物体色。物体色是由物体的本质,即物体的内部结构决定的。物质能够呈现各种颜色,是因为在光源提供的能量作用下,构成物质的粒子中的电子发生跃迁,选择性地吸收或者发射某些特定波长的光,从而显示其特有的颜色。

　　在可见光范围内,不同的物质吸收不同波长的光,其颜色呈现为未被吸收光波的互补色。表 8-3 是各种单色光的频率及真空中波长与颜色的对应关系。

表 8-3　单色光的频率及真空中波长与颜色的对应关系

颜色	中心频率/Hz	中心波长/nm	波长范围/nm	互补色
红	4.5×10^{14}	660	760~622	青绿
橙	4.9×10^{14}	610	622~597	青
黄	5.3×10^{14}	570	597~577	蓝
绿	5.5×10^{14}	550	577~492	紫红
青	6.5×10^{14}	460	492~450	橙
蓝	6.8×10^{14}	440	450~435	黄
紫	7.3×10^{14}	410	435~390	黄绿

1. 颜色的分类和属性

颜色可以分为彩色系列和非彩色系列两大类。非彩色系列指黑色、白色和由两者按不同比例混合而产生的灰色。彩色系列指非彩色系列以外的各种颜色。所有的物体颜色都有三个共同的特性，又叫颜色的三属性，即色调、明度和饱和度。

(1) 色调(hue)　又称色相，表示红、黄、绿、蓝、紫等颜色特性。在可见光谱范围，不同波长的光辐射刺激人眼，就引起不同色调的感觉。如树叶在阳光下吸收短波和长波的辐射，反射480~580 nm 波长的辐射，呈现绿色调。因而色调是区分颜色的重要特性。

(2) 明度(lightness)　表示物体表面相对明暗的特性。明度与光的亮度成正比，即光的亮度越高明度越高。彩色物体表面的光反射率越高，它的明度也越高。

(3) 饱和度(chroma)　表示颜色的纯度，又称为彩度。可见光谱的各种单色光是最饱和的彩色。当光谱色掺入白光成分越多时，就越不饱和。物体对光谱某一较窄波段的光反射率很高，而对其他波长的光反射率很低或没有反射，表明它有很高的光谱选择性，相应地，物体色彩的饱和度就高。

非彩色只有明度的差别，而没有色调和饱和度这两种特性。

在一种色中加入另一种色，构成与原色不同的色，称为色彩的混合。原色是色彩的母色，即用原色可以互相混合产生不同明度、色调和饱和度的任何色。经过大量实验，国际上选定色光的三原色为红光(R，波长 700 nm)、绿光(G，波长 546.1 nm)和蓝光(B，波长 435.8 nm)。

2. 颜色的色光匹配和测量条件

(1) 色光匹配　用物理量来表示颜色，以及用仪器对颜色进行测量，都是以人眼色觉的实验规律为基础的。国际上公认的度量颜色的方法是以"三色匹配"为基准的。所谓三色匹配，就是可以通过调节红光(R)、绿光(G)和蓝光(B)的量，进行相加混合，直到所得颜色与待测颜色的明度、色调和饱和度相同。所采用的三原色称为匹配刺激源。三种匹配刺激源的能量强度称为三刺激值。

对于独立的三种光刺激值，通过改变它们的配比和亮度，可以配出任何颜色和亮度的光。因此，任何一种颜色都可以用三刺激值来表示，即色匹配函数。通过色匹配函数可以精确确定出颜色匹配中所需三原色光的量，分别表示为 R、G 和 B。因此，也就可以用特定的系统定量来表示光与颜色的匹配，进而对颜色进行定量测定。

(2)标准照明体和标准光源　任何颜色的测定和计算,都必须有特定的光照条件。无论是反射颜色还是透射颜色,不同的光源有不同的光谱功率分布,因此照射在物体表面也会呈现不同的颜色。在色度学中,为了统一颜色测量标准,有必要在共同约定的具有代表性的光源下标定物体的颜色。为此,国际照明委员会(CIE)推荐了以下标准照明体和3种标准光源。

CIE 标准照明体是指一定的光谱功率分布,这种标准的光谱功率分布并不是必须由一个光源直接提供,也不一定能用一个光源来实现。

①标准照明体 A。相当于绝对黑体(对光辐射 100％吸收的理想物体)在加温到 2 856 K 时所辐射出来的光。它的色度点正好落在 CIE 1931 色度图的黑体轨迹上。

②标准照明体 B。相当于相关色温为 4 874 K 的直射阳光,光色相当于中午阳光,其色度点紧靠黑体轨迹。

③标准照明体 C。相当于相关色温为 6 774 K 的平均阳光,光色近似阴天天空的日光,其色度点在黑体轨迹上方。

④标准照明体 D_{65}。相当于色温约为 6 504 K 时的日光,其色度点在黑体轨迹的上方。

⑤标准照明体 D。代表标准照明体 D_{65} 以外的其他日光。

在色度学领域内,A 和 D_{65} 是应用最多的标准照明体。

CIE 标准光源是指用来实现标准照明体光谱功率分布的光源,CIE 规定用下述人工光源来实现标准照明体。

①标准光源 A。熔凝石英壳或玻璃壳带石英窗口的充气钨丝灯,以产生色温为 2 856 K 的辐射。

②标准光源 B。A 光源加一组特定的戴维斯-吉伯逊液体滤光器,以产生色温为 4 874 K 的辐射。

③标准光源 C。A 光源加另一组戴维斯-吉伯逊液体滤光器,以产生相关色温为 6 774 K 的辐射。

戴维斯-吉伯逊滤色液由硫酸钠、甘露醇、吡啶、蒸馏水,或由硫酸钴铵、硫酸铜(或硫酸钠)、硫酸、蒸馏水等按不同比例配合而成。

(3)标准照明和观测条件　物体表面本身不发光,由于光的照射才显示颜色。根据物体对光的反射或透过特性不同,可以将待测样品分为反射样品和透射样品两类,下面分别介绍。

①反射样品的照明和观测条件。光照射到物体表面,产生漫反射、规则反射(镜面反射)和混合反射。漫反射是指无规则的反射,只有漫反射才对物体的色度有贡献。混合反射则既有规则反射成分,又有漫反射成分,大部分物体表面的光反射都属于混合反射。

在不同照明和观测条件下,物体表面产生的反射光谱系数也不同,这对它们颜色的测定有影响。因此,CIE 推荐了 4 种标准的照明和观测条件。

a.45°/垂直,符号为 45/0。样品被一束或多束光照明,照明光束的轴线与样品表面的法线呈(45±2)°,观测方向和样品表面的法线间的夹角应不超过 10°;照明光束的任一光线与其轴线间的夹角应不超过 8°;观测光束也应符合同样的限制,如图 8-19(a)所示。

b.垂直/45°,符号为 0/45。样品被一束光照明,该光束的有效轴线与样品表面的法线之间的夹角不超过 10°;在与样品表面法线呈(45±2)°的方向观测。照明光束的任一光线与其光

轴之间的夹角应不超过 8°;观测光束也应符合同样的限制,如图 8-19(b)所示。

c.漫射/垂直,符号为 d/0。样品被积分球漫射照明,在样品的法线方向观测。观测光束的轴线和样品法线之间的夹角应不超过 10°。积分球的大小可以是任意的,但球的开孔部分的总面积不能超过积分球内表面积的 10%。观测光束的任一光线与其光轴之间的夹角应不超过 5°,如图 8-19(c)所示。

d.垂直/漫射,符号为 0/d。样品被一束光照明,该光束的轴线和样品法线之间的夹角应不超过 10°,反射通量借助于积分球来收聚。照明光束的任一光线与其轴线之间的夹角应不超过 5°。球的开孔部分的总面积不超过积分球内表面积的 10%,如图 8-19(d)所示。

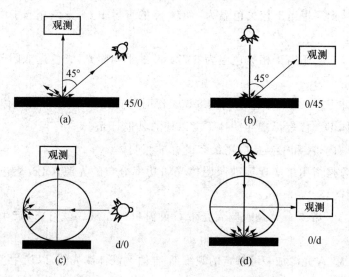

(a)45°/垂直;(b)垂直/45°;(c)漫射/垂直;(d)垂直/漫射

图 8-19 反射样品标准照明和观测条件

②透射样品的照明和观测条件。透射样品和反射样品一样,有类似的几种情况,如直透射,又称规则透射。光线透过样品后不改变原来的走向,只是由于被样品吸收,光谱成分发生改变,并且强度减弱。普通光学玻璃和有色玻璃就是这种情况。漫透射,光线透射样品后发生散射,在出射的各个方向上都有一些光线射出。混合透射,既有规则透射,又有漫透射。大部分透射物体都属于这种情况。

透射样品的照明和观测条件有如下 4 种:

a.垂直/垂直,符号为 0/0。样品被一束光照明,该光束的有效轴线与样品表面的法线间的夹角不超过 5°,照明光束中任一光线与其轴线间的夹角不超过 5°;观测光束也应符合同样的限制。样品的安置应该使仪器的探测器仅仅接收规则透射通量。

b.垂直/漫射,符号为 0/d。样品被一束光照明,该光束的有效轴线与样品表面的法线间的夹角不超过 5°,照明光束中的任一条光线与其轴线间的夹角不超过 5°;用积分球测量半球(2π 空间)的透射通量。

c.漫射/垂直,符号为 d/0。样品被积分球漫射照明,透过样品的光束轴线与样品表面的法线间的夹角不超过 5°,透射光束的任一光线与其轴线间的夹角不超过 5°;探测器垂直于样品探测透射通量。

d. 漫射/漫射,符号为 d/d。用一个积分球漫射照明样品;用第二个积分球收集透射通量。

3. 颜色的色度系统

颜色的度量非常复杂,涉及视觉生理、视觉心理、照明条件以及观察条件等许多问题。为了能够得到科学、准确的度量效果,人们制定了不同的表征颜色的体系,主要包括 CIE 制定的 CIE 标准色度系统、孟塞尔表色系统、奥斯瓦尔德系统、自然色系(NCS)及美国光学学会(OSA)制定的 OSA 匀色标等。由于篇幅有限,本书主要介绍 CIE 标准色度系统,对于其他表色系统,读者可参阅相关著作。

(1)CIE RGB 色度系统 1931 年,国际照明委员会(CIE)拟定了 RGB 色度系统,采用红(R)、绿(G)、蓝(B)三原色相混合,与某一颜色 C^* 相匹配,可用下式表示:

$$C^* \equiv C(C) \equiv R(R) + G(G) + B(B) \tag{8-18}$$

式中:$\equiv$ 表示色匹配,即两边颜色相同;R,G,B 为与 C^* 颜色相匹配所需的三个原色的刺激量;C 为颜色 C^* 的色量值,(C)为其单位;(R),(G),(B)分别为三个原色的单位。使 $C = R + G + B$,即颜色 C^* 的色量值等于其三刺激值之和,则式(8-18)变为:

$$C(C) = \frac{R}{R+G+B}(R) + \frac{G}{R+G+B}(G) + \frac{B}{R+G+B}(B) \tag{8-19}$$

定义 $r = \dfrac{R}{R+G+B}$,$g = \dfrac{G}{R+G+B}$,$b = \dfrac{B}{R+G+B}$,则有 $r+g+b=1$,所以

$$C(C) = r(R) + g(G) + b(B) \tag{8-20}$$

式中:r、g、b 称为色度坐标,据此坐标就可以得出 RGB 色度系统的立方体色度图,具体见图 8-20。

(2)CIE XYZ 色度系统 在 RGB 色度系统中,色度坐标和色匹配函数值可能出现负值,使该系统实际应用极不方便。为此,CIE 推荐了 XYZ 系统。该系统选择虚拟的理论上的三个原色(X,Y,Z),XYZ 模型把待测光表示为:

$$C = X(X) + Y(Y) + Z(Z) \tag{8-21}$$

式中:(X),(Y),(Z)为 XYZ 颜色模型的基色量;X,Y,Z 为三原色比例系数。XYZ 色度系统必须满足如下 3 个条件:

①三原色比例系数 X,Y,Z 皆大于零;

②Y 的数值正好是彩色光的亮度;

③当 $X=Y=Z$ 时,仍表示标准白光。

根据以上条件,通过转换处理,可以将 RGB 模型中的色度坐标转化为如下色度坐标:

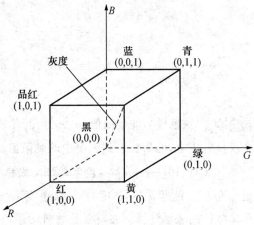

图 8-20 RGB 立方体色度图

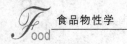

$$X = \frac{X}{X+Y+Z}, Y = \frac{Y}{X+Y+Z}, Z = \frac{Z}{X+Y+Z}$$

由于 $z = 1 - (x+y)$，不是独立变量，所以可以用 $x\text{-}y$ 二维直角坐标图来表示所有颜色，所得色度图如图 8-21 所示。

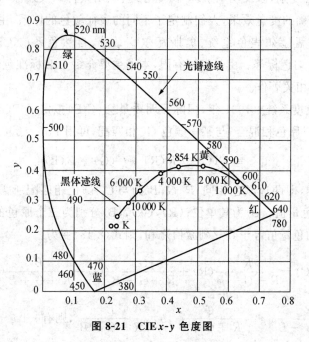

图 8-21　CIE $x\text{-}y$ 色度图

$x\text{-}y$ 色度图只适用于具有相同亮度的颜色，而一般颜色在色度和亮度上都有区别。因此，为了计算颜色之间的差别，更好地满足色差计算的要求，CIE 于 1976 年推荐了两个均匀色度系统，一个是 CIE 1976 $L^* u^* v^*$ 色度系统，另一个是 CIE 1976 $L^* a^* b^*$ 色度系统。

（3）CIE 1976 $L^* u^* v^*$ 色度系统　简称为 CIE LUV，它以相互垂直的 L^*、u^* 和 v^* 3 个轴描述相应的亮度和色度量，其空间坐标参数的计算式如下：

$$L^* = 116 \left(\frac{Y}{Y_0} \right)^{\frac{1}{3}} - 16 \qquad \left(\frac{Y}{Y_0} > 0.01 \right) \tag{8-22}$$

$$u^* = 13 L^* (u' - u'_0) \tag{8-23}$$

$$v^* = 13 L^* (v' - v'_0) \tag{8-24}$$

式中：Y 为颜色样品的刺激值；u'、v' 为颜色样品的色度坐标；Y_0 为 CIE 标准照明体照射在完全漫反射体上，然后反射到人眼中的刺激值。此处 $Y_0 = 100$；u'_0、v'_0 为光源的色度坐标。

（4）CIE 1976 $L^* a^* b^*$ 色度系统　简称为 CIE LAB，这个空间中 3 个相互垂直的坐标轴是明度 L^*、色度 a^* 和色度 b^*。该色度系统是目前国际通用的测色标准，适用于一切光源色和物体色的表示计算。在对食品物料的颜色测定中，也多采用此色度系统。

在 CIE LAB 色度系统中，色度坐标的计算式如下：

$$L^* = 116\left(\frac{Y}{Y_0}\right)^{1/3} - 16 \qquad \left(\frac{Y}{Y_0} > 0.01\right) \tag{8-25}$$

$$a^* = 500\left[\left(\frac{X}{X_0}\right)^{1/3} - \left(\frac{Y}{Y_0}\right)^{1/3}\right] \tag{8-26}$$

$$b^* = 200\left[\left(\frac{Y}{Y_0}\right)^{1/3} - \left(\frac{Z}{Z_0}\right)^{1/3}\right] \tag{8-27}$$

其中，X、Y、Z 分别为颜色样品的三刺激值；X_0、Y_0、Z_0 为 CIE 标准照明体照射在完全漫反射体上，然后反射到人眼中的三刺激值；Y_0 的取值同上。

在 CIE LAB 色度系统中，样品的亮度和色度可以简单地以图 8-22 加以描述。图中 a^* 和 b^* 表示不同的色调方向，a^* 表示红-绿方向，$+a^*$ 表示红方向，$-a^*$ 表示绿方向；b^* 表示黄蓝方向，$+b^*$ 表示黄方向，$-b^*$ 表示蓝方向。中间的垂直轴 L^* 表示明度方向，上面明度最大，显示白；下面明度最小，显示黑。这一立体空间结构可以把颜色的明度、色调和彩度的变化表示得非常清楚。

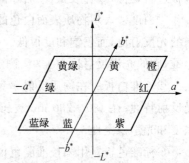

图 8-22　CIE LAB 色度系统

(5)CIE 色差公式　利用均匀色度系统的三维空间概念，可以通过公式计算两个颜色在知觉上的颜色差异 ΔE，即在色度系统中两个颜色点之间的距离。色差 ΔE 在食品工业中具有重要的意义，使得我们可以用简单的数学量值来衡量色差，为定量评价食品的感官品质奠定了基础。CIE 于 1976 年推荐了两个色差计算公式：CIE LUV 色差公式和 CIE LAB 色差公式。食品工业经常使用的是 CIE LAB 色差公式，本书仅就此简要介绍。

CIE LAB 色差公式表述如下：

$$\Delta E_{ab} = \sqrt{(\Delta L^*)^2 + (\Delta a^*)^2 + (\Delta b^*)^2} \tag{8-28}$$

式中：ΔE_{ab} 表示两个样品间的总色差；$\Delta L^* = L_1^* - L_2^*$，表示明度差；$\Delta a^* = a_1^* - a_2^*$，$\Delta b^* = b_1^* - b_2^*$，均表示色度差，其中 Δa^* 表示红绿差异，Δb^* 表示黄蓝差异。

公式中的 L_1^*、L_2^*、a_1^*、a_2^*、b_1^* 和 b_2^* 分别为样品 1 和样品 2 的明度和色度，它们可由式(8-25)、式(8-26)和式(8-27)计算得到。

ΔE_{ab} 数值越小，表示两样品间颜色差异越小，反之越大。当明度差或色度差的结果出现正、负值时，表明样品偏离标准色的程度，其物理含义见表 8-4。

表 8-4　ΔL^*、Δa^*、Δb^* 的物理意义

色差	正	负
ΔL^*	偏浅	偏深
Δa^*	偏红	偏绿
Δb^*	偏黄	偏蓝

8.4.2 食品颜色的测定

颜色的测量包括光源颜色的测量与物体色的测量两大类。对于食品工业，一般只涉及物体色的测量，而物体色测量又分为荧光物体测量和非荧光物体测量。在实际生产中，涉及最多的是非荧光物体测量。

1. 颜色测量有关概念、方法及仪器

（1）基本概念　用仪器测量颜色都是相对测量，所用的测色仪器必须先用已知反射比的标准板进行定标，或称校正，然后才能进行操作。因此，首先介绍颜色测量涉及的 3 个基本概念。

①白度。表示物质表面白色的程度，以白色含有量的百分率表示。白色的特点是具有很高的光反射比，而色饱和度很低。一般定义完全反射漫射体的白度 $W=100.0$，是白度的参照标准，它的光谱反射比为 1.0。测定物质的白度时，反射率越高，白度越高，反之越低。

②标准白板。在物质反射率测定中被用作标准参照物的白板。标准白板要求具有充分的漫反射特性；在 380～780 nm 波长范围内的光谱反射比高，并且光谱选择性小；有一定的机械强度和光学稳定性。

③标准色板。用来校准测色仪器的各种技术指标、工作性能的参照物，也可用作目视评判颜色样品的参照标准，以及辅助生产过程中产品颜色的匹配。有些测色仪器配备有一整套包括标准白板在内的标准色板，包括红、绿、蓝、黄、白色等。

（2）颜色测量方法　现有的颜色测量方法主要有目视法、采用仪器进行物理测色的光电积分法和分光光度法。

目视法是一种古老的基本方法，在特定的照明条件下，利用人眼观察和比较颜色样品和标准色板的差别，并与 CIE 标准色度图比较，得出颜色参数。这种测量方法要求操作人员具有丰富的颜色观察经验和敏锐的判断力，而且工作效率很低，目前应用越来越少。

光电积分法的基本原理是使用具有特定光谱灵敏度的光电积分元件，通过光电探测器直接对待测样品颜色的光谱能量进行积分测量，从而得到该样品的颜色三刺激值或色度坐标。常见的光电积分测色仪器有色差计、光电色度计和白度计等，食品测色使用较广的是色差计。

分光光度法又称光谱测色法，主要是测定物体反射或透射的光谱功率分布或物体本身的反射光谱特性，然后再通过这些数据对其光谱特性进行分析，计算出待测样品在标准光源或标准照明体下的三刺激值。这是一种精确的颜色测量方法，因此制成的仪器成本也较高。根据光谱信号采集方式不同，分光光度法可分为光谱扫描法和光电摄谱法两大类。光谱扫描法是单通道测色方法，光电摄谱法则可同时探测全波段光谱，典型仪器为分光光度计。

（3）颜色测量仪器　以下简要介绍色差计和分光光度计两类食品研究及生产领域应用较多的测色仪器。

色差计主要由照明光源、探测器、样品室和数据处理及输出装置等部分组成。其内部照明光源一般为卤钨灯或脉冲氙气灯，可以产生标准 A 光源或 D_{65} 光源。光电探测器一般是 3 个带有修正滤光片组的光电管或光电倍增管，应用较广的是硅光电二极管。色差计的样品室应按 CIE 规定的标准照明观测条件安置，测量反射色和透射色时，标准照明观测条件各不相同，具体参见颜色测量条件部分内容。数据处理和输出装置可以将探测器检测到的各种颜色信息转换成色度系统的数据模式,显示并输出。

现代的色差计可以自动比较标准样板与被测样品之间的颜色差异,输出 L、a、b 3 组色度数据和 ΔE、ΔL、Δa 和 Δb 4 组色差数据。与分光光度计相比,色差计不能精确测量出色源的三刺激值和色度坐标,但可以准确测量两个样品间的颜色差异。

分光光度计一般包括如下组成部件:光源、分光系统(单色仪)、探测器和数据处理与输出系统。分光光度计的光源要求具有连续的光谱功率分布和足够的发光强度,并且发光稳定,一般都采用钨灯、氙灯或氪灯。分光系统把光源发出的复合光辐射分解成所要求的单色辐射光束,即光的色散。分光系统根据所用的色散元件分为棱镜单色仪或光栅单色仪。光谱辐射探测器常采用光电管、硅光电池和光电倍增管,它们将光谱辐射能(功率)转变为电能(功率),从而记录和比较辐射通量的大小。数据处理与输出系统就是通过不同的计算程序软件,将探测器检测到的光谱反(透)射比,自动计算成所需要的色度值,或绘制光谱反(透)射比曲线等。图 8-23 为瑞士 Datacolor 分光光度计结构示意图。

使用分光光度计可以得到比用色差计更为精确的色度信息,达到较高的检测精密度。

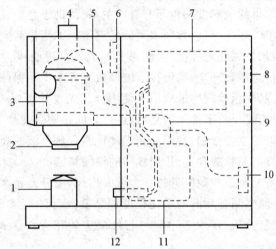

1.样品摆放台;2.测量孔径;3.积分球;4.紫外光调整;5.量度光度纤维;6.光源控制仪器;7.微处理器;
8.电子界面;9.参考光度纤维;10.电源;11.单色仪;12.控制闪光装置

图 8-23　瑞士 Datacolor 分光光度计结构示意图

近年来,随着计算机技术和图像采集技术的不断发展,机器视觉系统被用于食品颜色的测量。该系统通过图像采集设备(如数字摄像机、摄像头及图像采集卡、扫描仪等)采集样品图像,并利用计算机进行图像处理及模式识别,模拟人眼的视觉功能,获取便于计算机处理的颜色特征信息。从 20 世纪 90 年代开始,国外开始使用计算机视觉进行烘焙食品颜色的评估,随着光电技术和模式识别理论的发展,机器视觉应用越来越受到各行各业的重视,在食品无损检测与品质控制领域的研究和应用日益增多。

2.食品颜色测量技术应用

根据食品光学特性的不同,可以将食品分为不透明食品、半透明食品和透明食品三大类。透明食品主要包括澄清的果汁、啤酒、植物油以及饮料等,在光照条件下,它们主要表现透射特性。半透明食品一般为液体或半固体,如浓果汁、沙拉酱、果酱、奶油等,它们的特点是对光部

分反射和部分透射。不透明食品主要指水果、谷物类、干酪、面粉、番茄酱、奶酪、肉类等,它们主要表现表面反射特性,尤其不规则的不透明食品,如薯片、饼干等,存在不规则的漫反射。不同类别的食品适合采用的测色仪器也不同,色差计主要用于两种不同颜色样品的比较,分光光度计则可以直接测出样品的光谱反射率,准确计算色度坐标的绝对值。

(1)色差计在食品颜色检测中的应用 色差计几乎可以测量各种状态的食品颜色。利用色差计可以测量馒头、面条、面包、面片等面点食品的表面,确定样品的色泽合理偏差,便于定性、定量进行质量控制。色差计能对影响面粉色泽的因素进行区分,据此判断哪些数值的高低决定面粉色泽的好坏,精确比较不同面粉样品之间的色差。

在肉制品行业,利用色差计对生产线上、下的胴体肉及切割肉进行颜色测量,通过精确比对胴体整体颜色,对牛肉"大理石花纹"进行量化评价。另外,色差计也常用于测量牛排、猪肉、鸡肉、金枪鱼等规则和不规则肉类的颜色,在食品储存期监控肉类颜色变化,确保产品的质量。

色差计还可以测定硬质食品如水果、马铃薯及豆类等的颜色,用于果蔬的分级评价。曾有研究者利用色差计测定番茄颜色,构建果实颜色系数对番茄红素含量的回归方程,进行果实番茄红素含量评价。各种水果的成熟度和色彩有直接关系,借助于色差计,通过跟踪绘制贮运过程中不同环境条件下水果的颜色,可以判断水果的成熟度。如测量鳄梨果皮的色彩,提供成熟度基础数据,再根据鳄梨果皮的褪色程度,绘制果实的成熟过程曲线。这样,就可以精确地确定某一特定产品所需的恰当储藏环境,确保在运输储藏过程中产品保持新鲜。

(2)分光光度计在食品颜色检测中的应用 使用分光光度计可以得到比用色差计更为精确的色度信息,不仅可以直接评价出食品的品质,还可以间接测量食品中的某些成分。

直链淀粉是稻谷分级的主要依据,利用分光光度计测定显色液的吸光度,通过测定样品显色液的色度值可以计算直链淀粉的含量,达到较高的检测精密度。

葡萄酒的色度是评价葡萄酒外观质量的一个重要指标,用分光光度计测葡萄酒色度,根据葡萄酒的色度和色调,能够判断葡萄酒的氧化程度和色品。Cliff 等(2007)采用测色仪测定红酒的色泽,并对其进行感官分析,发现 L^* 和 a^* 与红酒中的花青素含量和丹宁含量存在着一定的线性关系。

油脂色泽已成为油脂质量评价的依据之一,油脂品质变劣和油脂酸败会导致油色变深。所以,测定油脂的色泽,可以了解油脂的纯净程度、加工工艺和精炼程度,也可判断是否变质。

茶叶色泽与茶叶品质关系密切,在一定程度上可以反映茶叶的品质状况。$L^* a^* b^*$ 色度系统是茶叶色泽测定中首选的表色模型,因此可以用仪器将茶叶色泽的评价数量化。

(3)基于机器视觉技术的食品检测与生产控制系统 机器视觉技术正越来越广泛地用于食品工业产品质量检测和生产控制,能有效提高生产自动化程度、产品质量和生产效率。

孙大文等(2012)应用计算机视觉技术对比萨饼的图像信息进行识别,建立了比萨饼品质与图像品质之间的相关关系,实现了对比萨饼、熟肉制品、切片火腿等食品品质的非接触、无损检测。美国智能自动化公司采用激光投射,由多个 CCD 支持,基于二维和三维的图像提供每块巧克力薄饼的全部信息。丹麦食用肉研究所开发了第二代牛肉分级机器视觉系统,采用神经网络软件提供肉的分级,其结果与人工分级相一致,系统提供的胴体成分信息可帮助农民确定牲畜的质量。近期已开发出基于机器视觉技术的猪后腿悬吊切腹智能自动化操作系统,由工业机械手、定制工具、2D 摄像机和计算机组成。该系统从图像中识别猪腹部曲线,能很好地跟踪不同体位的猪体,精准地打开猪的腹腔而不造成内脏损伤,从而提高生产过程的质量、卫生标准和效率。

机器视觉技术还被广泛用于粮食、谷物等的在线检测与品质控制,形成机器人自动分拣系统,并且已经在花生霉变、大米霉变、豆类分级等方面展开应用。

利用机器视觉技术进行水果、蔬菜的分级检测,主要根据类球形产品的表面颜色特征,建立计算机视觉中的颜色模型。$L^*a^*b^*$ 色度系统被证明适合于在计算机视觉系统中对水果表面颜色进行检测。对于水果的分级,主要根据大小、形状、颜色和表面损伤与缺陷进行。西班牙王子 SL 公司用单色渐进扫描照相机和红光照明对水果进行初步分级;美国视觉机器公司提出几种性能更高的方案,从应用标准的单色照相机和彩色滤光片到使用具有红、绿、蓝光输出的渐进扫描照相机对水果分级。

二维码 8-2　推荐阅读

❓ 思考题

1. 光与物质的相互作用包括哪些方面? 有何特点?

2. 食品有哪些光学性质? 分别有何优缺点?

3. 食品光学特性有哪些应用? 请举例说明。

4. 利用光反射特性将成熟和不成熟的番茄完全分开的理论依据是什么?

5. 采用透光法测定苹果的水心病或马铃薯黑心病的原理是什么?

6. 鸡蛋的新鲜度可以用哪些物理特性来检测? 请说明其检测原理。

7. 颜色是如何分类的? 有哪些属性?

8. 反射样品和透射样品分别有几种照明和观测条件?

9. 什么是 CIE LAB 色度系统? 在食品颜色测定中如何应用?

专业术语中英文对照表

中文名称	英文名称
透光率	transmittance
光透过度	internal transmittance
吸光度	absorbance
光密度	optical density
吸光系数,消光系数	absorption coefficient
朗伯定律	Lamber's law
比尔定律	Beer's law
分光光度计	spectrophotometer
延迟发光	delayed-light-emission
单色仪	monochromator

续表

中文名称	英文名称
光劈干涉滤光器	wedge interference filter
硫化铅光敏电阻	lead sulfide photoconductive cell
差分仪	difference meter
校正滤光镜	calibrating screens
近红外波谱分析	near-infrared spectropy
傅里叶变换红外光谱学	Fourier transform infrared spectroscopy
暗期恢复	dark recovery
可见光	visible light
红外线	infrared light
紫外线	ultraviolet light
色调	hue
明度	lightness
饱和度	chroma
国际照明委员会	International Commission on Illumination

参 考 文 献

艾文婷，张敏，黄汝国，等. 热分析技术在食品热物性研究中的应用[J]. 食品工业科技，2016(19)：377-380.

陈斌. 食品与农产品品质无损检测新技术[M]. 北京：化学工业出版社，2004.

陈洪龄，吴玮. 颗粒稳定乳液和泡沫体系的原理和应用（Ⅳ）：颗粒与表面活性剂的协同作用对泡沫稳定性的影响[J]. 日用化学工业，2013，（04）：253-258.

程旭，杨晓清，董同力嘎. 蜜瓜运输共振频率的测定及其对储藏品质的影响[J]. 农业工程学报，2015，（11）：294-298.

池海涛，刘伟丽，高峡，等. 差示扫描量热法及其发展趋势[J]. 食品安全质量检测学报，2016，7（11）：4374-4377.

邓亚美，王秀娟，杨敏莉，等. 成像技术在食品安全与质量控制中的研究进展[J]. 色谱，2020，38（07）：741-749.

高海龙. 基于透射和反射高光谱成像技术的马铃薯缺陷检测方法研究[D]. 武汉：华中农业大学，2014.

郭晨璐，马龙，武杰，等. 浓缩液态食品流变特性研究进展[J]. 广州化工，2013，（22）：8-9＋16.

郭文斌，王春光，刘百顺. 马铃薯应力松弛特性[J]. 农业机械学报，2008，（2）：206-211.

何国兴. 颜色科学[M]. 上海：东华大学出版社，2004.

华幼卿，金日光. 高分子物理[M]. 5版. 北京：化学工业出版社，2019.

姜松，赵杰文. 食品物性学[M]. 北京：化学工业出版社，2016.

蒋晓英，马晓丽，方坤礼. 浆果微压测试实验装置[P]. 中国专利 CN202057561U，2011-11-30.

金万浩. 食品物性学[M]. 北京：中国科学技术出版社，1991.

卡诺维斯，塔皮亚，卡农. 新型食品加工技术[M]. 张慜，译. 北京：中国轻工业出版社，2010.

柯硕. 不同溶液中体相纳米气泡的物理化学性质[D]. 上海：上海师范大学，2019.

李里特. 食品物性学[M]. 北京：中国农业出版社，2001.

李民赞，韩东海，王秀. 光谱分析技术及其应用[J]. 北京：科学出版社，2006.

李延华，王伟军，郭亮，等. 食品粉末颗粒间的相互作用及结块行为的研究进展[J]. 中国粮油学报，2019(3)：126-132.

李云飞，殷涌光，徐树来，等. 食品物性学[M]. 北京：中国轻工业出版社，2011.

梁娜娜，韩深，何非，等. 几种红葡萄酿酒过程中花色苷组成与 CIELab 参数的相关分析[J]. 中国酿造，2014 (1)：48-55.

刘楠，高彦祥，毛立科. 低脂食品设计原理与研究现状[J]. 中国粮油学报，2020，35(1)：186-195.

刘燕德，应义斌. 苹果糖分含量的近红外漫反射检测研究[J]. 农业工程学报，2004(1)：189-

192.

刘咏涛. 天府之国的源泉　都江堰水利工程[J]. 先锋, 2018(09):65-67.

陆辉山. 水果内部品质可见/近红外光谱实时无损检测关键技术研究[D]. 杭州:浙江大学,2006.

陆慧. 光学[M]. 上海:华东理工大学出版社,2014.

马云海. 农业物料学[M]. 北京:化学工业出版社,2015.

严衍禄. 近红外光谱分析基础与应用[M]. 北京:中国轻工业出版社,2005.

邵鸿飞,刘元俊,任万杰,等. 非牛顿流体粘度测试方法及标准物质研究进展[J]. 宇航计测技术, 2019, 39(S1):1-5.

孙大文,吴迪,何鸿举,等. 现代光学成像技术在食品品质快速检测中的应用[J]. 华南理工大学学报(自然科学版),2012,40(10):59-68.

孙骊,仇农学. 农产品物理特性及测量[M]. 西安:陕西科学技术出版社,1998.

孙艳辉,张宜凤,梁军. 粉末油脂的开发及其在食品工业中的应用[J]. 农业机械,2012(6):38-40.

藤秀金,邱迦易,曾晓栋. 颜色测量技术[M]. 北京:中国计量出版社,2007.

屠康,姜松,朱文学. 食品物性学[M]. 南京:东南大学出版社,2006.

汪长明. 钱学森在世界反法西斯战争时期的科学成就与贡献[J]. 百年潮,2015(09):65-71.

王朝辉,周兰美. 微量粉末食品自动计量装置的研究与设计[J]. 机械工程与自动化,2017(5):107-108.

魏欣. 基于流固耦合的错位桨搅拌假塑性流体特性分析[J]. 广东化工, 2019, (18):51-52＋21.

习岗,刘锴,徐永奎,等. 生物超弱光子辐射在禽蛋新鲜度评价中的应用[J]. 农业工程学报,2012, 28(3):263-268.

杨明韶. 农业物料流变学[M]. 北京:中国农业出版社,2010.

张文. 梨质地的激光多普勒测振无损检测方法[D]. 杭州:浙江大学,2016.

张晓辉,余宁梅,刘锴. 基于LED的生物延迟发光检测系统[J]. 仪器仪表学报,2010 (8):1878-1884.

张志健,秦礼康. 食品物性学[M]. 北京:科学出版社,2018.

赵红霞,张守勤,周丰昆,等. 鸡蛋超弱发光与其新鲜程度的相关分析[J]. 农业工程学报,2004,20(2):177-180.

周祖锷. 农业物料学[M]. 北京:中国农业出版社,1994.

Alvarez M D, Canet W. Dynamic viscoelastic behavior ofvegetable-based infant purees[J]. Journal of Texture Studies, 2013, 44(3):205-224.

AmatSairin M, Abd Aziz S, Tan C P, et al. Lard classification from other animal fats using Dielectric Spectroscopy technique[J]. International Food Research Journal, 2019, 26(3):773-782.

Arana I. Physical properties of foods:novel measurement techniques and applications[M]. Boca Raton,US:CRC Press, 2012.

Augusto P E D,Cristianini M, Ibarz A. Effect of temperature on dynamic and steady-state shear rheological properties of siriguela (*Spondias purpurea* L.) pulp[J]. Journal of Food

Engineering，2012，108(2):283-289.

Avramidis S. Dielectric properties of four softwood species atlow-level radio frequencies for optimized heating and drying[J]. Drying Technology，2016，34(7):753-760.

Azarmdel H，Jahanbakhshi A，Mohtasebi S S，et al. Evaluation of image processing technique as an expert system in mulberry fruit grading based on ripeness level using artificial neural networks (ANNs) and support vector machine (SVM)[J]. Postharvest Biology and Technology，2020，166:111-201.

Barroso A G，del Mastro N L. Physicochemical characterization of irradiated arrowroot starch[J]. Radiation Physics and Chemistry，2019，158:194-198.

Berk Z. Food process engineering and technology[M]. Burlington，US:Elsevier/Academic Press，2009.

Carlomagno G，Capozzo L，Attolico G，et al. Non-destructive grading of peaches by near-infrared spectrometry[J]. Infrared Physics & Technology，2004，46(1-2):23-29.

Castro-Garcia S，Aragon-Rodriguez F，Sola-Guirado R R，et al. Vibration Monitoring of the Mechanical Harvesting of Citrus to Improve Fruit Detachment Efficiency[J]. Sensors，2019，19(8):1760.

Chen K，Sun X，Qin C，et al. Color grading of beef fat by using computer vision and support vector machine[J]. Computers and Electronics in Agriculture，2010，70(1):27-32.

Chen S，Xiong J，Guo W，et al. Colored rice quality inspection system using machine vision [J]. Journal of cereal science，2019，88:87-95.

Cheng W，Sun D W，Cheng J H. Pork biogenic amine index (BAI) determination based on chemometric analysis of hyperspectral imaging data[J]. LWT，2016，73:13-19.

Chuma Y，Nakaji K. Delayed light emission as a means of automatic color sorting ofpersimmons(1):DLE fundamental characteristics of persimmon fruits[J]. Journal of the Japanese society of agricultural machinery，1979，41(2): 279-285.

Chuma Y，Nakaji K. Optical properties of fruits and vegetables to serve the automatic selection within the packing house line (4) Delayed light emission as a means of automatic selection of tomatos[J]. Journal of the Japanese society of agricultural machinery，1976，38 (2): 217-224.

Cliff M A，King M C，Schlosser J. Anthocyanin，phenolic composition,colour measurement and sensory analysis of BC commercial red wines[J]. Food Research International，2007，40(1):92-100.

Costa F,Cappellin L，Fontanari M，et al. Texture dynamics during postharvest cold storage ripening in apple (*Malus* × *domestica Borkh.*)[J]. Postharvest Biology and Technology，2012，69:54-63.

Dar Y L，Light J M. Food texture design and optimization[M]. NewYork,US:John Wiley & Sons，2014.

Dastangoo S，Hamed Mosavian M T，Yeganehzad S. Optimization of pulsed electric field conditions for sugar extraction from carrots[J]. Food Science and Nutrition，2020，8(4):

2025-2034.

Dey D, Dharini V, Selvam S P, et al. Physical, antifungal, and biodegradable properties of cellulose nanocrystals and chitosan nanoparticles for food packaging application[J]. Materials Today:Proceedings, 2021,38:860-869.

Ding C, Wu H, Feng Z, et al. Online assessment of pear firmness by acoustic vibration analysis[J]. Postharvest Biology and Technology, 2020, 160:111042.

Fernando I, Fei J, Stanley R. Measurement and analysis of vibration and mechanical damage to bananas duringlong-distance interstate transport by multi-trailer road trains[J]. Postharvest Biology and Technology, 2019, 158:110977.

Figura L, Teixeira A A. Food physics:physical properties-measurement and applications [M]. Berlin, Germany:Springer Science & Business Media, 2007.

Gao Z, Zhao Y, Khot L R, et al. Optical sensing for early spring freeze related blueberry bud damage detection:Hyperspectral imaging for salient spectral wavelengths identification[J]. Computers and Electronics in Agriculture, 2019, 167:105025.

García-Marino M, Escudero-Gilete M L, Heredia F J, et al. Color-copigmentation study by tristimulus colorimetry (CIELAB) in red wines obtained from Tempranillo and Graciano varieties[J]. Food Research International, 2013, 51(1):123-131.

Giongo L, Poncetta P, Loretti P, et al. Texture profiling of blueberries (*Vaccinium* spp.) during fruitdevelopment, ripening and storage[J]. Postharvest Biology and Technology, 2013, 76:34-39.

Hare C, Zafar U, Ghadiri M, et al. Analysis of the dynamics of the FT4 powder rheometer [J]. PowderTechnology, 2015, 285:123-127.

Han D H, Qi S Y, Li X Z, et al. Feasibility study of determination of cordycepin in Cordyceps sinensis by near infrared spectroscopic technique:NIR 2013 Abstracts P213 poster 191. (16th international conference on near infrared spectroscopy, 2013, La Grande Motte, France)

Ireri D, Belal E,Okinda C, et al. A computer vision system for defect discrimination and grading in tomatoes using machine learning and image processing[J]. Artificial Intelligence in Agriculture, 2019, 2:28-37.

Jaliliantabar F, Lorestani A N, Gholami R. Physical properties of kumquat fruit[J]. International Agrophysics, 2013, 27(1):107.

Khatkar A B, Kaur A, Khatkar S K, et al. Characterization of heat-stable whey protein:Impact of ultrasound on rheological, thermal, structural and morphological properties[J]. Ultrasonics Sonochemistry, 2018, 49:333-342.

Kijanski N, Krach D, Steeb H. An SPH Approach for Non-Spherical Particles Immersed in Newtonian Fluids[J]. Materials, 2020, 13(10):2324.

Koklu M, Ozkan I A. Multiclass classification of dry beans using computer vision and machine learning techniques[J]. Computers and Electronics in Agriculture, 2020, 174:105-507.

LanzerstorferC. Apparent density of compressible food powders under storage conditions [J]. Journal of Food Engineering, 2020, 276:109897.

Lee J S, Hwang G H, Kwon Y S, et al. Impacts of cellulose nanofibril and physical aging on the enthalpy relaxation behavior and dynamic mechanical thermal properties of Poly(lactic acid) composite films[J]. Polymer, 2020, 202:122677.

Leturia M, Benali M, Lagarde S, et al. Characterization of flow properties of cohesive powders:A comparative study of traditional and new testing methods[J]. Powder Technology, 2014, 253:406-423.

Li M, O'Mahony J A, Kelly A L, et al. The influence oftemperature-and divalent-cation-mediated aggregation of β-casein on the physical and microstructural properties of β-casein-stabilised emulsions[J]. Colloids and Surfaces B:Biointerfaces, 2020, 187:110620.

Li X, Wei Y, Xu J, et al. SSC and pH for sweet assessment and maturity classification of-harvested cherry fruit based on NIR hyperspectral imaging technology[J]. Postharvest Biology and Technology, 2018, 143:112-118.

Liu Y D, Cong M B, Zheng H Y, et al. Porcine automation:Robotic abdomen cutting trajectory planning using machine vision techniques based on global optimization algorithm[J]. Computers and Electronics in Agriculture, 2017, 143:193-200.

Liu Y, Ying Y, Ouyang A, et al. Measurement of internal quality in chicken eggs using visible transmittance spectroscopy technology[J]. Food control, 2007, 18(1):18-22.

Mahato S, Zhu Z, Sun D W. Glass transitions as affected by food compositions and by conventional and novel freezing technologies:A review[J]. Trends in Food Science & Technology, 2019, 94:1-11.

Marti A, Ragg E M, Pagani M A. Effect of processing conditions on water mobility and cooking quality ofgluten-free pasta. A Magnetic Resonance Imaging study[J]. Food chemistry, 2018, 266:17-23.

Mohite A M, Sharma N. Physical properties of food materials[M]. Engineering Properties of Agricultural Produce, 2020.

Munkevik P, Hall G, Duckett T. A computer vision system for appearance-based descriptive sensory evaluation of meals[J]. Journal of Food Engineering, 2007, 78(1):246-256.

Ong X Y, Taylor S E,Ramaioli M. Rehydration of food powders:Interplay between physical properties and process conditions[J]. Powder Technology, 2020, DOI:10.1016/j.powtec.2020.05.066.

Saha D, Bhattacharya S. Hydrocolloids as thickening and gelling agents in food:a critical review[J]. Journal of food science and technology, 2010, (6):587-597.

Sahin S,Sumnu S G. Physical properties of foods[M]. Berlin, Germany:Springer Science & Business Media, 2006.

Sarang S, Sastry S K, Knipe L. Electrical conductivity of fruits and meats during ohmic heating[J]. Journal of Food Engineering, 2008, 87(3):351-356.

Sharifzadeh S, Clemmensen L H, Borggaard C, et al. Supervised feature selection for linear

andnon-linear regression of L * a * b * color from multispectral images of meat[J]. Engineering Applications of Artificial Intelligence, 2014, 27:211-227.

Shirsat N, Lyng J G, Brunton N P, et al. Ohmic processing:Electrical conductivities of pork cuts[J]. Meat Science, 2004, 67(3):507-514.

Singh R K, Deshpande D. Functional properties of marinated chicken breast meat during heating in apilot-scale radio-frequency oven[J]. International Journal of Food Properties, 2019, 22(1):1985-1997.

Singh R P, Heldman D R. Introduction to Food Engineering (Fourth Edition)[M]. Berlin, Germany:Springer Science Business Media, 2014.

Sirisomboon P, Tanaka M, Kojima T. Evaluation of tomato textural mechanical properties [J]. Journal of Food Engineering, 2012, 111(4):618-624.

Tischer B, Teixeira I D,Filoda P F, et al. Infrared enthalpymetric methods:A new, fast and simple alternative for sodium determination in food sauces[J]. Food Chemistry, 2020, 305:125456.

Triglia A, La Malfa G, Musumeci F, et al. Delayed luminescence as an indicator of tomato fruit quality[J]. Journal of food science, 1998, 63(3):512-515.

Tsurusawa H, Leocmach M, Russo J, et al. Direct link between mechanical stability in gels and percolation of isostatic particles[J]. Science advances, 2019, 5(5):eaav6090.

Ueda R, Sagara Y. Sensory evaluation methods for product development in food industrial arena[J]. Journal of the Japanese Society for Food Science and Technology (Japan), 2009, 56(12):607-613.

Wang W, Wang W, Jung J, et al. Investigation ofhot-air assisted radio frequency (HARF) dielectric heating for improving drying efficiency and ensuring quality of dried hazelnuts (*Corylus avellana* L.)[J]. Food and Bioproducts Processing, 2020, 120:179-190.

Wei X, Xie D, Mao L, et al. Excess water loss induced by simulated transport vibration in postharvest kiwifruit[J]. ScientiaHorticulturae, 2019, 250:113-120.

Wilhelm L R, Dwayne A S, Gerald H B. Physical properties of food materials[M]. St. Joseph, Michigan, USA: American Society of Agricultural Engineers, 2004.

Witek M,Maciejaszek I, Surówka K. Impact of enrichment with egg constituents on water status in gluten-free rice pasta—nuclear magnetic resonance and thermogravimetric approach[J]. Food Chemistry, 2020, 304:125417.

Woldemariam H W,Emire S A. Recent trends in cold pasteurization of fruit juices using pulsed electric fields:A review[J]. Annals. Food Science and Technology, 2020, 21(1):1-18.

Yang Q, Sun D W, Cheng W. Development of simplified models for nondestructive hyperspectral imaging monitoring of TVB-N contents in cured meat during drying process[J]. Journal of food engineering, 2017, 192:53-60.

Yoon S C, Lawrence K C, Smith D P, et al. Embedded bone fragment detection in chicken fillets using transmittance image enhancement and hyperspectral reflectance imaging[J].

Sensing and Instrumentation for Food Quality and Safety，2008，2(3)：197-207.

Zafar U，Vivacqua V，Calvert G，et al. A review of bulk powder caking[J]. Powder Technology，2017，313：389-401.

Zell M，Lyng J G，Cronin D A，et al. Ohmic heating of meats：Electrical conductivities of whole meats and processed meat ingredients[J]. Meat Science，2009，83(3)：563-570.